普通高等学校机械制造及其自动化专业"十二五"规划教材
编 委 会

丛书顾问： 杨叔子 华中科技大学　　　李培根 华中科技大学
　　　　　　李元元 华南理工大学

丛书主编： 张福润 华中科技大学　　　曾志新 华南理工大学

丛书编委（排名不分先后）

吕　明 太原理工大学	张宪民 华南理工大学
芮执元 兰州理工大学	邓星钟 华中科技大学
吴　波 华中科技大学	李蓓智 东华大学
范大鹏 国防科技大学	王艾伦 中南大学
王　杰 四川大学	何汉武 广东工业大学
何　林 贵州大学	高殿荣 燕山大学
李铁军 河北工业大学	高全杰 武汉科技大学
刘国平 南昌大学	王连弟 华中科技大学出版社
何岭松 华中科技大学	邓　华 中南大学
郭钟宁 广东工业大学	李　迪 华南理工大学
管琪明 贵州大学	轧　刚 太原理工大学
李伟光 华南理工大学	成思源 广东工业大学
蒋国璋 武汉科技大学	程宪平 华中科技大学

普通高等学校机械制造及其自动化专业"十二五"规划教材

顾　问　杨叔子　李培根　李元元

机械创新设计

主　编　王树才　吴　晓

编　委　钱　炜　韩泽光　王静平
　　　　刘晓鹏　张　融　潘海兵
　　　　汲文峰

中国·武汉

内容简介

本书是编者经过多年的机械创新设计教学和组织指导大学生参加全国机械创新设计竞赛的实践,结合多所高校的教学实践和要求,在不断探索机械创新设计的理论与具体方法的基础上总结而出,极具操作性与应用性。全书分 11 章:第 1 章绪论,说明机械创新设计的重要意义,并介绍我国机械的发展史;第 2 章阐述机械创新的思维基础;第 3 章介绍先修课程中的相关知识;第 4 章介绍 TRIZ 与创新,TRIZ 方法使创新思维从抽象的概念发展到具体的操作;第 5 章为机械运动方案设计与创新,介绍进行方案设计时的创新方法,包括工作原理构思、工艺动作构思时的创新、模块化设计等内容,是对机械原理中机械运动方案设计的总结和提高;第 6 章介绍机构的演化、变异与创新;第 7 章介绍机构的组合与创新;第 8 章介绍机构运动链的再生与创新,主要是从机构学的角度介绍机构的创新方法;第 9 章为机械结构设计与创新,介绍如何从机械零部件的角度完成机械实体部分的创新;第 10 章为逆向工程、仿生机械与反求设计,是用自然界进化或人类设计创造的成功案例为典范,进行逆向探索,以获得创新启示,可用于机械综合创新实训;第 11 章介绍机械创新与专利保护。附录 A、附录 B 提供了我国专利法和专利法实施细则,供读者申请专利保护时参考。本书配有供教师用的免费电子课件。

图书在版编目(CIP)数据

机械创新设计/王树才,吴晓主编.—武汉:华中科技大学出版社,2013.2(2023.1重印)
ISBN 978-7-5609-8665-4

Ⅰ.机… Ⅱ.①王… ②吴… Ⅲ.机械设计-高等学校 教材 Ⅳ.TH122

中国版本图书馆 CIP 数据核字(2013)第 010290 号

机械创新设计	王树才 吴 晓 主编

责任编辑:刘 勤
责任校对:刘 竣
责任监印:张正林
出版发行:华中科技大学出版社(中国·武汉)　　电话:(027)81321913
　　　　　武汉市东湖新技术开发区华工科技园　　邮编:430223
录　　排:武汉市洪山区佳年华文印部
印　　刷:武汉市洪林印务有限公司
开　　本:710mm×1000mm　1/16
印　　张:21.75　插页:2
字　　数:450 千字
版　　次:2023 年 1 月第 1 版第 11 次印刷
定　　价:39.80 元

本书若有印装质量问题,请向出版社营销中心调换
全国免费服务热线:400-6679-118　竭诚为您服务
版权所有　侵权必究

前言

机械创新设计(mechanical creative design)是指充分发挥设计者的创造能力,利用人类已有的相关科学技术成果(含理论、方法、技术、原理等),进行创新构思,设计出具有新颖性、创造性及实用性的机构或机械产品(装置)的一种实践活动。创新设计是人类改造自然的基本活动,是复杂的分析、规划、推理与决策过程,蕴涵着创新和发明。

宋代大思想家朱熹的诗句"问渠哪得清如许?为有源头活水来",充分说明了人类社会的进步与创新的关系,无论多么发达、繁华的社会,离开了创新和发展,就会死气沉沉,最终沦为死亡城堡。所以,创新是一个民族进步的灵魂,是国家兴旺发达的不竭动力。一个国家的创新能力,决定了它在国际竞争和世界格局中的地位,所以我国正在为建设一个创新型国家而努力。

科技创新是内生的,不能认为引进技术同时就引进了技术创新能力,要在引进技术基础上,消化吸收再创新。近几年来,尽管我们的创新能力提高很快,创新成果也很丰富,但与发达国家的差距还很大,在高科技领域中,很多关键技术还受制于人。例如,90%的发明专利掌握在发达国家手里,我国关键技术的对外依存率达50%,只有0.03%的国有企业拥有自主知识产权的核心技术。

科技创新结果的表现之一就是生产出全新概念的产品或增加原有产品的新功能、新品质。新产品的大规模生产必将引发和促进相应生产行业或部门的形成,而新产品在功能、品质上超越原有同类产品,也势必导致同一生产部门内部发生分化。其变化的最后结果表现为一些生产新概念、新功能、新品质产品的部门逐渐发展壮大,而一些原有的生产部门逐渐衰退,甚至消亡,于是就产生了所谓的"朝阳产业"和"夕阳产业"。

肩负知识创造和知识传播职能的高等学校,开展创新教育已是势在必行。在计划经济时代形成的教育体制下,我国的高等工程教育用一个统一的方案来塑造全体大学生的培养模式,已经不适应科学技术发展的新趋势和新特点,难以培养出在国际竞争中处于主动地位的人才。为适应21世纪的知识经济和高新科学技术的发展需要,必须更新教育思想和转变教育观念,探索新的人才培养模式,加强高等学校与社会、理论与实际的联系,从传授和继承知识为主的培养模式转向加强素质教育、拓宽专业口径、着重培养学生主动获取和运用知识的能力、独立思维和创新能力,建立融传授知识、培养创新能力、鼓励个性发展、全面提高学生素质为一体的具有时代特征的人才培养模式将是当前高等学校改革的主旋律。"培养创新能力、鼓励个性发展、全面提高学生素质"的基本教育思想必须通过各种教学环节予以落实,开设机械创新设计课程就是其中的重要措施之一。

随着科学技术的飞速发展和教学改革的不断深入,加强基础、拓宽专业,培养适合21世纪科学技术发展的高级工程技术人才,成为高等工科学校改革和建设的主要任务。在高等学校的教学改革中,培养学生的创新意识和提高学生的创新设计能力和工程实践能力,已经成为系列课程目标与课程体系改革的指导思想。但是,在制订培养学生的创新意识和创新设计能力的具体教学计划时,又遇到很多具体困难。因为我国的高等工程教育是按照理论课程体系和实践课程体系进行分类综合开展的,其中理论课程体系又分为基础课程、专业基础课程和专业课程。把培养学生创新能力的教育内容放到一些相关课程中去,还是单独开设创新设计课程,各高等学校都进行了深入的探讨和大量的实践,并逐步取得了共识:除在一些课程中力所能及地介绍创新设计内容外,单独开设介绍创新设计理论与方法的课程是非常必要的。本书就是在这种形势下,为了配合机械工程领域中创新教育要求而编写的。

各类企业与研究院所是创新的主体执行者,高等学校是培养创造型人才的摇篮。大学生有很好的理论基础,有充沛的精力,思想无束缚,调动大学生的创新热情,是我国实现创新型国家战略的重大举措,大学生参加科技创新能催生新的科技型企业,孵化新的经济增长点。开设机械创新设计课程是机械工程专业培养创造性人才的一种探索与尝试。

目前,全面介绍发明学、创造学、创造性思维、创造技法、创造与创新技法的图书很多。很多读者读完后感觉到发明创造很重要,培养创造性思维也很重要,创造与创新技法也很好,但在具体过程中就是不知道如何去创新与创造,感觉到这些书的可读性很好,但可操作性与应用性不强。针对这一问题,很多专家学者进行了认真思考、不断探索与实践,编写了包含创新思维和创新技法的机械创新设计教科书。如北京理工大学的张春林教授、清华大学的黄纯颖教授、北京化工大学的张美麟教授、华中科技大学的杨家军教授等都先后编写并出版了机械创新设计教材,并在机械类专业的人才培养过程中发挥了一定的作用。

经过多年的机械创新设计教学和组织指导大学生参加全国机械创新设计竞赛的实践,不断探索机械创新设计的理论与具体方法,再结合其他学校的教学实践和要求,我们逐渐总结出一套操作性强的机械创新设计方法,使机械创新理论与方法日益完善与成熟。

关于机械创新设计内容的确定原则说明如下。

在绪论中,通过说明机械创新设计的重要意义,力求调动学生学习该课程的积极性和主动性,激发学生创新热情,培养创新意识,唤起学生自觉索取创新技能的欲望,并通过我国机械的发展史,使学生树立起创新的自信心;第2章阐述机械创新的思维基础,让读者学会用创新的思维方法考虑机械问题并掌握一些创新技法,这也是从事机械设计的人员必备的基本业务素质;第3章意在复习和整理先修课程中的相关知识,使学生对机械运动变换、机电一体化知识等熟记于心,只有对基本的设计知识非常熟练,在遇到具体创新问题时,才能信手拈来、为我所用,另外,由于很多学校没有开设机械系统设计课程,本章还肩负培养学生系统设计观点的任务;第4章介绍 TRIZ 与创新,目的是为读者提供一种可操作性强、行之有效的创新方法,TRIZ 方法既是创新思维方法的具体体现,又是一种十分有用的创新技法,使创新思维从抽象的概念发展到具体的操作;第5章介绍机械运动方案设计与创新介绍进行方案设计时的创新方法,包括工作原理构思、工艺动作构思时的创新、模块化设计等内容,是对机械原理中机械运动方案设计的总结和提高;第6章介绍机构的演化、变异与创新,第7章介绍机构的组合与创新;第8章介绍机构运动链的再生与创新;第6~8章主要是从机构学的角度介绍机构的创新方法,培养学生利用机械原理中所学的少量常用机构,如何通过演变、变异、组合和再生等创新思维和创新技法,产生新的机构,是本书的核心内容;第9章介绍机械结构设计与创新从机械零部件的角度完成机械实体部分的创新,还包含零件结构设计的一些理念的创新;第10章介绍逆向工程、仿生机械与反求设计,本章以自然界进化或人类设计创造的成功案例为典范,进行逆向探索,获得创新启示,可用于机械综合创新实训;第11章介绍机械创新与专利保护,意在培养学生的知识产权意识,使学生在进行机械创新的同时,时刻注意尊重别人的创新劳动,同时保护自身创新成果。附录A、附录B提供了我国专利法和专利法实施细则,供读者申请专利保护时参考。

本课程是机械原理和机械设计的后续课程,在教学安排时应予以注意。

为配合教学工作,本书还配备了供教师课堂教学使用的 CAI 教学课件模板,教师可按任课专业的需要修改或完善为适合自身教学特点的 CAI 课件;该课件也可供学生复习之用。课件中包括多年来收集和自制的大量三维动画、二维动画,以及符合教学认知规律的动、静相结合的动画与图形。

全书由王树才教授、吴晓副教授担任主编并负责统稿。参与本书编写的老师有:王树才(第11章、附录A、附录B),吴晓(第6章、第7章),王静平(第1章、第8章),刘晓鹏(第9章),韩泽光(第5章),钱炜(第3章),张融(第4章),汲文峰(第 10 章),潘海兵(第 2 章)。

限于编者水平,加之机械创新设计的理论与方法还处在不断地发展和完善过程中,本书中缺点和不足,甚至谬误之处在所难免,殷切希望使用本教材的广大师生和读者批评指正,编者不胜感激。

王树才
于华中农业大学
2013.1.10

目录

第1章　绪论 (1)
　1.1　创新与社会进步 (1)
　1.2　创新教育与人才培养 (2)
　1.3　机械创新设计的概念与过程 (8)
　1.4　我国创新技术及机械的发展 (13)

第2章　机械创新的思维基础 (16)
　2.1　思维概述 (16)
　2.2　思维的类型 (18)
　2.3　创造性思维的形成与发展 (23)
　2.4　思维方式与创新方法 (26)

第3章　机械创新设计的技术基础 (46)
　3.1　机械运动形式变换 (46)
　3.2　机电一体化 (58)
　3.3　机械系统设计 (70)

第4章　TRIZ与创新 (88)
　4.1　TRIZ概述 (88)
　4.2　技术系统及其进化法则 (89)
　4.3　利用TRIZ解决问题的过程 (96)
　4.4　矛盾与矛盾的解决 (104)
　4.5　TRIZ技术冲突的解决原理 (107)

第5章　机械运动方案设计与创新 (115)
　5.1　机械产品的开发过程 (115)
　5.2　功能分析与设计 (116)
　5.3　模块化设计 (121)
　5.4　工作原理的构思与设计 (122)
　5.5　工艺动作的构思与设计 (128)
　5.6　机构的选型与构型 (129)

5.7 方案的评价 …………………………………………………… (134)

第6章 机构的演化、变异与创新 ……………………………………… (143)
  6.1 运动副的演化与变异 …………………………………………… (143)
  6.2 构件的演化与变异 ……………………………………………… (145)
  6.3 机构的倒置 ……………………………………………………… (148)
  6.4 机构的等效代换 ………………………………………………… (150)
  6.5 机构原理的移植 ………………………………………………… (154)

第7章 机构的组合与创新 ……………………………………………… (158)
  7.1 串联式组合与创新 ……………………………………………… (158)
  7.2 并联式组合与创新 ……………………………………………… (163)
  7.3 复合式组合与创新 ……………………………………………… (168)
  7.4 叠加式组合与创新 ……………………………………………… (175)

第8章 机构运动链的再生与创新 ……………………………………… (177)
  8.1 原始机构的选择与分析 ………………………………………… (177)
  8.2 一般化运动链 …………………………………………………… (183)
  8.3 运动链图谱分析 ………………………………………………… (187)
  8.4 特定化运动链及新机构的再生 ………………………………… (190)

第9章 机械的结构创新 ………………………………………………… (194)
  9.1 零部件结构方案的创新设计 …………………………………… (194)
  9.2 提高零部件性能的创新设计 …………………………………… (202)
  9.3 机械结构的宜人化设计 ………………………………………… (217)
  9.4 新型零部件结构设计 …………………………………………… (228)
  9.5 机械整体结构布置创新 ………………………………………… (244)

第10章 逆向工程、仿生机械与反求设计 ……………………………… (250)
  10.1 逆向工程简介 ………………………………………………… (250)
  10.2 机械仿生原理与仿生机械实例 ……………………………… (257)
  10.3 机械反求设计 ………………………………………………… (273)
  10.4 机械实物反求方法 …………………………………………… (277)
  10.5 反求与创新实例 ……………………………………………… (281)

第11章 机械创新与专利保护 ………………………………………… (286)
  11.1 概述 …………………………………………………………… (286)
  11.2 专利权的客体 ………………………………………………… (287)
  11.3 授予专利权的条件 …………………………………………… (290)
  11.4 专利权的内容 ………………………………………………… (292)

11.5　专利文件的撰写方法 …………………………………………… (293)
　11.6　专利纠纷案例分析 …………………………………………… (298)
附录A　中华人民共和国专利法(2008修正) ……………………… (302)
附录B　中华人民共和国专利法实施细则(2010修订) …………… (314)
参考文献 ……………………………………………………………… (339)

第1章 绪 论

1.1 创新与社会进步

　　创新在人类文明进步过程中发挥了极其重要的作用。青铜和铁的冶炼技术，显著地提高了社会生产力，推动人类向文明社会迅速迈进；蒸汽机的出现，引起了第一次工业革命，人类进入了蒸汽机时代；随着电动机的问世，人类跨入电器时代；半导体、计算机的诞生，引起了第二次工业革命，人类跃进信息时代；原子核裂变成功，人类掌握了核能技术，开始建立原子工业，引起了第三次工业革命，人类进入原子时代；伴随人造地球卫星的上天，人类开始了对所生存的宇宙空间的探索，开创了伟大的航天时代。回顾人类发展的历史可以看到，如果说蒸汽机使人类社会进入了工业文明，福特流水线在20世纪初送来了工业文明的象征——汽车文化，那么六十多年前第一台电子计算机的诞生，则打开了信息时代的大门。在工业社会，人们要解放自己的双手，而在信息社会，人们将解放自己的大脑。以网络、光纤、计算机、数码、多媒体为主要标志的信息技术群的发展，使人类文明进步的速度不断加快。在历史上，创新为建立近代科学体系奠定了知识基础；在现代，创新使人类的视野得到了前所未有的拓展。

　　创新是技术和经济发展的源泉，也是培养和造就科技人才的重要途径。20世纪以来的科技新发现、新发明远远超过了过去两千年的总和，不但使人类的物质文明面貌焕然一新，而且推动了人们的观念、思维方式的改变，极大地丰富了人类文明的宝库，也为人类社会的可持续发展开辟了广阔的道路。

　　在世界进入知识经济的时代，创新更是一个国家国民经济可持续发展的基石。对一个国家而言，拥有持续创新能力和大量的高素质人力资源，就具备了发展知识经济的巨大潜力。缺乏创新能力和科学储备的国家，将失去知识经济带来的机遇。

当今世界,创新能力的大小已成为决定一个国家综合国力强弱的重要因素,在国际竞争中越来越明显地表现为科技和人才的竞争,特别是科技创新能力和创新人才的竞争。所以,世界各国都在调整经济政策、科技政策和发展战略,对高新科技领域的创新给予了高度的重视。

自从新兴学科"创造学"于20世纪初在美国诞生后,美国更加注重知识和技术创新,经济发展势头上升,其相对完善的国家创新体系成为国民经济可持续发展的基础。而强调"技术立国"的日本,进入20世纪80年代后,经济增长明显减缓,日本政府及时调整国策,提出了"科技创新立国"的新方针。创新中所蕴藏的无限发展生机,是人们走向未来的金钥匙,如在韩国随处可见的一句自省的箴言:资源有限,创意无限。

从某种意义上说,创新决定着一个国家的未来面貌。正像江泽民同志所言:"创新是一个民族进步的灵魂,是国家兴旺发达的不竭动力。如果自主创新能力上不去,一味靠技术引进,就永远难以摆脱技术落后的局面,一个没有创新能力的民族,难以屹立于世界先进民族之林。"朱镕基同志认为:"科学的精神就是解放思想,实事求是,不断创新。力争在一些关系国民经济命脉和国家安全的关键技术领域取得突破,提高自主创新能力。"

知识创新和技术创新在经济发展中起着巨大作用。比尔·盖茨在短短数年内建立起影响全球的软件帝国,聚敛的财富比传统产业中的石油大亨、钢铁大王经过上百年时间聚敛的财富还要多。中国的联想集团、方正集团等企业,其创造的价值也有成倍、几十倍、几百倍的增长。

可见,在知识经济时代,一个国家的创新能力,包括知识创新和科技创新能力,是决定该国在国际竞争和世界总格局中的地位的重要因素。

1.2 创新教育与人才培养

1. 创新教育

知识是创新的前提,没有知识就很难掌握现代科学技术,也就很难有创新能力,所以教育是提高创新水平的重要手段。

联合国教科文组织的一份报告中说:"人类不断要求教育把所有人类意识的

一切创造潜能都解放出来。"也就是说,通过教育开发人的创造力,要求和期盼教育在创新人才培养中承担重要任务。联合国教科文组织也做过调研,并预测21世纪高等教育具有如下五大特点。

(1) 教育的指导性　打破注入式和用统一方式塑造学生的局面,强调发挥学生特长,自主学习;教师从传授知识的权威改变为指导学生的顾问。

(2) 教育的综合性　不满足传授和掌握知识,强调综合运用知识解决问题能力的培养。

(3) 教育的社会性　从封闭校园走向社会,由教室走向图书馆、工厂等社会活动领域,开展网络、远程教育,使人们在计算机终端前可以实现自己上大学或进修学习的愿望。

(4) 教育的终身性　信息时代来临,使人类进入了知识经济的新时代,由于知识迅速交替,人们为了生存竞争必须不断学习,由一次性教育转变为全社会终身性教育。

(5) 教育的创造性　为适应科技高速发展和社会竞争的需要,建立重视能力培养的教育观,致力于培养学生的创新精神,提高其创造力。

根据以上特点,中国高等教育人才培养也正开展由专才性向通才性过渡,努力培养并造就出大批具有创新精神与创新能力的复合型创新人才。如何培养这类人才,则是创新教育必须面对的问题。首先,必须更新教育思想和转变教育观念,教育不仅是教,更重要的是育。教也不只是传授传统的知识,还要传授如何获取知识;育就是培育、培养、塑造。其次,要探索创新的人才培养模式,不只是在课堂上教,在学校里教,要走出教室,走向社会。积极组织学生开展课外科技活动与社会实践,给学生创造一个良好的探究与创新的条件与氛围,当然还要注重教学内容的改革与更新。在教育中,发明创造的观念、创新能力是与知识同样重要的内容。开设"机械创新设计"课程也正是教学内容改革的措施之一。它不仅要传授一些创新技法,而且要激发学生的创新兴趣,使其产生主动获取知识的愿望,同时,还要培养学生善于思维、善于比较、善于分析和善于归纳的习惯。

2. 创新人才的特点

创新人才应具备下述特点。

(1) 具有如饥似渴汲取知识的欲望和浓厚的探究兴趣　这样,才能发现问题、提出问题、解决问题,并形成新的概念,作出新的判断,产生新的见解。陶行知有句名言:"发明千千万,起点是一问。"

1930年诺贝尔医学奖获得者芬森就是一例。丹麦科学家芬森到阳台乘凉,看见家猫却在晒太阳,并随着阳光的移动而不断调整自己的位置。这样热的天,猫为什么晒太阳？一定有问题！带着浓厚的探究兴趣,他来到猫前观察,发现猫身体上有一处化脓的伤口。他想,难道阳光里有什么东西对猫的伤口有治疗作用？于是他就对阳光进行了深入的研究和试验,终于发现了紫外线——一种具有杀菌作用、肉眼看不见的光线。从此紫外线就被广泛地应用在医疗事业上。

（2）具备强烈的创新意识与动机,以及坚持创新的热情与兴趣　只有这样,才能把握机遇,深入钻研,紧追不舍,并确立新的目标,制订新的方案,构思新的计划。

因为创新的一个重要特征就是社会的价值性,即为社会进步与人们生活的方便而进行工作。许多科学家正是带着这种强烈的责任感与使命感,作出了重要的贡献。法国的细菌学家卡莫德和介兰,为了战胜结核病,经历了13年的艰苦试验,成功地培育了第230代被驯服的结核杆菌疫苗——卡介苗。

（3）具备创新思维能力和开拓进取的魄力　只有这样,才能高瞻远瞩,求实创新,改革奋进,并开辟新的思路,提出新的理论,建立新的方法。

（4）具备百折不挠的韧劲,敢冒风险的勇气和意志　这样才会正视困难,克服困难,并创出新的道路,迎接新的挑战,获取新的成果。

3. 创新人才的培养

为了适应21世纪人才培养的要求,必须转变教育观念,探索新的培养模式,而改革的重点是加强学生素质教育和创新能力的培养。创新能力的开发可以从培养创新意识、提高创造力、加强创新实践等方面着手。

1）培养创新意识

（1）创造力的普遍性,相信人人具有创造力　创新活动首先来自于强烈的创新意识。创新人应善于发现矛盾,勇于探索,敢于创新。也许有人认为创新需要掌握很多高深的理论知识,对于一般人是高不可攀的,或者认为创新是那些硕士生、博士生或高级技术人员的事,与普通大学生无关。其实不然,创造并非少数杰出人才的专利,要相信人人都有创造力,人人都可以搞发明创造。许多"小人物"搞发明的故事,已给我们很多启示。有一个关于两百吨垃圾的故事很有启发性：美国"自由女神"铜像翻修后,现场留下两百多吨废料、垃圾需要处理。开始无人问津,后来一个叫斯塔克的年轻人自告奋勇,承担了这项工程。他将废料分类处理：把废铜皮改铸成纪念币,废铅、铝等做成纪念尺,水泥碎块整理成为小石碑,朽木、泥巴则装在玲珑剔透的小盒中作为纪念品。美国人出于对"自由女神"的崇拜很快就将这两百多吨"垃圾"一抢而空了。他也因此而获得了巨大的收益。

诺贝尔物理学奖获得者詹奥吉说："发明就是和别人看同样的东西却能想出

不同的事情。"我国著名教育家陶行知先生在"创造宣言"中提出"处处是创造之地,天天是创造之时,人人是创造之人",鼓励人们破除迷信,敢于走创新之路。

创造力以心理活动为主,而心理活动的生理基础和物质基础是大脑和以大脑为核心的神经系统。揭示脑生理机制的奥秘就可以证明人人具有创造力。研究表明,人的智力、创造力取决于人脑神经元的构造,每个神经元之间的"触突"依靠电-化学反应形成了某种联系,思维就在这电化学反应中进行。一瞬间有10万~100万个化学反应发生。人脑有140亿个神经元,它们之间的联系高达10^{783000}单位,作用远远超过任何超级大规模集成电路。

但目前人脑还有极大潜力未开发。神经生理学家认为,一般人的大脑潜力仅利用了4%~5%,少数人利用了10%左右。爱因斯坦的大脑的重量和细胞数量与常人相仿,但神经细胞的"触突"比常人多,说明他的大脑开发得比别人多,但最多也仅达30%。可见人的大脑潜力极大,创造力开发大有可为。

创造需要付出非凡的劳动,不能幻想囊中取物,一蹴而就,需要有坚定的毅力,克服重重困难。爱迪生研究白炽灯时,为寻找灯丝材料曾用过6000多种植物纤维,试验了1600多种耐热材料。

(2) 培养观察能力,培养善于观察事物、发现问题的能力　观察能力是对事物及其发展变化进行仔细了解,并把其性质、状态、数量等因素描述出来的一种能力。世界充满矛盾,现实不一定合理。善于观察事物、发现矛盾和需要,这往往是创造的动力和起点。

影响观察能力的因素是感觉器官、已有的知识和经验。提高观察能力的途径是培养浓厚的观察兴趣,培养良好的观察习惯(即观察要有目的性、计划性、重复性、观察结果要做记录等),培养科学的观察方法(观察时要注意全局与局部、整体与细节、瞬间与持续现象的关系等),时刻做有心人,时刻让感官器官处于积极状态。

妨碍正确观察的因素是错误的理论、观念,以及错觉或仪器误差导致的错误。例如,图1.1所示的三条线段是等长的,但由于视觉的误差人们会认为中间的最长,上面的最短。

图1.1　比较三条线段的长度

发现能力是指从外界众多信息源中发现自己所需要的有价值信息的能力。具有敏锐的洞察力,善于发现已有的事物或原理,用以解决矛盾,这也是创新意识的体现。山东有位叫王月山的炊事员,他观察到灶里的煤火燃烧不旺时,只要拿根铁棍一拨,火苗从拨开的洞眼蹿出,火一下就旺起来。后来,他用煤粉做煤饼时,就在上面均匀地戳几个通孔,不仅火烧得旺,而且节省燃煤。大家熟悉的蜂窝煤就是这样发明的。发现能力不仅仅在于发现,而更应注重对与所发现问题相关的各种信息的融会贯通,理清其来龙去脉,为解决问题提供重要信息。历史和实践表明,科学上的突破、技术上的革新、艺术上的创作,无一不是从发现问题、提出问题开始的。爱因斯坦认为,发现问题可能要比解答问题更重要。

2) 提高创造力

创造力是指人的心理特征和各种能力在创造活动中的体现。提高创造力应从培养良好的创造心理,了解创造性思维的特点,掌握创造原理和创造技法等方面着手。创造力受智力因素和非智力因素的影响。

智力因素,如观察力、记忆力、想象力、思考力、表达力、自控力等是创造力的基础性因素。

非智力因素,如理想、信念、情感、兴趣、意志、性格等则是创造力的动力和催化因素。通过对非智力因素的培养,可以调动人的主观能动性,对促进智力发展起重要的作用。例如兴趣对观察力与注意力具有很大的影响,只有对某事物极感兴趣,才会注意它、观察它,也才会从中发现问题并解决问题。情感是想象的翅膀,丰富的情感可以使想象更加活跃,而想象又可以充分发挥人的创造精神。意志是一种精神力量,它使人精神饱满,不屈不挠,不达目的誓不罢休。教育者应充分运用信念情感、兴趣、意志、性格等非智力因素,开发与调动受教育者内在的积极因素,使他们通过对非智力因素的培养,促进智力因素的发展与提高。

3) 加强创造实践

创造能力培养的关键是加强创造实践。通过听课、看书、参观、看电影和录像等环节,人们可以得到创新产品和创造方法的许多印象、概念,进而了解一些知识、技法。但只有参加创造的实践,才可能综合运用所学的一切,解决实际问题,形成创造能力。

正如不下水学不会游泳、不开车上路不可能真正学会驾驶汽车一样,创造力的提升必须借助于大量的创造实践。人的创造力可以通过学习和训练得到激发,且不断得到提升。美国通用电气公司对有关科技人员进行创造工程课程和实践训练,两年后取得很好的效果,按专利数量测算,人的创造力提高了三倍。

对理工科学生,除必要的理论教学外,一定要设置一系列设计实践环节,让学生在设计实践中培养综合分析和创新设计的能力。在学校里,开设创新设计类课程,开设创新设计实验室,开发创新设计的实验,为学生创造一个良好的创新实践环境,对于培养和塑造具有创新能力的学生是极其有效的。另外,大学生的各种课外科技竞赛活动,也是很好的创造活动实践。

4) 排除各种影响创新活动的障碍

(1) 环境障碍　环境障碍主要可分为外部环境障碍和内部环境障碍。

外部环境障碍有自然环境障碍与社会环境障碍。

社会环境障碍包括文化条件障碍(如守旧意识、中庸之道、平均主义、明哲保身等)与社会制度障碍(如计划经济下的等、靠、要,僵化的人事制度和应试教育等)。

内部环境障碍主要指心理、认知、信息、情感、文化等不利的个人因素。

(2) 心理障碍　心理障碍主要表现为从众心理、偏见与保守心理等。

① 从众心理是指个人自觉或不自觉地愿意与他人或多数人保持一致的心理特征,是求同思维极度发展的产物,俗称随大流。一般来说,普通人从10岁以后,开始出现从众心理,会有意无意地同周围人尽量保持一致。这种心态有时可能发展很快。

国外一位心理学家曾做过一个试验,他让几位合作者扮成在医院候诊室等待看病的病人,并让他们脱掉外衣,只穿内衣裤。当第一个真正的病人来时,先是吃惊地看了这些人,思索一会儿,然后也脱掉自己的外衣顺序坐到长凳上,第二个病人,第三个病人……竟无一例外都重复了同样的行为,表现出惊人的从众性。

从人的心理特征来看这个例子:当与别人一致时,人会感到安全;而不一致时,则会感到恐慌。从众倾向比较强烈的人,在认知、判定时,往往符合多数,人云亦云,缺乏自信,缺乏独立思考的能力,缺乏创新观念。

法国一位科学家也做过一个有趣的试验,他把一些毛毛虫放在一个盘子的边缘,让它们头尾相连,一个接一个,沿着盘子边缘排成一圈,这些虫子开始沿盘子爬行,每一只都紧跟着前面的一只,不敢走新路,它们连续爬了七天七夜,终因饥饿而死去。而在那个盘子中央,就摆着毛虫爱吃的食物。从这个试验可以看出,动物也具有这种心理特征。

② 偏见与保守心理是指由于个性上的片面性与狭隘性,对新事物存在反感与抵触情绪。有了这种个性特征的人在看待任何事物时,往往是先入为主,在头脑里形成对问题的固定看法,用先前的经验抵制后来的经验;对逐渐出现的变化反应迟钝,不愿意接受新事物;在思维上代表了封闭性与懒惰性。

国外一位心理学家做过一个试验,他先让受试者看一张狗的图片,然后再让受试者看一系列类似狗的图片,其中每一张图片都与前一张有差异,即每一张都减少一点狗的特征,增加一点猫的特征。这些差异累积起来,使最后一张图片像猫而不像狗。偏见与保守的人则一直认为图片是狗,而不是猫,而思维灵活的人则早认出图片已经变为猫了。

(3) 认知障碍　认知障碍主要表现为思维定势、功能固着,以及结构僵化。

思维定势——习惯固定模式,阻碍新点子产生。有些人如饥似渴地学习知识、积累知识,但运用知识时,却难以突破原有知识的框架,不敢越雷池半步。美国心理学家贝尔纳认为:"构成我们学习的最大的障碍是已知的东西,而不是未知的东西。"

功能固着——受事物经验功能局限,不可能发现潜在功能。例如,茶杯的功能是作为容器盛水用,但它也可以用来画圆,用做量具,甚至可当武器使用。

结构僵化——认知上受结构局限,不能发现可变化的形态,导致创新思维受限制。例如,要求用六根火柴在桌子上构造四个三角形,如果受桌面结构的影响,从平面图的结构上进行思维将行不通。若能跳出平面结构的局限,沿着空间结构进行思维就会恍然大悟:原来用六根火柴就可构造具有四个三角形的空间四面体(见图1.2)。

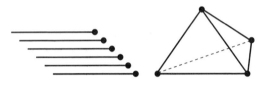

图 1.2 突破结构障碍

(4)信息障碍 在当今时代,信息的影响十分巨大。例如,技术情报、专利信息、网络信息等。平时应经常查阅有关信息、资料,以免消息封闭、跟不上时代的步伐。

此外,要掌握一些创新思维的方法、创新技术及技法等。

1.3 机械创新设计的概念与过程

1.3.1 设计与创新

1. 设计

1)设计的本质

设计是什么? 设计就是尽可能少地消耗以材料、能源、劳动力、资金等形态存在的资源,而创造出能满足预先陈述功能要求的物质实体,以实现对某一设计对象潜在要求的过程。实际上,设计本身就是一种创造,是人类进行的一种有目的、有意识、有计划的活动。

设计的发展与人类历史的发展一样,是逐渐进化、逐步发展的。例如,人类开始的设计是一种单凭直觉的创造活动。这些活动的意义仅仅是为了满足生存。为了保暖就剥下兽皮或树皮,稍加整理即披在身上防寒,也就设计了服装;为了猎取动物,分食兽肉,就设计了刀形斧状的工具,这也许就是最初的结构设计。

后来设计就发展了,不再仅仅是为了生存,而上升到为了提高生活质量和满足精神上的某种需要。人们开始利用数学与物理的研究成果解决设计问题。当设计的产品经过实践的检验,并有了丰富的设计经验以后,就归纳、总结出各种设计的经验公式,还通过试验与测试获得各种设计参数,作为以后设计的依据。同时开始借助于图纸绘制、设计产品,逐步使设计规范化。

现在的设计或称现代设计,则不论在深度还是广度上都发生了巨大的变化。人们已不再把时间花费在烦琐的计算与推导上,平面图纸的设计也逐渐被取代,并出现了优化设计、并行设计和虚拟设计等。设计产品更新换代的时间逐渐缩短,第一代产品刚问世不久,第二代、第三代产品就很快接踵而来。例如,自 1790 年美国实施专利制度以来,至今已有 600 多万件专利。前 100 万件用了 85 年;后 100 万件只用了 8 年。在最近 8 年里,平均每天产生专利 300 件。在这样一个迅猛发展的时代,人们的要求越来越高,也就对设计以及设计工作者提出了更高的要求。设计向什么方向发展,设计如何解决现代人的需求,已经成为重要的话题。

2) 设计的类型

机械产品的设计视情况不同大体可以分为三种类型,见表 1.1。

表 1.1 机械产品设计的三种类型

类型	含 义	占设计总数的比例/(%)
开发性设计	在工作原理、功能结构等完全未知的情况下,运用成熟的科学理论或经过试验证明可行的新技术,设计出过去没有的新型机械。这是一种完全的创新设计	25
适应性设计	在工作原理、功能结构基本保持不变的前提下,对产品作局部的变更或新设计少数零、部件,以改变产品的某些性能或克服原来的某些明显缺陷。这是具有部分创新的设计	55
变型设计	在工作原理、功能结构基本保持不变的前提下,对产品做尺寸大小或布置方式的改变,以适应于量的变化要求。此类设计中,不但功能和原理不变,而且不出现诸如材料、应力、工艺等方面的新问题	20

由表 1.1 可知,开发性设计和适应性设计明显占大多数,因此有必要在设计领域中大力加强有关创造能力和创新设计等观念、方法的培养。

3) 设计的一般进程

如图 1.3 所示为机械设计的一般进程。首先,通过市场调查掌握产品营销情况和用户要求,然后,提出设计任务。一般来说,设计任务常常只是提出总体规格或目的说明,必须通过原理解及总体布局造型,此即通常所谓的总体方案设计。方案设计要尽量运用各种创造性方法、系统工程方法、人机学原理、简易的可行性计算以及个人设计经验等,从白纸状态构思并限定设计对象的总体方案之待选范围,这是设计进程中最具创造性的一步,也是决定最后成功与否的关键。因此应进行优选设计方案,运用价值分析方法、优选方法等从中择取最有希望的一种。接下去按照选定的设计方案进行开发技术结构和结构、形状、材料优化,充分运用结构设计知识、最优化理论、可靠性技术以及工业美学等以获得详细的设计解。该设计解是否满足前述的功能要求,可经由运动及动力分析进行理论分析,以及试验研究来加以验证。在上述基础上进行施工设计,即完成制造用全部设计图样及技术文件。然后进行设计评价,以对设计解作出全面、系统的评价。根据评价结果,凡存在的问题应视其性质作相应的反馈修改,此后再转入试制→鉴定。一种产品只有在严格、认真的鉴定过程中顺利获得通过,才能最后进入生产→销售→消耗→回收。

由图 1.3 可知,整个设计进程大体上可划分为产品规划、概念设计、详细设计和试制生产四个阶段,各个阶段所要完成的工作目标或结果如图 1.3 中所示。需要强调的是,在概念设计阶段,其中诸如建立功能结构、寻求作用原理、构思总体原理解及布局造型等,都是最具创造性的工作,因此也是决定新产品开发成败与否的最关键阶段。

应该指出,设计进程本身是一个不断反馈循环的过程,设计者在每一步都可能获得新的信息,从而回到前面的步骤。因此,一个出色的设计者往往要经历如图 1.3 所示进程的多次反复才能真正达到目的。

2. 创新

一谈到创新,大家自然会想到发明、专利、新产品开发等,其实,创新具有更广泛的含义。"创新"一词一般认为是美国一位经济学家 J.L. 舒彼特最早提出的。他把创新的具体内容概括为五个方面:① 生产一种新产品;② 采用一种新技术;③ 利用或开拓一种新材料;④ 开辟一个新市场;⑤ 采用一种新的组织形式或管理方式,如对资源的更有效整合等。他指出:"所谓创新是指一种生产函数的转移。"

创新是人类文明进步的原动力。创新对人类科学的发展产生了巨大的影响,使科学成为历史上推动社会进步和社会变革的有力杠杆。创新是技术和经

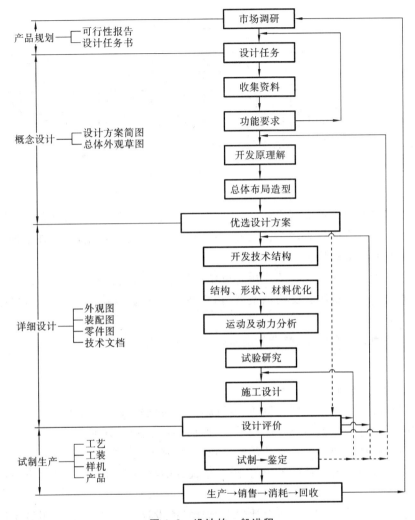

图 1.3 设计的一般进程

济发展的原动力,是国民经济发展的基础,是体现综合国力的重要因素。当今世界各国之间在政治、经济、军事和科学技术方面的激烈竞争,实质上是人才的竞争,而人才竞争的关键是人才创造力的竞争。

概括地说,创新就是创造与创效。它是集科学性、技术性、社会性、经济性于一身,并贯穿于科学技术实践、生产经营实践和社会活动实践的一种横向性实践活动。创新理论体系的内容框架可以用框图来描述(见图 1.4)。其中技术创新占主导地位,一国竞争实力大小、经济发展和社会进步的程度,最终取决于技术创新,其他创新活动均为技术创新服务。意识创新起先导作用,没有创

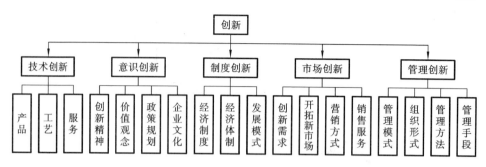

图 1.4 创新的内容框架

新意识也就没有创新活动。

制度创新起保证和促进作用,即促进技术创新。自改革开放以来,中国的经济体制已逐步由计划经济体制转向社会主义市场经济体制,这为技术创新创造了良好的外部环境。

市场创新起导向和检验作用。市场竞争迫使、激励企业不断创新。市场把创新成功与否的裁决权交给消费者,由消费者的需求引导创新的方向,检验创新成功与否。

管理创新具有协调、整合创新系统各要素作用。

1.3.2 创新设计

创新设计属于技术创新范畴。可以看出,对创新设计的要求要比对设计的要求提高了许多。创新设计不仅是一种创造性的活动,还是一个具有经济性、时效性的活动。同时创新设计还要受到意识、制度、管理及市场的影响与制约。因此需要研究创新设计的思想与方法,使设计能继续推动人类社会向更高目标发展与进化。

强调创新设计是要求在设计中更充分发挥设计者的创造力,利用最新科技成果,在现代设计理论和方法的指导下,设计出更具竞争力的产品。

归纳起来创新设计具有如下特点。

① 创新设计是涉及多种学科,包括设计学、创造学、经济学、社会学、心理学等的复合性工作,其结果的评价也是多指标、多角度的。

② 创新设计中相当一部分工作是非数据性、非计算性的,要依靠对各学科知识的综合理解与交融、对已有经验的归纳与分析,要运用创造性的思维方法与创造学的基本原理开展工作。

③ 创新设计不只是因为问题而设计,更重要的是提出问题、解决问题。

④ 创新设计是多种层次的,不在乎规模的大小,也不在乎理论的深浅,注

重的是新颖性、独创性。

⑤ 创新设计必须具有实用性,其最终目的在于应用。

1.4 我国创新技术及机械的发展

1.4.1 我国古代的机械发明创造

1. 人力的进一步利用

世界上任何一个民族,在发明机械的初期,所需要的原动力都出自人的本身。人力的利用可以说源远流长。要是能把一人或多人的力量储备起来,延长一段时间再利用,这在人力的利用方面是一个巨大的进步,在机械制造方面也是一个卓越的成就。弩机就是典型的储备人力的机械装置。

2. 畜力的利用

畜力的利用在我国也是很早就开始的,并且得到了广泛的应用。利用畜力拉车、驮载;在农业方面的耕田、播种、提水灌溉(见图 1.5),以及农作物的收获和加工;在冶铸业中的鼓风,制盐业中的汲卤,纺织业中的纺纱,制糖业中的榨蔗取浆等:这些都广泛地利用了畜力。

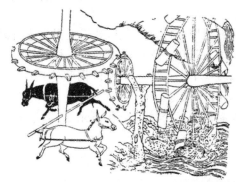

图 1.5 驴转翻车汲水图

3. 能源的利用

1) 水力

用水力舂米、磨面(见图 1.6)非常广泛。利用水力扬水的有水转翻车等。

用水力纺纱的有元代的水转大纺车,其至少已有六百四十多年的历史。当时在国际上也是卓越的技术。

2) 风力

在古代人们开始利用风力的时间仅晚于畜力,也是很早就开始了的,或利用风力显示风向,或利用风力行船,或利用风轮提水灌溉,或利用风轮吸海水制盐。我国立帆式的风轮更具有民族特点。立帆式风轮是在风轮的外缘竖装六张或八张船帆。中国船帆的特点之一是非常灵活,立帆式风轮就充分发挥了这一特点。每一张帆转到顺风一侧能自动与风向垂直,这样就能获得最大风力;转到逆风一侧的时候,又能自动地与风向平行,使所受阻力最小。并且,不管风向怎样改变,风轮总是向一个方向旋转。这是我国劳动人民的独特创造。

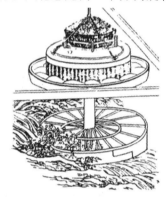
图 1.6 水力驱动的水磨

图 1.7 走马灯

3) 热力

我国古代对热力的利用,时间比较早,处于世界先进行列,也是我国科学技术史上光辉的一页。用上升热空气流驱动的走马灯(见图 1.7),表明对这一项原理的利用比西方大约早十个世纪。宋人诗词和笔记中有不少关于走马灯的记载。它是现代燃气轮机的始祖。

我国最早发明火箭是世界公认的。在公元 13 世纪宋元时期,我国就有关于"起火"的记载。

1.4.2 我国近代机械的发展

到了近代,特别是从 18 世纪初到 19 世纪 40 年代,由于政治、经济、社会等诸多原因,我国的机械行业发展停滞不前,这一百多年正是西方资产阶级政治革命和产业革命时期,西方国家机械科学技术飞速发展,远远超过了中国的水平。

我国近代机械发展的主要开始标志是洋务运动,此时中国才开始开设机械制造学校及机械制造工厂。1866年,在福州马尾设立船政局,并附设船政学堂,它是中国最早的海军制造学校。1895年在天津创办中西学堂,又称北洋西学堂。这些学校打开了中国机械教育的先河。

到民国时期中国的机械发展又有了新的进展,1931年南京政府开始筹备中央机械厂,其设备状况较强。另外当时中国也能仿制一些精度较高的机器,如自动缫丝机、钨丝拉细机等。民营机械厂也迅速发展,出现了如新中工程公司、永利化学公司机器厂、大隆机械厂、顺昌机械厂等机械厂,说明中国机械工程发展进入了一个新的时期。但由于战争的关系,这一时代的机械工程发展受到了种种的阻碍。

1.4.3 我国现代机械发展时期

我国现代机械发展开始于新中国成立,主要发展是在近三十年,这些年来,我国的机械科学技术发展速度很快,机械技术向机械产品大型化、精密化、自动化和成套化方向发展,在有些方面已经达到或超过世界先进水平。载人航天器、高速列车等为我国现代机械标志性的成就。总的来说,就目前而言我国机械创新科学技术的成就是巨大的,发展速度之快、水平之高也是前所未有的。这一时期还没有结束,我国的机械创新科学技术还将向更高的水平发展。只要我们能够采取正确的方针、政策,用好科技发展规律并勇于创新,我国的机械工业和机械创新科技一定能够振兴,重新引领世界机械工业发展潮流。

第2章 机械创新的思维基础

2.1 思维概述

思维是抽象范围内的概念。观察的角度不同,思维的含义就不同,哲学、心理学和思维科学等不同学科对思维的定义也不尽相同。综合起来,所谓思维,即人脑对客观现实的反映,是指人脑对所接受和已储存的来自客观世界的信息进行有意识或无意识、直接或间接的加工,从而产生新信息的过程。这些新信息可能是客观实体的表象,也可能是客观事物的本质属性或内部联系,还可能是人脑产生出的新的客观实体,如文学艺术的新创作、工程技术领域的新成果、自然规律或科学理论的新发现等。从字面上看,思维中的"思"可理解为思考或想,"维"可理解为方向或序。思维就是沿一定方向的思考,或是有一定顺序的想。归纳起来,思维有间接性与概括性、层次性、自觉性与创造性。

1. 思维的间接性和概括性

感觉与知觉具有直接性,感知的事物比较容易为人们所接受,但世界上的事物何止万千,客观事物的本质属性与内部联系错综复杂,人们不可能一一去感知它们,这就需要借助思维的间接性和概括性来实现。

思维的间接性指的是凭借其他信息的触发,借助于已有的知识和信息,去认识那些没有直接感知过的或根本不能感知的事物,以及预见和推知事物的发展过程。如,早上起床,推开窗户,看见屋顶和地面湿漉漉的,便能推断出来昨晚下雨。间接的反映之所以可能,是因为依赖于我们对客观事物的基本认识,又如,夏天天气闷热、乌云密布、燕子低飞、墙基潮湿,由此我们便能间接地推测:周围的空气湿度大,气压低,快要下雨了。在这里,对"快要下雨"的间接认识是通过多次感知经验而概括出来的。

思维的概括性指的是它能够去除不同类型事物的具体差异,而抽取其共同的本质或特征加以反映。如在海底千姿百态的鱼,其共性的特征是用鳃呼吸,这是经概括后得到的鱼类的本质属性。因此,同在水中生活,从外形上来看,鲸与鱼的形态、许多生活习性都十分相似,但因为它是用肺呼吸的,所以鲸并不是鱼,把鲸叫做鲸鱼实际上是错误的。思维的概括性包含了两层含义。第一,能找出一类事物所特有的共性并把它们归结在一起,从而认识该类事物的性质及与其他类事物的关系。如,借助思维,可以把形状、大小各不相同而能结出枣子的树木归一类,称为"枣树";把枣树、杨树、桉树等依据其根、叶等共性归为"植物"。第二,能从部分事物相互联系的事实中找到普遍的或必然的联系,如热胀冷缩的规律,并将其推广到同类的现象中去,也就是说,把同一事物或现象的共同的、本质的属性抽取出来,加以概括;同时,将概括出来的认识推广到同类事物或现象中去,这就是思维的概括性。

思维的间接性和概括性是紧密联系的。一方面,由于事物的本质特征和内在联系通常并不是表露在外,而是隐藏在事物的内部,因此只有通过间接的途径才能概括地反映出来;另一方面,间接地反映事物之所以可能,是由于人们通过实践概括了事物的本质属性和内在联系,这样才能运用这些知识经验间接地推断其他未知的方面。

2. 思维的层次性

思维有高级和低级、简单和复杂之分,也就是说,思维具有层次性。对同一事物,小孩与成人、男人与女人、中国人与外国人的看法可能截然不同。有些人认识到的只是事物的表象,而有些人则能对事物的本质及内部规律有深刻的理解。所以,当看到苹果从树上落到地上,不同人有不同层次的看法,很多人想,这是因为苹果熟了,才落到地上的,而牛顿则最终认识到这是地球引力作用的结果。

3. 思维的自觉性与创造性

思维的自觉性与创造性,是人类思维的最可贵的特性。从人对事物的感知实践可知,经适度激发,人的大脑神经网络和生理机能会对外部环境和事物产生自觉的反映,因此许多苦思冥想不得要领的难题,可能在睡梦中或在漫步时豁然开朗。人类思维的自觉性使人类在思维和解决问题时常常会出现顿悟现象。顿悟是思维自觉运行的结果,是思维过程中出现的质的飞跃。也有人把思维的自觉性称为灵感思维,其最大的特征是爆发性与瞬间性,只有善于捕捉这一短暂的灵感思维,才会发生从量变到质变的创造成果。美国发明家爱迪生曾经说过,天才=勤奋+灵感。因此,思维的结果可产生出从未有过的新信息,所以思维具有创造性。良好的思维方式是发明创造的前提。

2.2 思维的类型

做任何事情都有窍门,进行思维活动时,同样也存在许多技巧和窍门。只要我们掌握了有关思维的一般方法,发挥创造性思维的作用,那么在解决问题的时候,许多难点就会迎刃而解。在产品设计与开发中,运用不同的思维方式,可以开发出不同的新产品。心理学家认为,创造力是个人的认识能力、工作态度和个性特征的综合表现。认识能力是理解事物复杂性的能力。创新思维能力是创造力的核心,它的产生是人脑的左脑和右脑同时作用以及默契配合的结果。思维具有流畅性、灵活性、独创性、精细性、敏感性和知觉性等特征,根据思维在运作过程中的作用地位,思维主要有以下几种类型。

1. 形象思维

形象思维又称具体思维或具体形象的思维。它是人脑对客观事物或现象的外部特点和具体形象的反映活动。这种思维形式表现为表象、联想和想象。形象思维是人们认识世界的基础思维,也是人们经常使用的思维方式之一。所以形象思维是每个人都具有的最一般思维方式。

表象是指物体的形状、颜色等特征在大脑中的印记,如视觉看到的狗、猫或汽车的综合形象信息在人脑中留下的印象。表象是形象思维的具体结果。

联想是将不同的表象联系起来的思维过程。如你看过一眼邻家的威武漂亮的苏格兰牧羊犬,头脑中建立了牧羊犬的表象。当你再次看到它时,你会认出这是你见过的邻家的牧羊犬。联想是表象的思维延续,在一定的条件刺激下就会产生联想。

想象则是将一系列的有关表象融合起来,构成一副新表象的过程,是创造性思维的重要形式。如建筑师进行建筑物设计时,要根据客户的具体要求,并将其记忆中众多的建筑式样、风格融合起来加以想象、构思并最终设计出新的建筑物,这一过程主要依靠人们的形象思维。训练人的观察力,是加强形象思维的最佳途径。

2. 抽象思维

抽象思维是思维的高级形式,又称抽象逻辑思维或逻辑思维。它是凭借概念、判断、推理而进行的反映客观现实的思维活动。抽象思维涉及语言、推理、定理、公式、数字、符号等不能感观的抽象事物,是一个建立概念、不断推理、反复判断的思维过程。其主要特点是通过分析、综合、抽象、概括等基本方法协调运用,从而揭露事物的本质和规律性联系。从具体到抽象,从感性认识到理性认识必须运用抽象思维方法。

概念是客观事物本质属性的反映,是一类具有共同特性的事物或现象的总称,它是单个存在的。如"犬"是一个抽象的概念,而猎犬、牧羊犬、警犬、缉毒犬、宠物犬等则是具体的犬。这些具体的犬都有四条腿、锋利的牙齿,具备喜食肉,善奔跑,睡眠时常以耳贴地,有极其灵敏的嗅觉和听觉,对其主人忠心耿耿,都要吃东西才能生存等共同特性,将这些共同特性概括起来,便可得到"犬"的抽象概念。从抽象到具体,再从具体到抽象,这种反复转换的思维方式是人们进行各类活动的常用思维方式。

判断是两个或几个概念的联系,推理则是两个或几个判断的联系。如在齿轮传动中,能保证瞬时传动比的一对互相啮合的齿廓曲线必须为共轭曲线(概念),因为渐开线满足共轭曲线的条件,所以以渐开线为齿廓的齿轮必能保证其瞬时传动比为恒定值(判断),这就是一种推理的过程。概念、判断、推理构成了抽象思维的主体。

3. 发散思维

发散思维又称多向思维、辐射思维、扩散思维、求异思维、开放思维等。它是以少求多的思维形式,其特点是在对某一问题或事物的思考过程中,不拘泥于一点或一条线索,而是从仅有的信息中尽可能地向多方向扩展,而不受已经确定的方式、方法、规则和范围等的约束,并且从这种扩散的思考中求得常规的和非常规的多种设想的思维。其思维过程为:以要解决的问题为中心,运用横向、纵向、逆向、分合、颠倒、质疑、对称等思维方法,考虑所有因素的后果,找出尽可能多的答案,并从许多答案中寻求最佳的一种,以便有效地解决问题。如把气象预测纳入企业经营的思考范围,观风察雨也能使企业获利。有一位企业家说过:"靠气象发财也是一门学问,市场的经营者应该掌握温度的上升、下降和产品销量增减之间的函数关系。"例如,日本经营空调器的厂商都有研究和测算气象的专门机构。他们收集了大量的数据,得出了气温变化与产品销售额浮动之间的关系:在盛夏30℃以上温度的天气,每延续一天,空调的销售量就能增加40 000台。可见发散思维在进行创新活动中具有极其重要的作用。

4. 收敛思维

收敛思维又称集中思维、求同思维等,是一种寻求某种正确答案的思维形式。它以某种研究对象为中心,将众多的思路和信息汇集于这一中心,通过比较、筛选、组合、论证,得出现存条件下解决问题的最佳方案。其着眼点是从现有信息产生直接的、独有的、为已有信息和习俗所接受的最好结果。

在创造过程中,只用发散思维并不能使问题直接获得有效的解决。因为最终选择用于解决问题的方案只能是唯一的或是少数的,这就需要集聚,采用收敛思维能使问题的解决方案趋向于正确目标。发散思维与收敛思维是对立与统一的矛盾体,将二者有效结合,才能组成创造活动的一个循环。如设计某一机器的动力传动,利用发散思维得到的可能性方案有:齿轮传动、蜗杆蜗轮传动、带传动、链传动、液力传动等。再根据具体条件分析判断,选出最佳方案,如要求体积小且有较大减速比,则可以选择蜗杆蜗轮传动方案。

5. 动态思维

动态思维是一种运动的、不断调整的、不断优化的思维活动。其特点是根据不断变化的环境、条件来不断改变自己的思维秩序、思维方向,对事物进行调整、控制,从而达到优化的思维目标。它是我们在日常工作和学习中经常运用的思维形式。

动态思维是美国心理学家德波诺提出的,他认为人在思考时要将事物放在一个动态的环境或开放的系统中来加以把握,分析事物在发展过程中存在的各种变化或可能性,以便从中选择出对自己解决问题有用的信息、材料和方案。动态思维的特点是要随机而变、灵活,与古板、教条的思维方式相对立。生活中人们常说的"一根筋"现象,就是典型的与动态思维相对立的思维方式,是不应提倡的思维方式。

6. 有序思维

有序思维是一种按一定规则和秩序进行的有目的的思维方式,它是许多创造方法的基础。如十二变通法、归纳法、逻辑演绎法、信息交合法、场-场分析法等都是有序思维的产物。常规机械设计过程中经常用到有序思维,如齿轮设计过程,按载荷大小计算齿轮的模数后,再将其标准化,按传动比选择齿数,进行几何尺寸计算、强度校核等过程,都是典型的有序思维过程。

7. 直接思维

直接思维是创造性思维的主要表现形式。直接思维是一种非逻辑抽象思维,是人们基于有限的信息,调动已有的知识积累,摆脱惯常的思维规律,对新事物、新现象、新问题进行的一种直接、迅速、敏锐的洞察和跳跃式的判断。它在确定研究方向、选择研究课题、识别线索、预见事物发展过程、提出假设、寻找解决问题的有效途径、决定行动方案等方面有着重要的作用。与直觉思维相关的思维方法有:想象思维法、笛卡儿连接法、模糊估量法等。在人类创造性活动中,直接思维扮演了极为重要的角色。

8. 创造性思维

创造性思维是一种最高层次的思维活动,它是建立在前述各类思维基础上的。人脑机能能在外界信息激励下,自觉综合主观和客观信息产生的新客观实体,如创作文学艺术新作品、获取工艺技术领域的新成果、发现新的自然规律与科学理论等。

创造性思维的特点是:综合性、跳跃性、新颖性、潜意识中的自觉性和顿悟性,这都是创造性思维比较明显的特点。

9. 质疑思维

质疑是人类思维的精髓,善于质疑就是凡事多问几个为什么。用怀疑和批判的眼光看待一切事物,即敢于否定。对每一种事物都提出疑问,是许多新事物、新观念产生的开端,也是创新思维的最基本方式之一。

实际上,创新思维是以发现问题为起点的,爱因斯坦说过,系统地提出一个问题,往往比解决问题重要得多,因为解决这个问题或许只需要数学计算或实验技巧。当年哥伦布看出了"地心说"的问题才有"日心说"的产生。找出了牛顿力学的局限性才诱发了爱因斯坦"相对论"的思考。所有科学家、思想家可以说都是"提出问题和发现问题的天才"。一个人若没有一双发现问题的眼睛,就意味着思维的钝化。因此,外国许多科研机构都非常重视培养研究人员提出问题、发现问题的能力,常常拿出三分之一以上的时间训练其提出问题的技巧。

10. 灵感思维

灵感思维是一种特殊的思维现象,是一个人长时间思考某个问题得不到答案,中断了对它的思考以后,却又会在某个场合突然产生对这个问题的解答的现象。

灵感包含多种因素、多种功能、多侧面的本质属性和多样化的表现形态。灵感也是人脑对信息加工的产物,是认识的一种质变和飞跃,但是由于对信息加工的形式、途径和手段的特殊性,以及思维成果表现形态的特殊性,灵感思维成为了一种令人难识真面目的极其复杂而又神奇的特殊思维现象。它具有如下一些特性。

(1) 突发性 灵感的产生往往具有不期而至、突如其来的特点。

(2) 兴奋性 灵感的出现是意识活动的爆发式的质变、飞跃,令人豁然开朗,是思想火花的瞬间出现,是神经活动突然进入的一种高度兴奋状态。因此,灵感出现以后必然出现情绪高涨、身心舒畅,甚至如醉如痴的状态。

（3）不受控制性　对灵感的出现时间和场合不可能预先准确地作出规定和安排。

（4）瞬时性　灵感是潜思维将其思维成果突然在瞬间输送给显思维，灵感的来去是无影无踪的，它出现在人脑中只有很短的时间，也许只有半秒钟。它经常只是使你稍有所悟，当你没有清晰地反应过来的时候便已经离开你了。

（5）粗糙性　灵感提供的思维成果，并不都是完整而成熟、精确而清晰的。

（6）不可重现性　即使遇到了相同的情景，也难以再现各个细节都完全相同的同一个灵感，而不是说灵感的同一内容不可能在不同的情景下再次或多次出现。

通常情况下灵感有如下的四类。

（1）自发灵感　自发灵感是指对问题进行较长时间思考的执著探索过程中，随时留心和警觉所思考问题的答案或者启示时，有可能某一种时刻在头脑中突然闪现。要做到善于抓住头脑中的自发灵感，不仅要对灵感保持敏感性，而且还要有意识地让潜思维尽量发挥作用。在对一个问题进行反复思考时，潜思维也处于启动状态，如果我们对问题的解答不是急于求成，而是有紧有松、有张有弛，在休息的时候就停止思考，转做其他的事情或进行娱乐活动，那么这样就能为头脑中的潜思维加强活动创造有利条件，就能为它提供良好的环境。例如英国发明家辛克莱在谈及他发明的袖珍电视机时说道："我多年来一直在想，怎样才能把电视机显像管的长尾巴去掉，有一天我突然灵机一动，想了个办法，将长尾巴做成90°弯曲，使它从侧面而不是从后面发射电子，结果就设计出了厚度只有3 cm的袖珍电视机。"可以看出，对问题先是深思熟虑，然后丢开、放松，挖掘并利用潜意识，由紧张转入既轻松又警觉的状态，是产生自发灵感的最有效方法。

（2）诱发灵感　它是指思考者根据自身的生理、爱好和习惯等诸方面的特点，采用某种方式或选择某种场合，有意识地促使所思考的问题的答案或相关启示在头脑中出现。例如可以在散步、沐浴、听音乐或演奏等时候，或采用西方所谓的3B思考法，即bed（躺在床上思考）、bath（沐浴时思考）、bus（等候或乘坐公共汽车时思考），促使所思考问题的答案或相关启示在头脑中出现。法国数学家潘卡尔得出"不定三级二次型的算术变换和非欧几何的变换方法完全一样"的结论即是在海边散步时突然领悟的。

（3）触发灵感　触发灵感是指在对问题已经进行较长时间思考而未能得到解决的过程中，随时留心和警觉，接触到某些相关或不相关的事物或感官刺激，从而引发了所思考问题的答案或相关启示在头脑中突然闪现。此外，同他人交谈，也会经常能起到触发灵感的作用。因为每个人的年龄、身份、文化程度、知识结构、理解能力等各不相同,思考问题的特点、方式和思路也会有差异。在交谈中,不同的思路、思考方式和特点互相融汇、交叉、碰撞或冲突,就能打破或改变个人的原有思路,使思想产生某种飞跃和质变,迸发出灵感的火花。我国古语说"石本无火,拍击而后发光"。例如电话机的诞生就归功于触发灵感的作用。1875年6月2日,贝尔和他的助手华生分别在两个房间里试验多任务电报机,一个偶然发生的事故启发了贝尔。华生房间里的电报机上有一个弹簧粘到磁铁上了,华生拉开弹簧时,弹簧发生了振动。与此同时,贝尔惊奇地发现自己房间里电报机上的弹簧颤动起来,并且发出了声音,是电流把振动从一个房间传到另一个房间。贝尔的思路顿时大开,他由此想到:如果人对着一块铁片说话,声音将引起铁片振动;若在铁片后面放上一块电磁铁的话,铁片的振动势必在电磁铁线圈中产生时大时小的电流。这个波动电流沿电线传向远处,远处的类似装置上不就会发生同样的振动,发出同样的声音吗?这样声音就可以沿着电线传到远方。贝尔和华生根据这一设想发明了电话机。

(4) 逼发灵感　逼发灵感是指在紧张的情况下,通过冷静的思考、谋求对策,或者在情急中,解决面临问题的答案或相关启示在头脑中突然闪现。被西方誉为创造学之父的美国人奥斯本曾说过:"舒适的生活常使我们创造力贫乏,而苦难的磨炼却能使之丰富。""在感情紧张状态下,构想的涌出多数比平时快。……当一个人面临危机之时,想象力就会发挥最高的效用。"在日常所说的某人如何急中生智,就是指的是"逼发灵感"。

那么怎么样才能培养出灵感思维呢?其必备条件有:需要有创新思维的课题;必须具备一定的经验与知识;对问题要进行较长时间的思考;要有解决问题的强烈欲望;在一定时间的紧张思考之后要转入身心放松状态;要有及时抓住灵感的精神准备和及时记录下来的物质准备。

2.3　创造性思维的形成与发展

2.3.1　创造性思维的形成过程

创造性思维的形成大致可分为三个阶段。

1. 酝酿准备阶段

"酝酿准备"是明确问题、收集相关信息与资料,使问题与信息在头脑及神经网络中留下印记的过程。大脑的信息存储和积累是激发创造性思维的前提条件,存储信息量越大,激发出来的创造性思维活动也就越多。

在此阶段,创造者已明确了自己要解决的问题。在收集信息的过程中,力图使问题更概括化和系统化,形成自己的认识,弄清问题的本质,抓住问题的关键所在,同时尝试和寻求解决问题的方案。

任何发明创造和创新结果都有准备阶段,有的时间长些,有的时间短些。若问题简单,可能会很快找到解决问题的办法;若问题复杂,可能要经历多次失败的探求;当阻力很大时,则中断思维,但潜意识仍在大脑深层活动,等待时机。

2. 潜心加工阶段

在获得并占有一定数量的与问题相关的信息之后,创造主题就进入尝试解决问题的创造过程:人脑的特殊神经网络结构使其思维能进行高级的抽象思维和创造性思维活动。在围绕问题进行积极思索时,人脑对神经网络中的受体不断地进行能量积累,为产生新的信息积极运作。在此阶段,人脑将人的知觉、感受和表象提供的信息进行融汇、综合,创造和再生新的信息,具有超前性和自觉性。相对而言,人的大脑皮层的各种感觉区、感觉联系区、运动区只是人脑神经网络中的低层次构成要素,通过特殊的神经网络结构进行高级的思维,从而使创造性思维成为一种受控的思维活动。潜意识的参与是这一阶段思维的主要特点。一般来说,创造不可能一蹴而就,但每一次挫折都是成功创造的思维积累。有时候,由于某一关键性问题久思得其不解,从而暂时地被搁置在一边,但这并不是创造活动的终止,事实上人的大脑神经细胞在潜意识指导下仍在继续朝着最佳目标进行思维,也就是说创造性思维仍在进行。

潜心加工阶段还是使创造目标进一步具体化和完善的阶段。创造准备阶段确定下来的某些分目标可能被修正或被改换,有时可能会发现更有意义的创造目标,从而使创造性思维向更为新颖和有意义的目标行进。

3. 顿悟阶段

顿悟一词在佛教和道教中运用最广,常带有神秘的色彩。佛祖释迦牟尼从过着豪华生活的王子,在经历百千磨难后,一日在菩提树下顿悟,"立地成佛"。老子在俗世中过了大半辈子,有那么一日也忽然顿悟,口颂道德经,骑着大青牛,西出函关飘然而去,成了道家礼拜的祖师。

顿悟是指人脑有意无意地突现某些新形象、新思想、新创意,使一些长期悬而未决的问题一念之下得以解决的现象。顿悟其实并不神秘,它是人类高级思维的特性之一。该阶段的作用机制比较复杂,一般认为是与长期酝酿所积蓄的思维能量有关,这种能量会冲破思维定势和障碍,使思维获得开放性、求导性、非显而易见性。但从脑生理机制来看，顿悟是大脑神经网络中的递质与受体、神经元素的突触之间的一种由于某种信息激发出的由量变到质变的状态及神经网络中新增的一条通路。进入此阶段，创造主体突然间被特定的情景下的某一特定启发唤醒，创造性的新意识蓦然闪现，多日的困扰一朝排解，问题得以顺利解决，这种喜悦难以名状，只有身在其中的创造者才有幸体验。顿悟是创造性思维的重要阶段，客观上它有赖于在大量信息积累基础上的长期思索和重要信息的启示，主观上是由于创造主体在一阶段时间里没有对目标进行专注思索，从而使无意识思维处于积极活动状态，这时思维的范围扩大，多神经元间的联系范围扩散，多种信息相互联系并相互影响，从而为"新通道"的产生创造了条件。

历史上许多重大发明都是"顿悟"产生的成果。

凯库勒是德国有机化学家，据说他在研究有机化学结构时，闭着眼睛能想象出各种分子的立体结构。他已经清楚测定出：苯分子是由6个碳原子和6个氢原子组合而成的，但这些原子又是以什么方式组织起来的呢？1865年圣诞节后的一天，凯库勒试着写出了几十种苯的分子式，但都不对。他困倦了，躺在壁炉旁的靠椅上迷迷糊糊地睡着了。"那是什么？"他眼前的6个氢原子和6个碳原子连在了一起，仿佛一条金色的蛇在舞蹈，不知因为什么缘故，蛇被激怒了，它竟然狠狠地一口咬住了自己的尾巴，形成了一个环形，然后就不动了，仔细一看，又好像是一只熠熠生辉的钻石戒指。这时，凯库勒醒了，发现原来这不过是一个奇怪的梦，梦中看到的环形排列结构还依稀记得，凯库勒立即在纸上写下了梦中苯分子的环状结构。有机化学中的重要物质苯的分子结构式就这样以在梦中顿悟的形式下得到了解决。

笛卡儿是法国17世纪著名的哲学家、数学家。长期以来，几何学与代数学是两条道上跑的车，互不相干。笛卡儿精心分析了几何学与代数学各自的优缺点，认为几何学虽然形象直观、推理严谨，但证明过于烦琐，往往需要高度的技巧；代数虽然有较大的灵活性和普遍性，但演算过程缺乏条理，影响思维的发挥。由此，他想建立一种能把几何和代数结合起来的数学体系，这需要建立一个数与形灵活转换的平台，这一平台的研究耗费了他大量的时间，但他始终没有找到理想的方法。后来笛卡儿生病了，遵照医生的嘱咐，他躺在床上休息，此时他仍在思索用代数方法解决几何问题的方法，显然习题的关键是如何把几何中的点与代数中的数字建立必要的联系。突然间，笛卡儿眼中闪现出喜悦的光彩，原来在天花板上一只爬来爬去忙于织网的蜘蛛引起了他的注意，这只蜘蛛忽儿沿着墙面爬上爬下，忽儿顺着吐出丝的方向在空中缓缓移动，这只旋在半空中，能自由自在占据其所织网结中任意位置的蜘蛛令笛卡儿豁然开朗：能否用两面墙与天花板相交的三条汇交于墙角点的直线系来确定蜘蛛的位置呢？

著名的笛卡儿坐标就这样在顿悟中诞生了,解析几何学也由此诞生和发展,成为数学在思想方法上一次大革命的见证。

4. 验证阶段

创造性思维不仅注重在形式上标新立异,而且在内容上也要求精确可靠,所以还需要实践的验证。

2.3.2 创造性思维的培养与发展

虽然每个人均具有创造性思维的生理机能,但一般人的这种思维能力经常处于休眠状态。生活中经常可以看到,在相似的主客观条件下,一部分人积极进取、勤奋创造、成果累累,一部分人惰性十足、碌碌无为。学源于思,业精于勤。创造的欲望和冲动是创造的动因,创造性思维是创造中攻城略地的利器。创造欲望需要有意识地培养和训练,需要营造适当的外部环境刺激予以激发。

1. 潜创造性思维的培养

潜创造性思维的基础是知识,人的知识来源于教育和社会实践。由于受教育的程度和社会实践经验的不同,人的文化知识、实践经验知识存在很大差异,即人的知识深度、广度不同,但人人都有知识,只是知识结构不同。也就是说,人人都有潜创造力。普通知识是创新的必要条件,可开拓思维的视野、扩展联想的范围。专门知识是创新的充分条件,专门知识与想象力相结合,是通向成功的桥梁。潜创造性思维的培养就是知识的逐渐积累过程。知识越多,潜创造性思维活动越活跃,所以学习的过程就是潜创造性思维的培养过程。

2. 创新涌动力的培养

存在于人类自身的潜创造力只有在一定的条件下才能释放出能量。这种条件可能来源于社会因素或自我因素。社会因素包括工作环境中的外部或内部压力;自我因素主要是强烈的事业心;二者的有机结合,构成了创新的原动力。所以,塑造良好的工作环境和培养强烈的事业心是出现创新原动力的最好保证。

2.4 思维方式与创新方法

在进行创新设计时,将用到很多创新方法,这些创新方法与思维方式密切相关。这些创新方法也具有通用性,不仅对机械工程领域的创新活动有指导意义,而且对其他领域的创新活动也有非常大的指导意义和应用价值。下面从思维的角度,论述几种创新方法。

2.4.1 群体集智法

群体集智法是针对某一特定的问题,集中大家智慧,并激励智慧,运用群体智慧进行的一种群体操作型创新活动。不同知识结构、不同工作经历、不同兴趣爱好的人聚集在一起分析问题、讨论方案、探索未来时一定会在感觉和认知上产生差异,而正是这种差异会促使一种智力互激、信息互补氛围的形成,从而可以很有效地实现创新效果。群体智慧法主要有三种具体的途径:会议集智法、书面集智法和卡片集智法。

1. 会议集智法

会议集智法又称智慧激励法,是1939年由美国创造学家奥斯本发明的,通常也称奥斯本法。该方法的特点是召开专题会议,并对会议发言作出若干规定,通过这样一个手段造成与会人员之间的智力互激和思维共振,用来获取大量而优质的创新设想。技术开发部门在工程设计中,经常运用智慧激励法解决工程技术问题。

会议的一般议程如下。

(1) 会议准备　确定会议主持人、会议主题、会议时间,参会人(5~15人为佳,且专业构成要合理)。

(2) 热身运动　看一段创造录像,讲一个创造技法故事,出几道脑筋急转弯题目,使与会者身心得到放松,思维运转灵活。

(3) 明确问题　主持人简明介绍,提供最低数量信息,不附加任何条条框框。

(4) 自由畅谈　无顾忌,自由思考,以量求质。有人统计,一个在相同时间内比别人多提出两倍设想的人,最后产生有实用价值的设想的可能性比别人高10倍。

(5) 加工整理　会议主持人组织专人对各种设想进行分类整理,去粗取精,并补充和完善设想。

2. 书面集智法

书面集智法由德国创造学家鲁尔巴赫根据德意志民族惯于沉思的性格特点,对奥斯本会议集智法加以改进而成。在运用奥斯本法的过程中,人们发现表现力和控制力强的人会影响他人提出的有价值的设想,因此鲁尔巴赫提出了运用书面形式表达思想的改进型技法。该方法的主要特点是采用书面畅述的方式激发人的智力,避免了在会议中部分人疏于言辞、表达能力差的弊病,也避免了在会议中部分人争相发言、彼此干扰而影响智力激励的效果。

书面集智法最常用的是"635 法"模式,即每次会议 6 个人,每人在卡片上写 3 个设想,每轮限定时间为 5 min。具体程序是:会议主持人宣布创造主题→发卡片→默写 3 个设想→5 min 后传阅;在第二个 5 min 要求每人参照他人设想填上新的设想或完善他人的设想,30 min 就可以产生 108 种设想,最后经筛选,获得有价值的设想。

3. 卡片集智法

卡片集智法也是在奥斯本的智慧激励法的基础上创立的。其特点是将人们的口头畅谈与书面畅述有机结合起来,以最大限度充分发挥群体智力互激的作用和效果。具体程序是:召开 4~8 人参加的小组会议,每人必须根据会议主题提出 5 个以上的设想,并将设想写在卡片中,一张卡片写一个设想,然后在会议上轮流宣读自己的设想。如果在别人宣读设想时,自己因受到启示产生新想法时,应立即将新想法写在卡片上。待全体发言完毕后,集中所有卡片,按内容进行分类,并加上标题,再进行更系统的讨论,以挑选出可供采纳的创新设想。

2.4.2 系统分析法

任何产品不可能一开始就是完美的,人们对产品的未来期望也不可能在原创产品问世时就一并实现,而大量的创新设计用于完善产品,因此对原有产品从系统论的角度进行分析是最为实用的创造技法。系统分析法主要有三种:希望点列举法、缺点列举法、设问探求法。

1. 希望点列举法

希望是人们对某种目的的心理期待,是人类需求心理的反映。希望点列举是列举、发现或揭示希望有所创新的方向或目标。常将该方法与发散思维与想象思维结合,根据生活需要、生产需要、社会发展的需要列出希望达到的目标、希望获得的产品;也可根据现有的某个具体产品列举希望点,提出对该产品进行改进的意见,从而实现更多的功能,满足更多的需求。希望点列举法在形式上是将思维收敛于某"点"而后又发散思考,最后又聚集于某种创意。

例如,希望获得一种既能在陆地上行驶,又能在水上行驶,还能在空中行驶的水陆空三栖汽车。根据这样一个希望,这种三栖汽车已经问世。它可以在陆地上仅用 5.9 s 的时间将行驶速度增至 100 km/h,在水中可以 50 km/h 的速度行驶,可以离开地面 60 cm,并以 48 km/h 的速度向前飞行。

又如,希望设计一种能够在各种材料上进行打印的打印机。沿着这样一个希望点进行研究,就研制出一种万能打印机,如图 2.1 所示。这种打印机对厚度的要求可放宽到 120 cm;打印的材料可以是大理石、玻璃、金属等,并可用 6 种颜色打印;打印的字、符号、图形能耐水、耐热、耐光,而且无毒。

图 2.1 多功能打印机

目前种类繁多的电灯实际上最初都是由希望列举而找到创新方向的。在不同的时候,人们可能希望房间内有不同的亮度,或者可能希望关灯时亮度慢慢减弱直到最后完全关掉,如电影院和剧场的灯灭过程,由此希望就产生了调光灯。为增加装饰效果,希望电灯能变换色彩,于是德国某公司设计出了一种变色灯具,通电后,灯管内液体上下对流,把射入液体内的色光折射到半透明的灯罩上,发出变幻莫测、色彩斑斓的光。

2. 缺点列举法

缺点列举法是指任何事物总是有缺点的,遇到这些缺点并设法克服这些缺点,事物就能日益完善。该方法目标明确,主题突出,它直接从研究对象的功能性、经济性、宜人性等目标出发,研究现有事物存在的缺陷,并提出相应的改进方案。虽然一般不改变事物的本质,但由于已将事物的缺点一一展开,使人们容易进入课题,较快地接近创新的目标。这一方法反向思考有时就是希望点列举,如白炽灯的寿命太短,如果反向思考就是希望得到寿命长的灯。

缺点列举法的具体分析方法如下。

(1) 用户意见法 设计好用户调查表,以便引导用户列举缺点,并便于分类统计。

(2) 对比分析法 先确定可比参照物,再确定比较的项目(如功能、性能、质量、价格等)。

物理学家李政道在听某演讲时,知道非线性方程有一种叫孤子的解。他为弄清这个问题,找来所有与此有关的文献,花了一个星期时间,专门寻找和挑剔别人在这方面研究中所存在的弱点。后来发现，所有文献研究的都是一维空间的孤子，而在物理学中，更有广泛意义的却是三维空间，这是不小的缺陷与漏洞。他针对这一问题研究了几个月，提出了一种新的孤子理论，用来处理三维空间的某些亚原子过程，获得了新的科研成果。对此李政道发表过这样的看法："你们要想在研究工作中赶上、超过人家吗？你一定要摸清在别人的工作里，哪些地方是他们的缺陷。看准了这一点，钻下去，一旦有所突破，你就能超过人家，跑到前头去。"

例如，衬衣有各种缺点，如扣子掉后很难再买到原样的扣子来配上。针对这一缺点，有的生产厂就在衬衣的隐蔽地方缝上了两颗备用纽扣。另外，衬衣的领口容易坏，针对这一缺点，有的生产厂就设计出活式领口，每件衬衣出厂时就配有两个以上的活领。

每当爆发流感的时候，在进入公共场合时通常需要测量体温，传统的体温计必须接触身体才能测量，如果用同一体温计来测量不同人的体温，有时可能会发生交叉传染。从防止疾病传染的角度出发，有必要研制非接触式体温计，于是出现了用红外体温计，可准确地利用人体皮肤的红外辐射测量体温。

3. 设问探求法

设问能促使人们思考，但大多数人往往不善于提出问题，有了设问探求法，人们就可以克服不愿提问或不善于提问的心理障碍，从而为进一步分析问题和解决问题奠定基础。提问题本身就是创造。设问探求法在创造学中被誉为"创造技法之母"。其主要原因在于：它是一种强制性思考，有利于突破不愿提问的心理障碍；也是一种多角度发散性的思考过程，是广思、深思与精思的过程，有利于创造实践。

1）设问5w2h法

5w2h法由美国陆军部提出，即通过连续提出为什么、做什么、谁去做、何时做、何地做、怎样做、做多少共7个问题，构成设想方案的制约条件，设法满足这些条件，便可获得创新方案。其具体内容如下。

（1）为什么（why） 为什么采用这个技术参数？为什么不能有响声？为什么停用？为什么变成红色？为什么要做成这个形状？为什么采用机器代替人力？为什么产品的制造要经过这么多环节？为什么非做不可？

（2）做什么（what） 条件是什么？哪一部分工作要做？目的是什么？重点是什么？与什么有关系？功能是什么？规范是什么？工作对象是什么？

（3）谁去做（who） 谁来办最方便？谁会生产？谁可以办？谁是顾客？谁被忽略了？谁是决策人？谁会受益？

(4) 何时做(when) 何时要完成？何时安装？何时销售？何时是最佳营业时间？何时工作人员容易疲劳？何时产量最高？何时完成最为适宜？需要几天才算合理？

(5) 何地做(where) 何地最适宜某物生长？何处生产最经济？从何处买？还有什么地方可以作销售点？安装在什么地方最合适？何地有资源？

(6) 怎样做(how to) 怎样省力？怎样最快？怎样做效率最高？怎样改进？怎样得到？怎样避免失败？怎样求发展？怎样增加销路？怎样达到效率？怎样才能使产品更加美观大方？怎样使产品用起来方便？

(7) 做多少(how much) 功能指标达到多少？销售多少？成本多少？输出功率多少？效率多高？尺寸多少？重量多少？

以上 7 个问题可以依次提问，有问题的可以求解答案，没有问题时可转到下一个问题。下面以自行车为例说明 5w2h 法的使用过程。比如当问到第三个问题谁去做时，就可以想到自行车是谁来使用，可能是成年男女、青年男女、少年儿童、老年人、运动员和邮递员等，考虑一下他们都各需要什么样的自行车。当问到第五个问题何地做时，就可想到城市公路、乡村小路、山地、泥泞路、雪路、健身房、中国、欧洲、非洲等地点，考虑不同的地点和环境对自行车有什么要求和需求。当问到第七个问题做多少时，就可以想到销量、成本、重量、尺寸、寿命等问题，考虑营销策略、加工工艺、材料选择等解决方案。

2) 奥斯本检核表法

奥斯本是美国教育基金会的创始人，他在《发挥独创力》一书中介绍了许多创意技巧。美国麻省理工学院创造工程研究所从书中选出 9 项，编制成了《新创意检核表》，运用这个表提出问题，寻求有价值的创造性设想的方法，这就是奥斯本检核表法。

奥斯本检核表提问要点的内容有 9 个方面，针对某一产品或事物介绍如下。

(1) 能否它用 可提问：现有事物有无其他用途？稍加改进能否扩大用途？包括思路扩展、原理扩展、应用、技术、功能、材料扩展。

例如全球卫星定位系统(GPS)是美国国防部 20 世纪 70 年代初在"子午仪卫星导航定位"技术上发展起来的，具有全球性、全能性(陆地、海洋、天空及宇宙空间)、全天候性优势的导航、定位、定时、测速系统。GPS 技术最初用于军事目的，后来逐步向民间开放使用。在当今发达国家，GPS 技术已广泛应用于交通运输和道路工程等领域，极大地提高了生产效率。GPS 技术还应用于野生动物种群的追踪定位等。GPS 系统的功能正如 GPS 业界的权威所说"GPS 的应用只受人们想象力的限制"。

(2) 能否借用　可提问:能否借用别的经验,模仿别的东西?过去有无类似的发明创造创新?现有成果能否引入其他创新成果?

振荡可以增强散乱堆积颗粒物的聚合效果。压路机的工作原理是通过滚轮靠自重将路面的沙石压实,现在的压路机在其滚轮上加上振荡装置就形成了振荡压路机,这样就可以显著地增强压路机的碾压效果。踩在香蕉皮上比踩在其他水果皮上更容易使人摔跤,原因在于香蕉皮是由几百个薄层构成的,且层间结构松弛,富含水分,借用这个原理,人们发明了具有层状结构性能优良的润滑材料——二硫化钼。又如,乌贼靠喷水前进,前进迅速而灵活,模仿这一原理,人们发明了"喷水船",这种喷水船先将水吸入,再将水从船尾猛烈喷出,靠水的反作用力使船体迅速行驶。

(3) 能否改变　可提问:能否在意义、声音、味道、形状、式样、花色、品种等方面改变?改变后效果如何?

最早的铅笔杆是圆形截面的,而绘图板通常是有点倾斜的,因此,铅笔很容易滚落到地上,摔断铅芯。后来人们想到将笔杆的圆形截面改成正六边形截面,就很方便地解决了这一问题。

(4) 能否扩大　可提问:能否扩大使用范围、增加功能、添加零部件、增加高度、增大强度、增加价值、延长使用寿命?

扩大的目的是为了增加数量,形成规模效应;缩小是为了减小体积,便于使用、提高速度。大小是相对的,不是绝对的,更大、更小都是发展的必然趋势。在两块玻璃中加入某些材料可制成防震或防弹玻璃;在铝材中可加入塑料做成防腐、防锈、强度很高的水管管材和门窗中使用的型材;在润滑剂中添加某些材料可大大提高润滑剂的润滑效果,提高机车的使用寿命。

(5) 能否缩小　可提问:能否减少、缩小、减轻、浓缩、微型化、分割?

随着社会的进步和生活水平的不断提高,产品在降低成本、不减少功能、便于携带和便于操作的要求下,必然会出现由大变小、由重变轻、由繁变简的趋势。如助听器可以小到能放进耳蜗,计算器可集合在手表上,折叠伞可放到挎包里,等等。以缩小、简化为目标的创造发明往往具有独特的优势,在自我发问的创新技巧中,可产生出大量的创新构想。

(6) 能否代用　可提问:能否用其他材料、元件、原理、方法、结构、动力、结构、工艺、设备?

人造大理石、人造丝是取代天然材料的很好范例。用表面活性剂代替汽油清洗油污,不仅效果好,而且节约能源。用液压传动代替机械传动,更适合远距离操纵控制。用水或空气代替润滑油做成的水压轴承或空气轴承,无污染,效率高。用天然气或酒精代替汽油燃料,可使汽车的尾气污染大大降低。数码相机用数据存储图像,省去了胶卷及胶卷的冲洗过程,而且图像更清晰,在各种光线条件下可以拍摄很好的相片。

(7) 能否调整　可提问:能否调整布局、程序、日程、计划、规格、因果关系?

飞机的螺旋桨一般在头部,有的也放在尾部,如果放在顶部就成了直升机的旋翼,如果螺旋桨的轴线方向可调,就成了可垂直升降的飞机。汽车的喇叭按钮原来设计在方向盘的中心,不便于操作且有一定的危险性,将按钮设计在方向盘圆盘下面的半个圆周上就可以很好地解决潜在的威胁问题。根据常识可知自行车在高速前进时,采用前轮制动容易发生事故,于是有人就设计了无论用左手或右手捏住制动器,自行车都将按"先后再前"的顺序制动,从而可以大大降低事故的发生率。

(8) 能否颠倒　可提问:能否方向相反、变肯定为否定、变否定为肯定、变模糊为清晰、位置颠倒、作用颠倒?

将电动机反过来用就发明了发电机;将电扇反装就成了排风扇;从石油中提炼原油需要把油、水分离,但为了从地下获得更多的原油,可以先向地下的油中注水;单向透光玻璃装在审讯室里,公安人员可看见犯罪嫌疑人的一举一动,而犯罪嫌疑人却无法看见公安人员,反之,将这种玻璃反过来装在公共场所,人们既可以从里面观赏外面的美景,又能防止强烈的太阳光直接射入。

(9) 能否组合　可提问:能否进行事物组合、原理组合、方案组合、材料组合、形状组合、功能组合、部件组合?

两个电极在水中高压放电时会产生"电力液压效应",产生的巨大冲击力可将宝石击碎;而在一个椭球面焦点上发出的声波,经反射后可在另一个焦点汇集。一位德国科学家将这两种科学现象组合起来,设计出医用肾结石治疗仪。他让患者躺在水槽中,使患者的结石位于椭球面的一个焦点上,把一个电极置于椭球面的另一个焦点上,经过 1 min 左右不断地放电,通过人体的冲击波能把大部分结石粉碎,而后逐渐排出体外,达到治疗的目的。

奥斯本检核表法是一种具有较强的启发创新作用的方法。它的作用体现在多个方面。它能强迫人去思考,有利于突破一些人不愿提问题或不善于提问题的心理障碍,还可以克服"不能利用多种观点看问题"的困难,尤其是提出有创见的新问题本身就是一种创新。它又是一种多向发散的思考,使人的思维角度、思维目标更丰富;另外检核思考提供了创新活动最基本的思路,可以使创新者尽快集中精力,朝提示的目标方向去构想、创造、创新。该法比较适用于解决单一小问题,还需要结合技术手段才能产生出解决问题的综合方案。

使用检核表法应注意几点:一是要一条一条地进行检核,不要有遗漏;二是要多检核几遍,效果会更好,或许能更准确地选择出所需创造、创新、发明的方面;三是在检核每项内容时,要尽可能地发挥自己的想象力和创新能力,产生更多的创造性设想;四是检核方式可根据需要,可以一人检核,也可以3～8人共同检核,也可以集体检核,可以互相激励,产生头脑风暴,更有希望创新。

下面以玻璃杯为例来说明用奥斯本检核表法对其进行的改进创新。改进的过程见表2.1。

表2.1 玻璃杯奥斯本检核表

序号	检核项目	发散性设想	初选方案
1	能否它用	作为奖杯、盛食物、作为量具、作为火罐、作为乐器、作为灯罩、作为笔筒、作为蛐蛐罐、作为存钱罐、作为圆规	装饰品
2	能否借用	自热杯、磁疗杯、保温杯、电热杯、防爆杯、音乐杯	自热磁疗杯
3	能否改变	夜光杯、塔形杯、动物杯、防溢杯、自洁杯、香味杯、密码杯、幻影杯	香味夜光杯
4	能否扩大	防碎杯、消防杯、报警杯、过滤杯、多层杯	多层杯
5	能否缩小	折叠杯、微型杯、超薄型杯、可伸缩杯、扁平杯、勺形杯	伸缩杯
6	能否代用	金属杯、纸杯、可降解杯、一次性杯、竹木制杯、塑料杯、可食质杯	可降解纸杯
7	能否调整	系列装饰杯、系列牙杯、口杯、酒杯、咖啡杯、高脚杯	系列高脚杯
8	能否颠倒	透明↔不透明、雕花↔非雕花、有嘴↔无嘴、有盖↔无盖、上小下大↔上大下小	彩雕杯
9	能否组合	与温度计组合、与中草药组合、与加热器组合、与艺术绘画组合	与加热器组合

2.4.3 联想法

联想是由于现实生活中的某些人或事物的触发而想到与之相关的人或事物的心理活动或思维方式。联想思维由此及彼、由表及里、形象生动、奥妙无穷,是科技创造活动中最常见的一种思维活动。发明创造离不开联想思维。

联想是对输入大脑中的各种信息进行加工、转换、连接后输出的思维活动。联想并不是不着边际的胡思乱想。足够的知识与经验积累是联想思维纵横驰骋的保证。

1. 相似联想

相似联想是从某一思维对象想到与它具有某种相似特征的另一对象的思维方式。这种相似可以是形态上的,也可以是功能、时间与空间意义上的。把表面上看起来差别很大,但意义相似的事物联系起来,更有助于创造性思维的形成。

例如,通过相似联想,医生由建筑上的爆破联想到人体器官内结石的爆破,从而发明了医学上的微爆破技术。又如,19世纪20年代,伦敦市政府计划在泰晤士河修建一条水下隧道,由于土质条件很差,用传统的支护开挖法,松软多水的河底很容易塌方,施工极为困难,工程师布鲁尔对此感到一筹莫展。一天,他在室外散步,无意中看见一只硬壳虫借助自己坚硬的壳体使劲地往橡树皮里钻。这一极为平常的现象触动了布鲁尔的创造灵感。他联想到,河下施工与昆虫钻洞的行为是多么相似啊,如果把空心钢柱横着打进河底,以此构成类似昆虫硬壳的"盾构",边掘进边建构,在延伸的盾构保护下,施工不就可以顺利进行了吗?这就是现在常用的"盾构施工法"。

2. 接近联想

接近联想是由某一思维对象想到与之相接近的思维对象上去的联想思维。这种接近可以是时间与空间上的,也可以是功能与用途上的,或者是结构与形态上的。

3. 对比联想

客观事物间广泛存在着对比关系,远近、上下、宽窄、凸凹、冷热、软硬等,由对比引起联想,对于发散思维、启动创意,具有特别的意义。

例如,由热处理想到冷处理,由吹尘想到吸尘等。21世纪避雷的新思路就是由对比联想而产生的。国际上一直通用的避雷原理是美国富兰克林的避雷思想,这种思想是吸引闪电到避雷针,避雷针又与建筑物紧密相连,这就要求建筑物必须安装导电良好的接地网,使电传入地,确保建筑物的安全,因此也就增加了落地雷的概率,产生了由避雷针引发的雷灾。这些灾害的发生引起了研究人员对避雷思想的反思。1996年中国科学家应洪春从避雷针的相反思路研究,发明了等离子避雷装置,这种装置不是吸引闪电,而是拒绝闪电,使落地雷远离被保护的建筑物,特别适合信息时代的防雷需要。

4. 强制联想

强制联想是将完全无关或关系相当偏远的多个事物或想法勉强联系起来,进行逻辑型的联想,以此达到创造目的的创新技法。强制联想实际上是使思维强制发散的思维方式,它有利于克服思维定势,因此往往能产生许多非常奇妙的、出人意料的创意。

2.4.4 类比法

比较分析多个事物之间的某种相同或相似之处,找出共同的优点,从而提出新设想的方法称为类比法。按照比较对象的情况,类比法可分为拟人、直接、象征及因果四种类比。

1. 拟人类比

将人作为创造对象的一个因素,在创造物的时候,充分考虑人的情感,将创造对象拟人化,把非生命对象生命化,体验问题,引起共鸣,是拟人类比创新技法的特点。据报道:国外的一些公园采用拟人化类比方法设计了一种新型的垃圾桶,当游客把垃圾扔进桶内时,它会说"谢谢",由此使游客不自觉地产生保护环境卫生的意识。

拟人类比创新思想被广泛应用于自动控制系统开发中,如适应现代建筑物业管理的楼宇智能控制系统、机器人、计算机软件系统的开发等都利用了拟人类比方法来进行创新设计。

2. 直接类比

在创新设计时,将创造对象与相类似的事物或现象进行比较,称为直接类比。这种相似一般指形态、功能、空间、时间、结构等方面的相似。

例如,尼龙搭扣的发明就是一位名叫乔治·特拉尔的工程师运用功能类比与结构类比的技法实现的。这位工程师在每次打猎回来时总有一种叫大蓟花的植物粘连在他的裤子上,当他将取下植物与解开衣扣进行了无意的类比,感觉到其中功能的相似性,他深入分析了这种植物的结构特点后,发现这种植物遍体长满小钩,认识到具有小钩的结构特征是粘连的条件。接着运用结构相似的类比技法设计出一种带有小钩的带状织物,并进一步验证了这种连接的可靠性,进而采用这种带状织物代替普通扣子、拉链等,这就是现在衣服上、鞋上、箱包上用的尼龙搭扣的来源。鲁班设计的锯子也是通过直接类比法而发明的。在科学领域里:惠更斯提出的光的波动说,就是与水的波动、声的波动类比而发现的;欧姆将其对电的研究和傅里叶关于热的研究加以直接类比,把电势比作温度,把电流总量比作一定的热量,建立了著名的欧姆定律;库仑定律也是通过类比发现的,劳厄谈到此问题时曾说过:"库仑假设两个电荷之间的作用力与电量成正比,与它们之间的距离的平方成反比,这纯粹是牛顿定律的一种类比。"

直接类比的特点是简单、快速,可以避免盲目思考。类比对象的本质特性越接近,则成功创新的可能性就越高。

3. 象征类比

象征类比是借助实物形象和象征符号来比喻某种抽象的概念或思维感情。象征类比依靠知觉感知,并使问题的关键显现、简化。文化创作与创意中经常运用这种创造技法。

4. 因果类比

两事物有某种共同属性,根据一事物的因果关系推知另一事物的因果关系的思维方法,称为因果类比法。例如,由河蚌育珠,运用类比技法推理出人工牛黄培育法;由树脂充孔形成发泡剂,而推理出水泥充孔形成气泡混凝土。

2.4.5 仿生法

师法自然,以此获得创造灵感,甚至直接仿照生物原型进行创造发明,就是仿生法。仿生法是相似创造原理的具体应用。仿生法具有启发、诱导、拓展创造思路的显著功效。仿生法不是简单地再现自然现象,而是将模仿与现代科技有机结合起来,设计出具有新功能的仿生系统,这种仿生创造是对自然的超越。

例如,日本发明家田雄常吉在研制新型锅炉时,就将锅炉中的水和蒸汽的循环系统与人体血液循环系统进行对比,即参照人体的动脉和静脉的不同功能以及人体心脏瓣膜阻止血液倒流的作用,利用仿生法发明了高效锅炉,使锅炉的效率提高了 10%。又如,鲨鱼皮肤的表面遍布了齿状凸出物,当鲨鱼游泳时,水主要与鲨鱼皮肤表面上齿状凸出物的端部摩擦,使摩擦力减小,游速就提高。运用仿生法设计的新型泳衣由两种材料组成,在肩膀部位仿照鲨鱼皮肤,其上遍布齿状凸出物;另外在手臂下方采用光滑的紧身材料,减小了游泳时的阻力。在悉尼奥运会上这种泳衣获得了 130 个国家、地区的游泳运动员的认可。

2.4.6 移植法

移植法是将某一领域的成果,引用、渗透到其他领域,用以变革和创新。移植与类比的区别是,类比是先有可比较的原型,然后受到启发,进而联想进行创新;移植则是先有问题,然后去寻找原型,并巧妙地将原型应用到所研究的问题上来。主要的移植内容有如下几种。

1. 原理的移植

原理的移植是指将某种科学技术原理向新的领域类推或外延。很多原理都可以用于多个领域。例如,二进制原理用于电子学(计算机),还用于机械学(二进制液压油缸、二进制二位识别器等);超声波原理用于探测器、洗衣机、盲人拐杖等;激光技术用于医学的外科手术(激光手术刀),用于加工技术上产生了激光切割机,用于测量技术上产生了激光测距仪等。

2. 方法的移植

方法的移植是指操作手段与技术方案的移植。例如,密码锁或密码箱可以阻止其他人进入房间或打开箱子,将这种方法移植到电子信箱或网上银行就是进入电子信箱或网上银行时必须要先输入正确密码方可进入。又如,将金属电镀方法移植到塑料电镀上。

3. 结构的移植

结构的移植是指结构形式或结构特征的移植。例如,将滚动轴承的结构移植到移动导轨上产生了滚动导轨,移植到螺旋传动上产生了滚动丝杆。又如,将积木玩具的模块化结构特点移植到机床上产生了组合机床,移植到家具上产生了组合家具等。

4. 材料的移植

材料的移植是指将某一领域使用的传统材料向新的领域转移,并产生新的变革,也是一种创造。物质产品的使用功能和使用价值,除了取决于技术创造的原理功能和结构功能外,也取决于物质材料。在材料工业迅速发展、各种新材料不断涌现的今天,利用移植材料进行创新设计更有广阔前景。例如,在新型发动机设计中,设计者以高温陶瓷制成燃气涡轮的叶片、燃烧室等部件,或以陶瓷部件取代传统发动机中的气缸内衬、活塞帽、预燃室、增压器等。新设计的陶瓷发动机具有耐高温的性能,可以省去传统的水冷系统,减轻了发动机的自重,因而大幅度地节省了能量和增大了功效。此外,陶瓷发动机的耐蚀性也使它可以采用各种低品质、多杂质的燃料。陶瓷发动机的设计成功,是动力机械和汽车工业的重大突破。

5. 综合移植

综合移植是指综合运用原理、结构、材料等方面的移植。在这种移植创造过程中,首先要分析问题的关键所在,即搞清创造目的与创造手段之间的协调和适应关系,然后借助联想、类比等创新技法,找到被移植的对象,确定移植的具体形式和内容,通过设计计算和必要的试验验证,获得技术上可行的设计方案。例如,采用移植塑料替代木材制作椅子,同时也要移植适合塑料的加工方法和结构,通常不用木工的榫钉的方法进行连接,而采用整体注塑结构。又如,充气太阳灶,太阳能对人们极有吸引力,但目前的太阳灶造价较高,工艺复杂,又笨重(50 kg 左右),调节也麻烦,野外工作和旅游时携带就不方便了。上海的连鑫等同学在调查研究的基础上,明确了主攻方向:简化太阳灶的制作工艺,减轻重量、减少材料消耗,降低成本,获取最大的功率。他们首先把两片圆形塑料薄膜边缘黏结,充气后就膨胀成一个抛物面,再在反光面上贴上真空镀铝涤纶不干胶片。用打气筒向内打气,改变里面气体压强,随着充气量的增加,上面一层透明膜向上凸起,反光面向下凹,可以达到自动汇聚反射光线的目的。这种"无基板充气太阳灶"只有 4 kg 重,拆装方便,便于携带,获第三届全国青少年科学发明创造比赛一等奖。

2.4.7 组合创新法

发明创新按照所采用的技术来源可分为两类:一类是采用全新技术原理取得的成果,属突破型发明;另一类是采用已有的技术并进行重新组合的成果,属组合再生型发明。磁半导体发明者、日本科学家菊池诚说:"我认为发明有两条路,第一条是全新的发明,第二条是把已知其原理的事实进行组合。"组合法是指将两种或两种以上的技术、事物、产品、材料等进行有机组合,以产生新的事物或成果的创造技法。从人类发明史看,初期以突破为主,之后这类发明的数量呈减少趋势。特别是在 19 世纪 50 年代以后,在发明总量中,突破型发明的比重在大大下降,而组合型发明的比重急剧增加。据统计,在现代技术开发中,组合型的发明成果已占全部发明的 60%~70%。在组合中求发展,在组合中实现创新,这已经成为现代科技创新活动的一种趋势。

组合创新技法在工程中应用极其广泛。人类在数千年的发展历程中积累了大量的技术,这些技术在其应用领域中逐渐发展成熟,有些技术已相当完善,这是人类极其珍贵的巨大财富。由于组合的技术要素比较成熟,因此组合创新一开始就站在一个比较高的起点上,不需要花费较多的时间、人力与物力去开发专门技术,不要求创造者对所应用的技术要素都有较深入的研究,所以进行创造发明的难度明显较低,成功的可能性当然要大得多。

组合创新运用的是已有成熟的技术,但这并不意味着其创造的是落后或低级的产品,实际上,适当的组合可以产生全新的功能,甚至可以有重大发明。航天飞船飞离地球,将"机遇号"与"勇气号"火星探测器送上火星,这是人类伟大的发明创造;火星之旅运用的成熟技术数不胜数,如缺少其中的某项成熟技术,登陆火星和勘测都无疑将以失败告终。组合创新技法实际上是加法创造原理的应用。根据组合的性质,它可以分为功能、材料、同类、异类及技术、信息组合等。

1. 功能组合

人们生产商品的目的是为了应用。一些商品的功能已为人们所普遍接受,

图 2.2 数字办公系统

组合可以使产品同时具有人们所需要的多种功能,创造出将多种功能组合为一体的产品,以满足人类不断增长的消费需求。例如,生产上用的组合机床、组合夹具、群钻等,生活上用的多功能空调、组合音响、组合家具等。取暖的热空调器与制冷的冷空调器在设计之初都是单独的,设法将这两种功能组合起来,科技人员发明了既可取暖又可以制冷的两用空调,提高了人类的生活质量。数字办公系统集复印、打印、扫描及网络功能于一体,既快速又经济。如图 2.2 所示,这种数字办公系统可以在一页纸上复印出 2 页或 4 页的原稿内容,可以每分钟打印 A4 幅面 16 页,可以直接扫描一个图像和文件,将其作为电子邮件的附件发送,此外,它还具有网络传真、传真待发等功能。手表原来只有计时功能,别出心裁的设计者将指南针与温度计的功能组合在表上,使人们可以随时监察自己的体温或判别方位,满足了有些消费者的特殊需要。功能组合在国防科技发明中有巨大的潜能。

功能组合的特点是,每个分功能的产品都具有共同的工作原理,具有互相利用的价值,能产生明显的经济效益。多功能产品已经成为商品市场的一大热点,它能以最经济的方式满足人们日益增长的多样化的需要,使消费者可以最少的支出获得最大的收益。

2. 材料组合

很多场合要求材料具有多种功能特性,而实际上单一材料很难同时兼备需求的所有性能。通过特殊的制造工艺将多种材料加以适当组合,有效地利用各种材料的特性,可以制造出满足特殊需要的材料,例如各种合金、合成纤维、导电塑料(在聚乙炔的材料中加碘)、塑钢型材(塑钢门窗就是铝材和塑料的组合)等。

3. 同类组合

将同一种功能或结构在一种产品上重复组合,以满足人们对此功能的更高要求,这是一种常用的创新方法。进行同类组合,主要是通过数量的变化来弥补功能上的不足,或得到新的功能。例如,单方向联轴器虽然连接了两轴,并允许它们之间产生各个方向的角位移,但从动轴的角速度却发生了变化。将两个单方向联轴器进行同类组合,变成双向联轴器,就既能实现两轴之间的等角速度传动,又允许两轴之间产生各个方向的角位移。使用多气缸的汽车、使用多发动机的飞机、多节火箭,这些运载工具采用同类组合方式,目的都是为了获得更大的动力。在日常生活中，同类组合的实例也层出不穷。例如，印度工程师发明了一种长寿灯泡，其奥秘就在于同类组合。其创新之处是在灯泡内安装了两根灯丝，在灯头上安装了两根钢丝。使用时，与普通灯泡一样只有一根灯丝通电，但当这根灯丝烧断后，用户只需将灯头上的两根钢丝连在一起，灯泡即可继续使用，从而延长其使用寿命。

4. 异类组合

创新的目的是为了获得具有新功能的产品。不同的商品往往有着不同的功能，如果能将这些本属于不同商品的相异功能组合在一起，所得的新产品实际上就具有能满足人们需求的新功能，这就是异类组合。进行异类组合，使参与组合的各类事物能从意义、原理、结构、成分、功能等任何一个方面或多个方面进行互相渗透，从而使事物的整体发生变化，产生出新的事物，实现创新。例如，带有橡皮的铅笔、带有牙膏的牙刷、带有可移动磁盘的瑞士军刀（见图 2.3）、带有墨镜的遮阳帽、各类机电产品以及交叉学科等均为异类组合的创新产物。将车床、钻床、铣床组合而成的多功能机床可以分别完成其几类机床的机械加工工作。

5. 技术组合

技术组合是将现有的不同技术、工艺、设备等加以组合而创新的发明方法。在组合时，应研究各种技术的特性、相容性、互补性，使组合后的技术具有创新性、突破性、实用性。例如，1979 年诺贝尔生理学医学奖获得者、英国发明家豪斯菲尔德所发明的 CT 扫描仪，就是将 X 射线人体检查的技术同计算机图像识别技术实现了有机的结合，没有任何原理上的突破便实现了对人体的三维观察和诊断，并被誉为 20 世纪医学界最重大的发明成果之一。

图 2.3 带有可移动磁盘的瑞士军刀

6. 信息组合

信息组合也是常用的组合创新技法。信息组合则是将有待组合的信息元素制成表格，表格有交叉点即为可供选择的组合方案。技术组合特别适用于大型项目创新设计和关键技术的应用推广；信息组合操作简便，是信息社会中能有效提高效率的创新技法。

2.4.8 反求设计法

反求设计是典型的逆向思维运用。反求工程是针对消化吸收先进技术的一系列工作方法和技术的综合工程。通过反求设计,在掌握先进技术中创新,也是创新设计的重要途径之一。

在现代化社会中,科技成果的应用已成为推动生产力发展的重要手段。引进其他国家的科技成果并加以消化吸收,再进行创新设计,进而发展自己的新技术,是发展民族经济的捷径。

反求设计是指借助已有的产品、图样、音像等已存在的可感观的事物,创新出更先进、更完美的产品。

人的思维方式是习惯从形象思维开始,用抽象思维去思考。这种思维方式符合大部分人所习惯的形象→抽象→形象的思维方式。对实物有了进一步的了解,并以此为参考,发扬其优点,克服其缺点,再凭借基础知识、思维、洞察力、灵感与丰富的经验,就可以来进行创新设计。反求设计是创新的重要方法之一。

2.4.9 逆向转换法

逆向转换法中的"逆"可以是原理、方向、位置、过程、功能、原因、结果、优缺点、观念等方面的逆转,也是逆向思维的运用。

(1) 原理逆向　从事物原理的相反方向进行思考。例如,意大利物理学家伽利略曾应医生的请求设计温度计,但屡遭失败。有一次他在给学生上实验课时,注意到水的温度变化引起了水的体积的变化,这时他突然意识到,倒过来,由水的体积的变化不也能看出水的温度的变化吗?循着这一思路,他终于设计出了当时的温度计。制冷与制热设备、电动机与发电机、压缩机与鼓风机等,它们的原理也是互逆的。

(2) 功能逆向　按事物或产品现有的功能进行相反的思考。例如,现在我们看到的扑灭火灾时消防队员使用的灭火器中有风力灭火器。风吹过去,温度降低,空气稀薄,火被吹灭了。一般情况下,风是助火势的,特别是当火比较大的时候。但在一定情况下,风可以使小的火熄灭,而且相当有效。另外,保温瓶可以保热,反过来也可以保冷。

(3) 过程逆向　对事物进行过程逆向思考。例如,小孩掉进水缸里,一般的过程就是把人从水中救起,使人脱离水,而司马光救人的过程却相反,他采用的方法是将缸砸破,使水脱离人。又如除尘,既可以采取吹尘的方法也可以采取吸尘的方法。

(4) 结构或位置逆向　从已有事物的结构和位置出发所进行反向思考,如对结构位置的颠倒、置换等。例如,日本有一位家庭主妇对煎鱼时总是会出现粘锅的现象感到很恼火,煎好的鱼常常会烂开、不成片。有一天,她在煎鱼时突然产生了一个念头,能不能不在锅的下面加热、而在锅的上面加热呢?经过多次尝试,她想到了在锅盖里安装电炉丝这一从上面加热的方法,最终制成了令人满意的煎鱼不粘的锅。又如,在一般动物园动物被关在笼子里,人是自由的,而在野生动物园中人与动物的位置则发生逆转,即人被关在笼子里,动物是自由的。

(5) 因果逆向　原因结果互相反转即由果到因。如数学运算中从结果倒推回来以检查运算过程和已知条件。

(6) 程序逆向或方向逆向　颠倒已有事物的构成顺序、排列位置而进行的思考。例如,变仰焊为俯焊,最初的船体装焊时都是在同一固定的状态下进行的,这样有很多部位必须进行仰焊,仰焊的难度大,质量不易保证,后来改变焊接顺序,在船体分段结构装焊时将需仰焊的部分暂不施工,待其他部分焊好后,将船体分段翻个身,变仰焊为俯焊位置,这样装焊的质量与速度都有了保证。

(7) 观念逆向　一般情况下,观念不同,行为不同,收获就可能不同。例如,我国工业生产部门从大而全的观念转变到专门化生产,大大提高了产品的生产效率和产品质量;又如,将产品的以产定销变为以销定产,可以减少库存,提高资金利用率。

(8) 缺点逆用　事物有两重性,缺点和问题的一面可以向有利和好的方面转化。利用事物的缺点,采用"以毒攻毒"、化弊为利的方法,就称为缺点逆用法。例如,由于造纸时少放了一种原料,造出的纸成了废品,写字时会洇成一片,无法用来写字,但是利用这一"缺点"可以将其做成吸墨纸或尿不湿。

2.4.10　功能设计法

功能设计是典型的正向思维运用。

功能设计法是传统的常规设计方法,又称正向设计法。这种设计方法步骤明确、思路清晰,有详细的公式、图表作为设计依据,是设计人员经常采用的方法。设计过程一般为根据给定产品的功能要求,制定多个原理方案,从中进行优化设计,选择最佳方案。对原理方案进行工程要求的结构设计,并考虑材料、强度、刚度、制造工艺、使用、维修、成本、社会经济效益等多种因素,最后设计出满足人类要求的新产品。

正向设计过程符合人们学习过程的思维方式,其创新程度主要表现在原理方案的新颖程度上,所以正向设计也是创新的重要设计方法。

2.4.11　观察法

观察法是指人们通过感觉器官或科学仪器,有目的、有计划地对研究对象进行反复细致的观察,再通过综合分析,解释研究对象的本质及其规律的一种方法。观是指用敏锐眼光去看,察是指用科学思维去想。

1. 构成观察的三个要素

(1) 观察者　作为观察的主体,观察者应具备与观察相关的科学知识、实践经验,另外,还要掌握一定的观察技法。观察者除进行一系列有目的、有计划的观察外,还应时时做有心人,注意、留心某些意外的事物与现象,并随时将其记录下来,以备后用。例如,法国科学家别奈迪克在实验室里整理仪器时,不小心将一只玻璃烧瓶摔落在地上,烧瓶理应摔得粉碎,但当他拾瓶时发现烧瓶虽然遍体裂纹却没有碎,瓶内液体也没有流出来。当时他想,这一定是瓶内液体的作用。因当时很忙,就没来得及仔细研究,但他却及时在烧瓶上贴了一张纸条,上面写着:1903 年 11 月这只烧瓶从 3 m 高处摔下来,拾起来就是这个样子。几年以后,别奈迪克在报纸上看到一条新闻,一辆汽车发生事故,车窗的碎玻璃把司机与乘客划伤了。这时,他脑子里立即浮现出几年前实验室摔裂的烧瓶,只裂不碎,若汽车窗也能这样那该多好。别奈迪克赶紧跑回实验室,找出贴纸条的烧瓶,经过研究,他终于发现了瓶子裂而不碎的原因。原来,烧瓶曾装过硝酸纤维溶液,溶液挥发后,瓶壁上留下了一层坚韧而透明的薄膜,牢牢地粘在瓶子上,所以当它被摔时,只是出现裂纹而不破碎,也就没有碎片飞散出来。由此,一种防震安全玻璃就诞生了。

(2) 观察对象　作为客体的观察对象是各种各样的,若观察对象是实物,则应从该实物的结构、形态、位置、材料等方面进行观察;若观察对象为某一事件,则应注重观察事件的发生、发展、运动过程等;若观察的是某一事物或现象,那应观察该事物的起源、发生、结果,以及在整个时空领域出现的变化等。

(3) 观察工具　观察工具是观察的一种辅助手段。观察工具的选择应有利于扩大观察范围,获得可靠、准确的观察结果。例如,微小的物体可用显微镜观察,遥远的物体可用望远镜观察,有遮挡的物体可借助于能产生透视功能的射线进行观察,运动快的物体可用高速摄影机拍摄下来再慢放以进行细节观察。又如,一些科学家在观察蝴蝶飞行时,发现蝴蝶翅膀在扇动过程中,有三分之一的时间合并,这时飞行得不到空气的支持,令研究人员不可理解。直到有了高速摄影机这一谜团才揭开。根据高速摄影机拍摄黄粉蝶的飞行过程,研究人员才看到蝴蝶翅膀上下扇动时形成一个漏斗形状的喷气通道,喷气通道的长度、进气口和出气口的大小、形状都按一定的规律变化。蝴蝶飞行时,空气会沿着喷气通道从前向后喷出。原来蝴蝶是利用喷气原理进行飞行的。

2. 进行观察的三种技巧

观察除直接观察、正面观察外,还要根据实际情况变换观察的技巧,使观察有效。

(1) 重复观察 对相似的或重复出现的现象以及事物进行反复观察,以捕捉或解释这些重复现象中隐藏或被掩盖,而没有被发现的某种规律。例如,竺可桢创造"历史时代世界气候波动"理论,写出"中国近五千年气候变迁的初步研究"论文,与他长期重复观察是分不开的。他从青年时期一直到逝世前一天,每早起床第一件事就是观察并记录气温、气压、风向、温度等气象要素。

(2) 动态观察 创造条件使观察对象处于变动状态(如改变空间、时序、条件等),再对不同状态下的对象进行观察,以获取在静态条件下无法知道的情况。例如,将金属材料温度降低至绝对零度($-273\ ℃$)发现其电阻为零,出现超导现象,由此制成磁悬浮轴承或磁悬浮列车等。又如,观察机器的振动现象,也只有让机器运转起来才会使观察结果可靠。

(3) 间接观察 当正面观察或直接观察受阻时,可采用间接的方式,即通过各种观察工具(如各种仪器、仪表等进行观察)。例如,通过应变仪可以观察到零件受载时的应力分布,从而可以合理地设计零件的结构,使其应力分布合理,工作寿命延长;通过潜望镜可以观察到水面上的情况,用来计划潜艇的航向;通过监控摄像头进行现场观察等。

第3章 机械创新设计的技术基础

3.1 机械运动形式变换

3.1.1 执行构件的运动形式

1. 旋转运动

旋转运动包括连续旋转运动、间歇旋转运动、往复摆动等。

2. 直线运动

直线运动包括往复移动、间歇往复移动、单向间歇直线移动等。

3. 曲线运动

曲线运动是指执行构件上某一点作特定的曲线(轨迹)运动。

4. 刚体导引运动

刚体导引运动一般指非连架杆的执行构件的刚体导引运动。

5. 特殊功能运动

特殊功能运动是指用来实现某种特殊功能的运动,如微动、补偿、换向运动等。

3.1.2 各种运动机构

1. 定速比转动变换机构

在以交流异步电动机作为动力机的机械中,这类定速比转动变换机构常用做减速或增速机构,其主要采用各种齿轮传动、蜗杆蜗轮传动、带传动、链传动、摩擦轮传动等。常用的减速、增速机构的类型和性能指标、应用范围等在各种机械设计手册上均有介绍,也可查阅有关产品目录、产品介绍。

2. 连续转动变换为往复移动或摆动机构

常应用连杆机构、凸轮机构或某些组合机构,选用的着眼点首先在于对往复行程中的运动规律的要求,如工作行程的速度和加速度、空行程的急回特性等。凸轮机构的特点是便于实现给定运动规律,尤其是带有间歇运动规律。但从承载能力和加工方便程度来看,连杆机构优于凸轮机构。

3. 连续转动变换为周期变速转动机构

应用双曲柄机构、回转导杆机构和非圆齿轮等机构可以实现这种变换,但非圆齿轮机构的加工较为困难,在传动中应用较少。

4. 连续转动变换为步进运动机构

鉴于自动机的送进、转位部分,常用的步进机构有棘轮、槽轮、凸轮等机构和齿轮-连杆组合步进机构、凸轮-齿轮组合机构等,通用的步进机构的类型和性能指标请参阅有关机构设计手册。

5. 连续转动变换为轨迹运动机构

一般应用曲柄摇杆机构的连杆曲线实现所要求的轨迹运动,特殊形状的轨迹曲线或对描迹点的速度有要求时可采用凸轮-连杆组合机构或齿轮-连杆组合机构等。

3.1.3 传递连续转动的变换与实现机构

能实现连续转动到连续转动的变换机构有齿轮机构、摩擦轮机构、连杆机构、瞬心线机构、带传动机构、链传动机构、绳索传动机构、液力传动机构等,也可采用、钢丝软轴、万向联轴器来实现连续转动到连续转动的变换。

1. 齿轮机构(近距离传动)

从功能上看,根据传递运动的输入与输出轴的位置关系,齿轮传动机构可以分为如下几类:① 平行轴传动机构;② 相交轴(两轴相交)传动机构;③ 交错轴(两轴不相交)传动机构。

实际使用中,按照齿轮的外形将其分为如下几类。

(1)直齿圆柱齿轮　直齿圆柱齿轮传递两根平行轴之间的运动,是最一般的齿轮。

(2)斜齿轮　斜齿轮斜齿轮的齿面呈现倾斜状态,与直齿轮相比,它的啮合特性更好。斜齿轮传动的缺点是驱动力矩会引起轴向力。如果且齿轮的倾斜角为45°,它就与后面所述的螺旋齿轮相同。

(3)人字齿轮　人字齿轮的齿由左右旋向相反的一对斜齿组合而成。所以,它能消除轴向力,通常用于船舶等大型机械的动力传动。

(4) 内齿轮 内齿轮是圆环的内侧有齿面的齿轮。除了单独与直齿轮组和成减速器以外,它也是行星齿轮机构的主要构件。

(5) 直齿锥齿轮 直齿锥齿轮用于实现两轴之间的动力传递。1∶1的锥齿轮称为等径锥齿轮,除此之外均称为一般锥齿轮。齿面是圆锥的一部分,两个组合的锥顶点必须与两轴的交点重合。也就是说,对应于两个齿轮的齿数比不同,圆锥的顶角也不同。齿数比为 1∶1 的锥齿轮与其他齿数比的锥齿轮就不能进行组合。

(6) 蜗杆蜗轮 蜗杆蜗轮是螺旋状的蜗杆,跟齿面与之相配合的蜗轮的组合,单级减速时可以获得 20～100 的较大减速比的传动。除了单条螺旋线的蜗杆外,还有两条螺旋线的蜗杆。由于齿面滑动量大,摩擦力大,传动时仅限于蜗杆主动、蜗轮被动。通常情况下,蜗轮与蜗杆采用不同材料制成。

(7) 螺旋锥齿轮 螺旋锥齿轮是齿长轮廓与节锥面交线为曲线的锥齿轮,可以平滑地进行啮合的齿轮。

2. 连杆机构

平面连杆机构是由若干构件通过低副连接而成的平面机构,它们在各种机械和仪器中获得了广泛的应用。最简单的平面连杆机构是由四个杆件组成的,它应用十分广泛,是组成多杆的基础。

所有运动副均为转动副的平面四杆机构称为铰链四杆机构,是平面四杆机构的最基本的形式,其他形式的平面四杆机构都可看做是在它的基础上通过演化而成的。若组成转动副的两构件能作整周相对转动,则该转动副称为整转副;否则,称为摆动副。与机架组成整转副的连架杆称为曲柄,与机架组成摆动副的连架杆称为摇杆。因此,根据两连架杆为曲柄或摇杆的不同,铰链四杆机构有三种基本形式。

(1) 曲柄摇杆机构 其中两连架杆一个为曲柄,另一个为摇杆。

(2) 双曲柄机构 其中两连架杆均为曲柄。

(3) 双摇杆机构 其中两连架杆均为摇杆。

3. 摩擦轮传动

摩擦轮传动是指利用两个或两个以上互相压紧的轮子间的摩擦力传递动力和运动的机械传动。摩擦轮传动可分为定传动比传动和变传动比传动两类。传动比基本固定的定传动比摩擦轮传动,又分为圆柱平摩擦轮传动、圆柱槽摩擦轮传动和圆锥摩擦轮传动三种形式。

前两种形式用于两平行轴之间的传动,后一种形式用于两交叉轴之间的传动。工作时,摩擦轮之间必须有足够的压紧力,以免产生打滑现象,损坏摩擦轮,影响正常传动。在相同径向压力的条件下,槽摩擦轮传动可以产生较大的摩擦力,比平摩擦轮具有较高的传动能力,但槽轮易于磨损。变传动比摩擦轮传动易实现无级变速,并具有较大的调速幅度。机械无级变速器(见图3.1)多采用这种传动。在图3.1中,主动轮按箭头方向移动时,从动轮的转速便连续地变化,当主动轮移过从动轮轴线时从动轮就反向回转。摩擦轮传动结构简单、传动平稳、传动比调节方便、过载时能产生打滑而避免损坏装置,但传动比不准确、效率低、磨损大,而且通常轴上受力较大,所以主要用于传递动力不大或需要无级调速的场合。

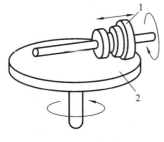

图 3.1 无级变速器

1—主动轮;2—从动轮

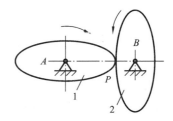

图 3.2 椭圆形瞬心线机构

1—轮 1;2—轮 2

4. 瞬心线机构

图 3.2 所示为椭圆形瞬心线机构。

其主要参数为偏心率 e,即椭圆焦点间距与长轴直径之比。

椭圆形瞬心线机构的特点是能周期性变速输出运动,具有变传动比。

5. 带传动机构、链传动机构、绳索传动机构

1) 带传动机构

带传动是利用张紧在带轮上的柔性带进行运动或动力传递的一种机械传动。根据传动原理的不同,有靠带与带轮间的摩擦力传动的摩擦型带传动,也有靠带与带轮上的齿相互啮合传动的同步带传动。

摩擦型带传动是利用传动带与带轮之间的摩擦力来传递运动和动力。摩擦型带传动中,根据挠性带截面形状不同,可分为:普通平带传动、V带传动、多楔带传动及圆带传动。

(1) 普通平带传动 平带传动中带的截面形状为矩形,工作时带的内面是工作面,与圆柱形带轮工作面接触,属于平面摩擦传动。

(2) V带传动 V带传动中带的截面形状为等腰梯形。工作时带的两侧面是工作面,与带轮的环槽侧面接触,属于楔面摩擦传动。在相同的带张紧程度下，V带传动的摩擦力要比平带传动大约70%，其承载能力因而比平带传动高。在一般的机械传动中，V带传动已取代了平带传动而成为常用的带传动装置。

（3）多楔带传动　多楔带传动中带的截面形状为多楔形。多楔带是以平带为基体、内表面具有若干等距纵向V形楔的环形传动带，其工作面为楔的侧面，它兼有平带的柔软、V带摩擦力大的特点。

（4）圆带传动　圆带传动中带的截面形状为圆形，圆形带有圆皮带、圆绳带、圆锦纶带等，其传动能力小，主要用于小功率传动，如用于仪器和家用器械中。

2）链传动机构

链传动是通过链条将具有特殊齿形的主动链轮的运动和动力传递到具有特殊齿形的从动链轮的一种传动方式。链传动按链条结构的不同主要有滚子链传动和齿形链传动两种类型。

（1）套筒滚子链　套筒滚子链是由内、外链片，销轴，套筒，滚子组成的链条。它的大小用链的节距来表示，想要增大传递能力，可以采取增大节距或者采用多排链条等措施。通常，人们把套筒滚子链用于两个平行轴之间的传动。如果进行铅垂轴之间的传动，重力很容易把链条从链轮上拉脱。另外要注意的是，如果两个轴上下水平布置，那么下边的链轮不能过小；否则由于伸长变形的缘故，链条很容易脱落。但是，如果让链条处于过度张紧状态，就又会引起摩擦的加剧和效率的下降，链条的磨损也会变得严重。

（2）齿形链传动　齿形链传动利用特定齿形的链板与链轮相啮合来实现传动。与滚子链相比，齿形链具有工作平稳、噪声较小、允许链速较高、承受冲击载荷能力较好和轮齿受力较均匀等优点，但其结构复杂、装拆困难、价格较高、质量较大并且对安装和维护的要求也较高。

（3）钢索传动　钢索传动在办公自动化设备或者小型机器人的动力传递中很常见。钢索传动与其他传动方式比较具有很多的优点：重量轻而强度高；占据的空间小；钢索柔软，在装配时刻绕过其他设备，所以通过性好；由于航空钢索具有较高的机械效率，安装时通过调节能够消除传递间隙，因此对于精密控制场合显得非常重要。

6．液力传动机构、万向联轴器传动

1）液力传动机构

液力传动机构是一种利用液体的动能驱动工作机械，使之运转和进行能量转换的一种机构。液力传动装置有液力耦合器和液力变矩器两种。液力耦合器是一种非刚性联轴器,液力变矩器实质上是一种力矩变换器。

液力传动装置的整体性能取决于它与动力机的匹配情况。若匹配不当便不能获得良好的传动性能。因此,应对总体动力性能和经济性能进行分析计算,在此基础上设计整个液力传动装置。为了构成一个完整的液力传动装置,还需要配备相应的供油、冷却和操作控制系统。

2)万向传动装置

万向传动装置的作用是连接不在同一直线上的变速器输出轴和主减速器输入轴,并保证在两轴之间的夹角和距离经常变化的情况下,仍能可靠地传递动力。

它主要由万向联轴器、传动轴和中间支承组成。安装时必须使传动轴两端的万向节叉处于同一平面如图 3.3(b)所示。

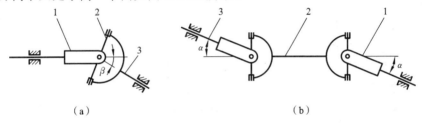

图 3.3 万向联轴器

1—主动轴;2—中间轴;3—从动轴

万向联轴器是能够沿着两个方向进行弯曲的关节,它主要用于把动力轴的转动传递到有些角度偏移的轴上去。这时如果使用单个万向联轴器,那么输入轴的转角与输出轴的转角不一致。也就是说,输入平滑恒定的转动,输出反而会发生波动,所以为了防止产生波动,万向联轴器通常是成对使用的。

万向传动装置在汽车上的应用主要有以下几个方面。

(1) 装在变速器(或分动器)与驱动桥之间 一般汽车的变速器、离合器与发动机三者合为一体装在车架上,驱动桥通过悬架与车架相连。在负荷变化及汽车在不平路面行驶时引起的跳动,会使驱动桥输入轴与变速器输出轴之间的夹角和距离发生变化。

(2) 装在越野汽车变速器与分动器之间 为消除车架变形及制造、装配误差等引起的其轴线同轴度误差对动力传递的影响,须装有万向传动装置。

(3) 装在转向驱动桥的半轴处 汽车转向驱动桥的半轴是分段的,转向时两段半轴轴线相交会产生交角变化,因此要用万向联轴器。

(4) 装在断开式驱动桥的半轴处 主减速器壳在车架上是固定的,桥壳上下摆动,半轴是分段的,须用万向联轴器。

(5) 某些汽车的转向轴装有万向传动装置,有利于转向机构的总体布置。

3.1.4 连续转动到步进转动的变换与实现机构

能实现连续转动到步进转动的变换机构有槽轮机构、棘轮机构、不完全齿轮机构、分度凸轮机构等。

1. 槽轮机构

槽轮机构是指由槽轮和圆柱销组成的单向间歇运动机构,又称马耳他机构。它常被用来将主动件的连续转动转换成从动件的带有停歇的单向周期性转动。槽轮机构有外啮合、内啮合以及球面槽轮机构等。外啮合槽轮机构的槽轮和转臂转向相反,而内啮合的则相同,球面槽轮机构可在两相交轴之间进行间歇传动。

槽轮机构结构简单,易于加工,工作可靠,转角准确,机械效率高。但是其动程不可调节,转角不能太小,槽轮在启、停时的加速度大,有冲击,并随着转速的增加或槽轮槽数的减少而加剧,故不宜用于高速传动。

2. 棘轮机构

棘轮机构可将连续转动或往复运动转换成单向步进运动。机械中常用外啮合式棘轮机构,它由主动摆杆、棘爪、棘轮、止回棘爪和机架组成。主动件空套在与棘轮固连的从动轴上,并与驱动棘爪用转动副相连。当主动件顺时针方向摆动时,驱动棘爪便插入棘轮的齿槽中,使棘轮跟着转过一定角度,此时,止回棘爪在棘轮的齿背上滑动。当主动件逆时针转动时,止回棘爪阻止棘轮发生逆时针转动,而驱动棘爪却能够在棘轮齿背上滑过,这时棘轮静止不动。因此,当主动件作连续的往复摆动时,棘轮作单向的间歇运动。

棘轮机构的主要用途有间歇送进、制动和超越等。

3. 不完全齿轮机构

主动齿轮只做出一个或几个齿,根据运动时间和停歇时间的要求在从动轮上作出与主动轮相啮合的轮齿。其余部分为锁止圆弧。当两轮齿进入啮合时,与齿轮传动一样,无齿部分由锁止圆弧定位,使从动轮静止。

不完全齿轮机构的结构特点是在主、从动轮圆周上没有布满轮齿,因此当主动轮连续回转时,从动轮作单向间歇转动。图 3.4 所示为不完全齿轮机构,主

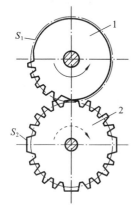

图 3.4 不完全齿轮机构

1—从动轮;2—主动轮

动轮 2 转一周,从动轮 1 转四分之一周,从动轮每转停歇四次。当从动轮处于停歇位置时,从动轮上的锁止弧 S_1 与主动轮上的锁止弧 S_2 贴合,保证从动轮停歇在确定位置上。

不完全齿轮机构结构简单、制造容易、工作可靠,从动轮运动时间和静止时间可在较大范围内变化。但是从动轮在开始进入啮合与脱离啮合时有较大冲击,故一般只用于低速、轻载场合。不完全齿轮机构适用于具有特殊运动要求的专用机械,如乒乓球拍边缘铣削专用机床、蜂窝煤饼压制机等。

4. 凸轮式间歇运动机构

机构的主动件作等速回转运动时,从动件作单向间歇回转,这种机构称为凸轮式间歇运动机构。凸轮式间隙运动机构的优点是:运转可靠,传动平稳。从动件的运动规律取决于凸轮的轮廓形状,如果凸轮的轮廓曲线设计得合理,就可以实现理想的预期的运动,并且可以获得良好的动力特性。转盘在停歇时的定位,由凸轮的曲线槽完成而不需要附加定位装置,但对凸轮的加工精度要求较高。

常用的凸轮式间歇运动机构有以下两种。

1)圆柱形凸轮式间歇运动机构

如图 3.5 所示,圆柱形凸轮式间歇运动机构的主动件为一带有螺旋槽的圆柱凸轮 1,从动件为一圆盘 2,其端面上装有若干个均匀分布的柱销。当圆柱凸轮回转时候,柱销依次进入沟槽,圆柱凸轮的形式保证了从动圆盘每转过一个销距便动、停各一次。此种机构多用于两相错轴间的分布运动。通常凸轮的槽数为 1,柱销数 z 一般大于或等于 6。

图 3.5　圆柱形凸轮式间隙运动机构　　图 3.6　蜗杆形凸轮间隙运动机构

2)蜗杆形凸轮式间歇运动机构

图 3.6 所示为蜗杆形凸轮式间歇运动机构。主动件为一蜗杆形的凸轮 1,

其上有一条凸脊,犹如一个变螺旋角的圆弧蜗杆;从动件为一圆盘 2,其圆周上装有若干个呈辐射状均匀分布的滚子。这种机构也用于相错轴间的分布运动。它具有良好的动力特性,所以适用于高速精密传动。这种机构的柱销数 z 一般大于或等于 6,但不宜过多。

凸轮式间隙运动机构在轻工机械、冲压机械等高速机械中常用做高速、高精度的步进、分度转位等机构,比如用在高速冲床、多色印刷机、包装机等中。

3.1.5 连续转动到往复摆动的变换与实现机构

能实现连续转动到往复摆动的变换的机构有曲柄摇杆机构、曲柄摇块机构、摆动导杆机构、摆动从动件凸轮机构。

1. 曲柄摇杆机构

在铰链四杆机构中,如果有一个连架杆作循环的整周运动而另一连架杆作摇动,则该机构称为曲柄摇杆机构。如图 3.7 所示的雷达天线调整机构即为曲柄摇杆机构。该机构由构件1、2、固连有天线的3及机架4组成,构件1可作整圈的转动,为曲柄;天线3作为机构的另一连架杆可作一定范围的摆动,为摇杆。随着曲柄的缓缓转动,天线仰角得到改变。

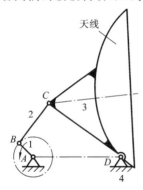
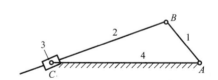

图 3.7 雷达天线调整机构　　图 3.8 曲柄摇块机构

2. 曲柄摇块机构

图 3.8 所示为摇块机构的简图。当曲柄为主动件,在转动或摆动时,连杆相对滑块滑动,并一起绕点 C 摆动。例如卡车自动卸料机构就是曲柄摇块机构。

3. 导杆机构

在导杆机构中,如果导杆能作整周转动,则称为回转导杆机构。如果导杆仅能在某一角度范围内往复摆动,则称为摆动导杆机构。导杆机构由曲柄、滑块、导杆和机架组成。

1) 摆动导杆机构

如图 3.9 所示,$L_4 > L_1$,该机构为摆动导杆机构。在摆动导杆机构中,当曲柄连续转动时,滑块一方面沿着导杆滑动,另一方面带动导杆绕点 A 处铰链往复摆动。摆动导杆机构常用做回转式油泵、插床等的传动机构。

2) 转动导杆机构

在图 3.9 中,若 $L_4 < L_1$,该机构为转动导杆机构,构件 3 为转动导杆。如牛头刨床机构即为转动导杆机构。

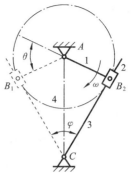

图 3.9 摆动导杆机构

3.1.6 连续转动到往复移动的变换与实现机构

能实现连续转动到往复移动的变换的机构有曲柄滑块机构、正弦机构、直动从动件凸轮机构、齿轮齿条机构、螺旋传动机构、摩擦滚轮送料机构、带传动送料机构、棘轮机构、槽轮机构等。

1. 曲柄滑块机构

曲柄滑块机构是典型的将连续转动变换为往复直线运动的机构。支承滑块的往复运动部分与旋转的曲柄部分之间通过连杆进行连接。改变曲柄的半径,就会影响往复运动的行程;改变连杆的长度,就会影响往复运动的速度变化特性。该机构仅限于输入为转动、输出为直线运动的情形。曲柄滑块机构广泛应用于往复活塞式发动机、压缩机、机床等的主机构中。

2. 凸轮机构

凸轮机构是由凸轮、从动件和机架三个基本构件组成的高副机构。凸轮是一个具有曲线轮廓或凹槽的构件,一般为主动件,作等速回转运动或往复直线运动。

凸轮机构在应用中的基本特点在于能使从动件获得较复杂的运动规律。因为从动件的运动规律取决于凸轮轮廓曲线,所以在应用时,只要根据从动件的运动规律来设计凸轮的轮廓曲线就可以了。

凸轮机构广泛应用于各种自动机械、仪器和操纵控制装置。凸轮机构之所以得到如此广泛的应用,主要是由于凸轮机构可以实现各种复杂的运动要求,而且结构简单、紧凑。

最典型的凸轮机构的应用是内燃机中气门凸轮机构。运动规律规定了凸轮的轮廓外形。当矢径变化的凸轮轮廓与气阀杆的平底接触时,气阀杆产生往复运动;而当以凸轮回转中心为圆心的圆弧段轮廓与气阀杆接触时,气阀杆将静止不动。因此,随着凸轮的连续转动,气阀杆可获得间歇的、遵循预期规律的运动。

3. 正弦机构

双滑块机构也是铰链四杆机构的一种演变,即把两个转动副演变为两个移动副(见图 3.10)。压缩机就运用了这样的机构。

4. 齿轮齿条机构

齿轮齿条机构可将齿轮的回转运动转变为齿条的往复直线运动,或将齿条的往复直线运动转化为齿轮的回转运动。

5. 螺旋传动机构

螺旋传动机构由螺杆和螺母以及机架组成,它的主要功用是将回转运动转变为直线运动,从而传递运动和动力,如图 3.11 所示。

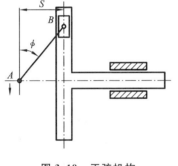

图 3.10 正弦机构

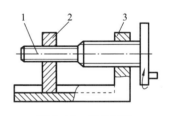

图 3.11 螺旋传动

1—螺杆;2—螺母;3—机架

螺旋传动按其用途可分为如下四类。

(1) 传力螺旋　主要用于传递轴向力。

(2) 传导螺旋　主要用于传递运动,如车床的进给螺旋、丝杠螺母等。

(3) 调整螺旋　主要用于调整、固定零件的位置,如车床尾架、卡盘爪的螺旋等。

(4) 测量螺旋　主要用于测量仪器,如千分尺用螺旋等。

限于篇幅,有关摩擦轮送料机构、带传动送料机构、棘轮机构、槽轮机构的介绍从略。

3.1.7 传递直线移动的运动变换与实现机构

能将直线移动转换为直线移动的运动变换机构有双滑块机构、斜面机构及移动凸轮机构等。

双滑块机构也是铰链四杆机构的一种演变,把两个转动副演变为两个移动副,如图3.12所示。主要应用是椭圆仪(见图3.13)。

斜面机构和移动凸轮机构就不再赘述了。

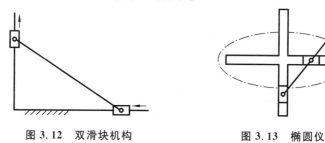

图 3.12　双滑块机构　　　　图 3.13　椭圆仪

3.1.8　直线移动转换为定轴转动或往复摆动的运动变换与实现机构

能将直线移动转换为定轴转动或往复摆动的运动变换机构有曲柄滑块机构(滑块为主动件)、齿轮齿条机构(齿条为主动件)、摇臂凸轮机构、滑轮机构及非自锁螺旋机构等。

3.1.9　机构的组合应用

选择若干个不同类型的基本机构(或由基本机构变异而成的新机构),采用适当的连接方式,组成一个彼此协调配合的机构系统以实现复杂的或某些特殊的运动要求,也是运动方案设计的一种常用方法,举例介绍如下。

1. 凸轮连杆机构组合

图3.14所示的凸轮摆杆滑块机构是由凸轮机构1-2-3和摆杆滑块机构2-4-5-3串联组合而成的。由于凸轮轮廓曲线可按任何运动规律进行设计,使执行构件滑块5的运动规律充分满足生产工艺的要求。

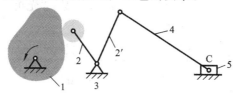

图 3.14　凸轮连杆组

例如要求滑块5在中间的一段工作行程中作等速运动,而在工作行程开始的一小段和结束的一小段内分别作加速和减速运动,以避免在工作行程的两端发生较大的冲击。同时将回程设计成具有一定的急回特性。可见该组合机构运动规律的选择余地较大。

机构的组合方式有多种,通常分为串联式组合、封闭式组合和其他形式的组合。串联式组合由两个或两个以上的单自由度机构串联组成,前一机构的输出构件恰是后一机构的输入构件,以此改变单一基本机构的运动特性。封闭式组合通常是由一个单自由度机构去封闭一个双自由度的机构。封闭式组合的设计思路比较灵活,它可以实现多种多样的运动变换。常用的双自由度机构为连杆机构和差动轮系,封闭双自由度机构的单自由度机构常用凸轮机构、连杆机构和齿轮机构,凸轮机构易于实现任意给定的运动规律,连杆、齿轮机构传力性能好,运动可靠。其他类型的组合方式不再详述,请参看有关资料。

3.2 机电一体化

3.2.1 机电一体化概述

美国《技术评论》认为,有十种新兴技术在不远的将来会产生巨大影响:无线传感器网络技术;可注入组织工程技术;纳米太阳能电池技术;机电一体化技术;分子成像技术;纳米印刷刻蚀技术;软件保证技术;糖原组学技术;量子密度技术。机电一体化技术是影响未来发展的关键技术之一。经历了三十多年的发展,其内涵从最初机械与电子的单一结合发展为包括机械、电子、液动、气动、传感、光学、计算机、信息以及控制系统等多学科、多领域相互结合。20世纪90年代后期,机电一体化得到了更深入的发展,出现了"光机电一体化"和"微机电一体化"等新分支,如图3.15所示。

机械技术 ⊕ 微电子技术 ⇨ 机电一体化

图 3.15 机电一体化

机电一体化系统由机械本体(机构)、信息处理与控制部分(计算机)、能源部分(动力源)、检测部分(传感器)、执行元件部分(如电动机)等五个子系统组成。

3.2.2 机电一体化的发展方向

机电一体化是集机械、电子、光学、控制、计算机、信息等多学科的交叉综合,因此它的发展是与这些领域息息相关的,机电一体化的发展和进步依赖并促进相关技术的发展和进步。在新的科学技术理念的指导下,机电一体化的发展面临着新的挑战。机电一体化的发展趋势主要包括以下几方面。

1. 网络信息化的发展趋势

随着计算机技术的不断更新,机电一体化的发展也不断趋于网络化。在机电一体化的发展过程中,有很多环节都离不开计算机。同时,网络信息化的普及不仅提高了机电一体化的进程,也保障了机电一体化的质量。因此,网络信息化的发展趋势无疑是机电一体化技术逐步科学化的必要手段。

2. 系统体制结构模式化的发展趋势

在机电一体化的内部发展结构中,系统化是促进机电一体化进程的必要手段。在系统化的模式中,应注重产品开发的开放性与模式化的结合,实现系统间更好的协调与管理。随着机电一体化模式的逐步完善,应在不断更新的理念下,促进机电一体化技术的创新。可见,系统体制结构模式化发展不仅是促进机电一体化发展的重要策略,也是加快机电一体化技术更新的必要手段。

3. 微机电一体化的发展趋势

随着国外先进技术的开发引进,机电一体化的技术也逐步向微型领域延伸。微机电一体化的产品不仅体积小、耗能少,而且运用也比较方便。可见,微机电一体化的研制不仅革新了机电一体化的技术领域的发展,同时也加快了机电一体化的发展进程。微机电一体化的发展趋势是完善机电一体化内部的结构必要手段,也是促进机电一体化技术进步的必经之路。因此,需要在注重机电一体化技术更新的基础上逐步实现微机电一体化的趋势。

4. 多规模化的发展趋势

在机电一体化的发展过程中,由于机电一体化面临着众多的生产厂家,因此研制具有标准化机械接口的机电一体化产品是一项非常复杂和艰难的工程。如果将各项机械装置转向多规模化发展,不仅能促进新产品的开发,同时也能扩大其生产规模。可见,机电一体化的多规模发展理念对促进机电一体化的进程有着不容忽视的作用。但是,基于客观条件的制约,机电一体化的多规模化有待于不断更新与完善。

5. 绿色产品的发展趋势

伴随着工业的日益发展,资源匮乏、环境污染严重等问题逐渐显现,这些不仅影响了人们的正常生活,也给经济的可持续发展带来了不必要的隐患。可见,在注重工业发展的同时,环境问题也是不容忽视的。因此,对于工程领域中的机电一体化,应注重绿色产品的研制与开发。在保护环境理念的指导下,机电一体化的绿色产品的研发不仅是必然的发展趋势,同时也是机电一体化长久发展的有力保障。

6. 模拟人类智能化的发展趋势

在新技术理念的指导下,机电一体化的发展进入一个新的发展领域——智能化。随着 21 世纪经济理念的不断发展,智能化成为机电一体化发展的重要方向。机电一体化的智能化不是强求机器具有与人完全相同的智能。这里所说的"智能化"一般是采用高性能、高速度的微处理器使机电一体化产品具有低级智能。可见,在机电一体化技术的发展过程中,模拟人类智能是完善机电一体化技术的必经之路。

作为工程领域中的重要技术,机电一体化技术的发展有着重要的意义和影响。新产品的开发和应用与机电一体化技术息息相关,机电一体化技术承载着工程领域的重要任务。加强对机电一体化技术的研究是加快工程领域任务完成的重要手段,以逐步实现机电一体化技术的规范性与科学性。

3.2.3 机械设备控制方法

控制技术就是通过控制器使被控对象或过程自动地按照预定的规律运行。自动控制技术范围很广,包括自动控制理论、控制系统设计、系统仿真、现场调试、可靠运行等从理论到实践的整个过程。由于被控对象种类繁多,所以控制技术的内容极其丰富,包括高精度定位控制、速度控制、自适应控制、自诊断、校正、补偿、示教再现、检索等控制技术。

1. 控制系统的分类

1) 按照控制原理分类

(1) 开环控制系统　系统的输出量对系统无控制作用,或者说系统中无反馈回路,称为开环系统。开环系统的优点是简单、稳定、可靠。若组成系统的元件特性和参数值比较稳定,且外界干扰较小,那么开环控制能够保持一定的精度,但精度通常较低、无自动纠偏能力。开环控制系统主要应用于机械、化工、物料装卸运输等过程的控制以及机械手和生产自动线。

(2) 闭环控制系统　系统的输出量对系统有控制作用,或者说系统中存在反馈回路,称为闭环系统。闭环系统的优点是精度较高,对外部扰动和系统参数变化不敏感,但存在稳定性、振荡、超调等方面的问题,造成系统性能分析和设计麻烦。

2) 按照信号特征分类

(1) 恒值控制系统　给定值不变,要求系统输出量以一定的精度接近给定值的系统。如生产过程中的温度、压力、流量、液位高度、电动机转速等自动控制系统属于恒值系统。它的系统输入量为恒值。控制任务是保证在任何扰动作用下系统的输出量均为恒值,如恒温箱控制,电网电压、频率控制等。

(2) 随动控制系统　给定值按未知时间函数变化,要求输出跟随给定值的变化而变化。例如,跟随卫星的雷达天线系统,它的输入量的变化规律不能预先确知,其控制要求是输出量迅速、平稳地跟随输入量变化,并能排除各种干扰因素的影响,准确地复现输入信号的变化规律。又如火炮自动瞄准系统,它也属于随动控制系统。

(3) 程序控制系统　它的输入量的变化规律预先确知,输入装置根据输入的变化规律发出控制指令,使被控对象按照指令程序的要求而运动,如数控加工系统等。

3) 根据被控量分类

(1) 自动调节系统　被控量是转速、电压、频率等物理量并要求保持恒定的系统。

(2) 伺服机构　被控量是机械装置的位置、姿态等的跟踪系统。

(3) 过程控制系统　被控量为温度、压力、流量、液位、浓度等的定值系统。

4) 根据控制作用分类

(1) 连续控制系统　控制作用在空间和时间上都连续的系统。一般应用线性模拟调节器或校正装置的控制系统均属此类。

(2) 断续控制系统　包括开关控制系统和离散控制系统两种。开关控制系统是指控制作用在空间上不连续的系统,例如,两位式、三位式锅炉水位和压力等自动控制系统;离散控制系统是指控制作用在时间上不连续的系统,也称采样控制系统,例如采用数字调节器的控制系统、用数字计算机直接控制的系统等。

5) 根据系统的参数分类

(1) 集中参数和分布参数系统　用常微分方程描述的系统称为集中参数系统。例如作旋转运动的系统、电回路等一般是集中参数系统。

(2) 定常系统和时变系统　参数不随时间变化的系统称为定常系统,也称时不变系统。其微分方程式的系数均为常数。

6) 根据系统中元件的输入/输出特性分类

(1) 线性系统　每个元件的输入/输出特性为线性特性或描述系统的运行

方程式是线性微分方程式的系统。

（2）非线性系统　系统中有的元件的输入/输出特性为非线性特性或描述系统的运行方程式是非线性微分方程式的系统。

3.2.4　电气控制设备

1. 电气控制系统概述

电子元器件、大规模集成电路和计算机技术的进步，都极大地促进了机电一体化技术的发展。在计算机发展的初期，单片机是为数不多控制设备之一，如简易数控机床的控制。

随着计算机性能日益强大，逐渐出现了由计算机作为控制器的微机控制系统。普通计算机在工业环境下适应性不强，随后工业计算机便研制成功，为计算机在工业的发展起到了重要作用。为替代传统的继电逻辑器件，发展了工业可编程控制器（PLC）。随着半导体器件集成度的提高，集成有 CPU、ROM/RAM 和大量丰富外围接口电路的单片机也发展起来了，成为当前在机电一体化产品中应用最广的一种计算机芯片。同时，20 世纪 60 年代以来，随着计算机和信息技术的飞速发展，数字信号处理技术应运而生并得到迅速的发展。数字信号处理是一种通过使用数学技巧执行转换或提取信息来处理现实信号的方法，这些信号由数字序列表示。数字信号处理在控制电动机及视觉领域得到了广泛的应用。面对众多的控制元件，首先要了解每种控制元件的特点，然后根据被控对象的特点、控制任务要求、设计周期等进行合理选择。下面简单介绍目前广泛使用的控制元件的特点和应用范围。

2. 可编程控制器

可编程逻辑控制器（programmable logic controller，PLC）采用一类可编程的存储器，用于存储程序，执行逻辑运算、顺序控制、定时、计数及算术操作等面向用户的指令，并通过数字或模拟式输入/输出控制各种类型的机械或生产过程。随着技术的发展，这种采用微型计算机技术的工业控制装置的功能已经大大超过了逻辑控制的范围。PLC 具有如下鲜明的特点：系统构成灵活，扩展容易，以开关量控制为主，也能进行连续过程的 PID 回路控制，并能与上位机构成复杂的控制系统，如直接数字控制（DDC）系统和分散型控制系统（DCS）等，实现生产过程的综合自动化；使用方便，编程简单，采用简明的梯形图、逻辑图或语句表等编程语言，因此系统开发周期短，现场调试容易。另外，可在线修改程序，改变控制方案而不拆动硬件；能适应各种恶劣的运行环境，抗干扰能力强，可靠性远高于其他各种机型。

3. 单片机

单片机是一种集成在电路中的芯片,是采用超大规模集成电路技术把具有数据处理能力的中央处理器(CPU)、随机存储器(RAM)、只读存储器(ROM)、多种 I/O 口和中断系统、定时器/计时器等功能元件(可能还包括显示驱动电路、脉宽调制电路、模拟多路转换器、A/D 转换器等电路)集成到一块硅片上所构成的一个小而完善的计算机系统。单片机集成度高,包括 CPU、4 kB 容量的 ROM(8031 无)、128 B 容量的 RAM、两个 16 位定时/计数器、四个 8 位并行口、全双工串口行口。系统结构简单,使用方便,实现模块化。单片机可靠性高,可工作到 $10^6 \sim 10^7$ h 无故障;处理功能强,速度快。单片机没有自开发能力,必须借助计算机和专用仿真软件调试。单片机的编程与调试不如计算机方便,开发周期较长。

4. 工业计算机

工控机(industrial personal computer,IPC)是一种加固的增强型个人计算机,它可以作为一个工业控制器在工业环境中可靠运行。工业控制计算机是一种采用总线结构,对生产过程及其机电设备、工艺装备进行检测与控制的设备的总称。工控机由 CPU、硬盘、内存、外设及接口等组成,并有实时的操作系统、控制网络和协议友好的人机界面等,具备计算能力。目前工控机的主要类别有:IPC(PC 总线工业电脑)、PLC(可编程控制系统)、DCS(分散型控制系统)、FCS(现场总线系统)及 CNC(数控系统)五种。

5. 数字信号处理器

数字信号处理器(digital signal processor,DSP)是一种微处理器,其接收模拟信号,转换为数字信号 0 或 1,再对数字信号进行修改、删除、强化,并在其他系统芯片中把数字数据解译回模拟数据或实际环境格式。它不仅具有可编程性,而且其实时运行速度可达每秒执行数千万条复杂指令,是数字化电子世界中日益重要的电脑芯片,具有强大数据处理能力和较高运行速度。DSP 对元件值的容限不敏感,受温度、环境等外部因素影响小,容易实现集成;可方便调整处理器的系数实现自适应滤波;可实现模拟处理不能实现的功能(如线性相位、多抽样率处理、级联等),可用于频率非常低的信号。DSP 经常用在机电控制和图形处理中。

3.2.5 检测传感

传感技术是关于从自然信源获取信息,并对之进行处理(即变换)和识别的一门多学科交叉的现代科学与工程技术,它涉及传感器、信息处理和识别的规划设计活动。检测技术通常与自动化装置相结合,是将自动化、电子、计算机、控制工程、信息处理、机械等多种学科、多种技术融合为一体并综合运用的复合技术,广泛应用于交通、电力、冶金、化工、建材等领域的自动化装备及生产自动化过程。检测技术的研究与应用具有重要的理论意义。

1. 传感器概述

传感器是一种物理装置或仿生器官,能够探测、感受外界的信号、物理条件(如光、热、湿度等)或化学组成(如烟雾等),并将探知的信息传递给其他装置或器官。通常据其基本感知功能可分为热敏元件、光敏元件、气敏元件、力敏元件、磁敏元件、湿敏元件、声敏元件、放射线敏感元件、色敏元件和味敏元件等十大类。

2. 传感器分类

1) 按传感器的工作原理分类

(1) 物理传感器 物理传感器应用的是物理效应与现象,诸如压电效应,磁致伸缩现象,离化、极化、热电、光电、磁电等效应。被测信号量的微小变化都将转换成电信号。

(2) 化学传感器 化学传感器包括那些以化学吸附、电化学反应等现象为因果关系的传感器,被测信号量的微小变化也将转换成电信号。化学传感器技术问题较多,如可靠性、规模生产的可能性、价格等方面的问题。

2) 按传感器输出信号分类

(1) 模拟传感器 它可将被测量的非电学量转换成模拟电信号。

(2) 数字传感器 它可将被测量的非电学量转换成数字信号(包括直接和间接转换)。

(3) 数字传感器 数字传感器可将被测量的信号量转换(包括直接或间接转换)成频率信号或短周期信号。

(4) 开关传感器 当一个被测量的信号达到某个特定的阈值时,开关传感器相应地输出一个设定的低电平或高电平信号。

3. 传感器组成

传感器一般由敏感元件、转换元件和基本转换电路三部分组成。

(1) 敏感元件 它是直接感受被测量,并输出与被测量成确定关系的某一物理量的元件。

(2) 转换元件 敏感元件的输出就是它的输入,它把输入转换成电路参量。

(3) 基本转换电路 上述电路参数接入基本转换电路(简称转换电路),便可转换成电量输出。

传感器只完成被测参数至电信号的基本转换,然后电信号被输入测控电路,进行放大、运算、处理等进一步转换,以获得被测值或进行过程控制。有些传感器很简单,有些则较复杂,大多数用于开环系统,也有些用于带反馈的闭环系统。

4. 常用传感器应用

1) 简单的传感器

最简单的传感器由一个敏感元件(兼转换元件)组成,它感受被测量时直接输出电量,如热电偶。如图 3.16 所示。

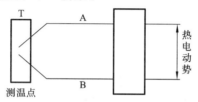

图 3.16　热电偶

敏感元件与转换元件在结构上常是装在一起的,而转换电路为了减小外界的影响也希望和它们装在一起,不过由于空间的限制或者其他原因,转换电路常装入电箱中。尽管如此,因为不少传感器要在通过转换电路后才能输出电量信号,因转换电路是传感器的必要组成环节之一。

2) 位移传感器

位移传感器又称线性传感器,它分为电感式位移传感器、电容式位移传感器、光电式位移传感器、超声波式位移传感器及霍尔式位移传感器等。位移传感器主要应用在自动化装备生产线对模拟量的智能控制。

位移是和物体的位置在运动过程中的移动有关的量,位移的测量方式所涉及的范围是相当广泛的。小位移通常用应变式、电感式、差动变压器式、涡流式、霍尔传感器来检测,大的位移常用感应同步器、光栅、容栅、磁栅等传感设备来测量。其中光栅传感器因具有易实现数字化、精度高(目前分辨率最高的可达到纳米级)、抗干扰能力强、没有人为读数误差、安装方便、使用可靠等优点,在机床加工、检测仪表等行业中得到日益广泛的应用。

目前应用最多的位移传感器是光电编码器,它是一种通过光电转换将输出轴上的机械几何位移量转换成脉冲或数字量的传感器。光电编码器由光栅盘和光电检测装置组成。光栅盘是在一定直径的圆板上等间距地开若干个长方形孔而形成的。由于光电码盘与电动机同轴,电动机旋转时,光栅盘与电动机同速旋转,经发光二极管等电子元件组成的检测装置检测输出若干脉冲信号,通过计算每秒光电编码器输出脉冲的个数就能反映当前电动机的转速。根据检测原理,编码器可分为光学式、磁式、感应式和电容式编码器。根据其刻度方法及信号输出形式,编码器可分为增量式、绝对式以及混合式三种。

3) 位置传感器

位置传感器用来测量机器人自身位置。位置传感器可分为两种,即直线位移传感器和角位移传感器。直线位移传感器常用的有直线位移定位器等,具有工作原理简单、测量精度高、可靠性高的特点。角位移传感器则可选旋转式电位器,具有可靠性高、成本低的优点。光电编码器属于角位移器,有增量式与绝对式两种形式。其中增量式编码器在机器人控制系统中得到了广泛的应用。

4) 压力传感器

压力传感器是工业实践中最为常用的一种传感器,通常使用的压力传感器主要是利用压电效应制造而成的,这样的传感器也称压电传感器。半导体压电阻抗扩散压力传感器是在薄片表面形成半导体变形压力,通过外力(压力)使薄片变形而产生压电阻抗效果,从而使阻抗的变化转换成电信号。

5) 温度传感器

温度传感器是指利用物质各种物理性质随温度变化的规律把温度转换为电量的传感器。温度传感器是温度测量仪表的核心部分,品种繁多。按测量方式可分为接触式和非接触式两大类,按照传感器材料及电子元件特性分为热电阻和热电偶两类。

6) 光电传感器

由光通量对光电元件的作用原理不同所制成的光学测控系统是多种多样的,按光电元件(光学测控系统)输出量性质可分为两类,即模拟式光电传感器和脉冲(开关)式光电传感器。模拟式光电传感器可将被测量转换光电传感器成连续变化的光电流,它与被测量间呈单值关系。

3.2.6 执行机构

执行机构是指根据来自控制器的控制信息实现对受控对象的控制的元件。它能将电能或流体能量转换成机械能或其他能量形式,按照控制要求改变受控对象的机械运动状态或其他状态(如温度、压力等)。它直接作用于受控对象。

传统机械系统一般由动力元件、传动机构及执行机构等组成,其特点是动力元件单一,一般作等速转动。运动形式仅与执行机构的尺寸有关系。随着机电一体化的发展,机械系统不再仅限于单纯的机械机构、在弹性机构、气动及液压机构中也得到了广泛的应用。动力元件有电动、气动及液压三种执行元件。电动执行元件安装灵活、使用方便,在自动控制系统中应用最广。气动执行元件结构简单、重量轻、工作可靠并具有防爆特点,在中、小功率的化工石油设备和机械工业生产自动线上应用较多。液压执行元件功率大、快速性好、运行平稳,广泛用于大功率的控制系统。执行机构的形式包括电气式、液压式、气压式及其他形式。

1. 电动执行元件

电动执行元件是指将电能转换成机械能以实现往复运动或回转运动的电磁元件。常用的有直流伺服电动机、交流伺服电动机、步进电动机、电磁制动器、继电器等。电动执行元件具有调速范围宽、灵敏度高、响应速度快、无自转现象等性能,并能长期连续可靠地工作。在特殊环境条件下,还能满足防爆、防腐、耐高温等特殊要求。随着自动控制技术的发展,电动执行元件的品种不断更新,性能不断提高。无刷电动机、低惯量电动机、慢速电动机、直线电动机和平面电动机等,都是很有发展前途的新型电动执行元件。

1) 步进电动机

步进电动机是将电脉冲信号转变为角位移或线位移的开环控制元件。在非超载的情况下,电动机的转速、停止的位置只取决于脉冲信号的频率和脉冲数,而不受负载变化的影响。当步进驱动器接收到一个脉冲信号时,它就驱动步进电动机按设定的方向转动一个固定的角度,称为"步距角",它的旋转是以固定的角度一步一步运行的。可以通过控制脉冲个数来控制角位移量,从而达到准确定位的目的;同时,可以通过控制脉冲频率来控制电动机转动的速度和加速度,从而达到调速的目的。

步进电动机可以分为三类。

(1) 可变磁阻式(VR)步进电动机 其步进运行是由定子绕组通电激磁产生的反应力矩作用来实现的,因而也称反应式步进电动机。反应式步进电动机一般为三相的,可实现大转矩输出,步距角一般为 1.5°,但噪声和振动都很大。反应式步进电动机的转子磁路由软磁材料制成,定子上有多相励磁绕组,利用磁导的变化产生转矩。这类电动机结构简单,工作可靠,运行频率较高,步距角较小(0.75°~9°)。

(2) 永磁型(PM)步进电动机 其转子采用永磁铁,在圆周上进行多极磁化,转子的转动靠与定子绕组所产生的电磁力相互吸引或相斥来实现。这类电动机控制功率小、效率高、造价低。转子采用永磁铁制成,因而在无励磁时也具有保持力,但由于转子极对数受磁钢加工限制,因而步距角较大(1.8°~18°),

电动机频率响应较低,常使用在记录仪、空调机等速度较低的场合。

(3) 混合型(HB)步进电动机　也称永磁反应式步进电动机。由于由永久磁铁制成,转子齿带有固定极性。这类电动机既具有步距角小、工作频率高的特点,又有控制功率小、无励磁时具有转矩定位的优点。其结构复杂,成本相对也高。

2) 直流伺服电动机

直流伺服电动机是将输入的电信号转换成角位移或角速度输出而带动负载的直流电动机。它的工作原理与普通直流电动机完全相同,一般应用于功率稍大的自动控制系统中,其输出功率一般为 1～600 W,高的可达数十千瓦。直流伺服电动机按激磁方式可分为电磁式和永磁式伺服电动机两种。电磁式伺服电动机的磁场由激磁绕组产生,永磁式伺服电动机的磁场由永磁体产生。电磁式直流伺服电动机被普遍使用,特别是在大功率(100 W 以上)驱动中更为常用。永磁式直流伺服电动机由于有尺寸小、重量轻、效率高、出力大、结构简单等优点而越来越被重视。

3) 交流伺服电动机

交流伺服电动机广泛应用于自动控制系统、自动监测系统和计算装置、增量运动控制系统以及家用电器中。常见的交流伺服电动机有两类:一类为永磁式交流同步伺服电动机;另一类为笼型交流异步伺服电动机。

(1) 同步型交流伺服电动机　同步型交流伺服电动机定子装有对称三相绕组,而转子却有多种结构。按转子结构的不同同步型交流伺服电动机又分电磁式及非电磁式两大类。非电磁式又分为磁滞式、永磁式和反应式多种。其中磁滞式和反应式同步电动机存在效率低、功率因数较差、制造容量不大等缺点。数控机床中多用永磁式同步电动机。与电磁式同步电动机相比,永磁式同步电动机的优点是结构简单、运行可靠、效率较高;其缺点是体积大、启动特性欠佳。

(2) 异步型交流伺服电动机　异步型交流伺服电动机指的是交流感应电动机。它有三相和单相之分,也有鼠笼式和线绕式两种,通常多用鼠笼式三相感应电动机。其缺点是不能经济地实现范围很广的平滑调速,必须从电网吸收滞后的励磁电流,因而令电网功率因数变坏。这种鼠笼式转子的异步型交流伺服电动机简称异步型交流伺服电动机,用符号 IM 表示。

4) 电磁制动器

电磁制动器是一种将主动侧扭矩力传递给被动侧的连接器,可以根据需要自由地结合、切离或制动,在机床、吊车、等频繁启动和制动的机械设备中有广泛的应用。电磁制动器按电源分为交流和直流制动器两种。

2. 气动执行元件

气动执行元件是将气体能转换成机械能以实现往复运动或回转运动的执行元件。实现直线往复运动的气动执行元件称为气缸；实现回转运动的称为气动马达。

气缸是气压传动中的主要执行元件，在基本结构上分为单作用式和双作用式两种。前者的压缩空气从一端进入气缸，使活塞向前运动，靠另一端的弹簧力或自重等使活塞回到原来位置；后者气缸活塞的往复运动均由压缩空气推动。随着应用范围的扩大，还不断出现新结构的气缸，如带行程控制的气缸、气液进给缸、气液分阶进给缸、具有往复和回转 90°两种运动方式的气缸等，它们在机械自动化和机械人等领域得到了广泛的应用。无给油气缸和小型轻量化气缸也在研制之中。

气动马达分为摆动式和回转式两类，前者实现有限回转运动，后者实现连续回转运动。摆动式气动马达有叶片式和螺杆式两种。摆动马达是依靠装在轴上的销轴来传递扭矩的，在停止回转时有很大的惯性力作用在轴心上，即使调节缓冲装置也不能消除这种作用，因此需要采用油缓冲，或设置外部缓冲装置。回转式气动马达可以实现无级调速，只要控制气体流量就可以调节功率和转速。它还具有过载保护作用，过载时马达只降低转速或停转，但不超过额定转矩。回转式气动马达常见的有叶片式和活塞式两种。活塞式的转矩比叶片式的大，但叶片式的转速较高；叶片式的叶片与定子间的密封比较困难，因而低速时效率不高，可用于驱动大型阀的开闭机构。活塞式气动马达用于驱动齿轮齿条带动负荷运动。

3. 液压执行元件

液压执行元件是指将液压能转换为机械能以实现往复运动或回转运动的执行元件，分为液压缸、摆动液压马达和旋转液压马达三类。液压执行元件的优点是单位质量和单位体积的功率很大，机械刚性好，动态响应快，因此它被广泛应用于精密控制系统、航空和航天等各部门。它的缺点是制造工艺复杂、维护困难和效率较低。

液压缸可实现直线往复机械运动，输出力和线速度。液压缸的种类很多，仅能向活塞一侧供高压油的为单作用液压缸，活塞反向靠弹簧或外力完成；能向活塞两侧交替供高压油的为双作用液压缸；活塞杆从缸体一端伸出的为单出杆液压缸，两个运动方向的力和线速度不相等；活塞杆从缸体两端伸出的为双出杆液压缸，两个运动方向具有相同的力和线速度。

摆动液压马达能实现有限往复回转机械运动，输出力矩和角速度。它的动作原理与双作用液压缸相同,只是由高压油作用在叶片上的力对输出轴产生力矩,带动负载摆动做机械功。这种液压马达结构紧凑,效率高,能在两个方向产生很大的瞬时力矩。

旋转液压马达实现无限回转机械运动,输出扭矩和角速度。它的特点是转动惯量小,换向平稳,便于启动和制动,对加速度、速度、位置具有极好的控制性能,可与旋转负载直接相连。旋转液压马达通常分为齿轮型、叶片型、柱塞型三种。

3.3 机械系统设计

3.3.1 机械系统的概念

系统是指具有特定功能的、相互间具有有机联系的许多要素构成的整体。一般说来,由两个或两个以上的要素组成的具有一定结构和特定功能的整体都可以看做是一个系统。一个大系统可由若干个小系统组成,这些小系统都称为子系统。但是从系统功能的观点来看,它是一个不可分割的整体,如果把系统拆开,则将失去原有的性能与功能。而整个系统中每个子系统的性质将影响整体的性质和功能。例如一台收割机由牵引部、收割部、电动机、辅助装置和电控系统等子系统组成,单独的子系统电动机或电控系统就没有收割机的性质和功能,而牵引部、收割部等每个子系统的性质和功能又影响着收割机这个整体系统的性质和功能。由此可见,机械系统是由若干个装置或部件、零件组成的一个特定系统。机械零件是组成机械系统的基本要素,它为完成一定的功能相互联系而又分别组成了各个子系统。机械系统是各种产业机械的基础。

3.3.2 机械系统的组成

现代机械系统(产品)的种类繁多,其结构也都不尽相同。但从实现系统功能来分,机械系统主要由动力系统、执行系统、传动系统、操作和控制系统等子系统组成,如图 3.17 所示。

1. 动力系统

动力系统是机械系统工作的动力源,它包括动力机和与其相配套的一些装

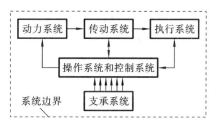

图 3.17 系统组成

置。按能量转换性质的不同,其可分为一次动力机和二次动力机。一次动力机是把自然界的能源(一次能源)转变为机械能的机械,如内燃机、汽轮机、水轮机等。二次动力机是把二次能源(如电能、液能、气能等)转变为机械能的机械,如电动机、液压马达、气动马达等。

2. 执行系统

执行系统包括执行机构和执行末端件。执行末端件是直接与工作对象接触并完成一定工作(如夹持、转动、移动等)或在工作对象上完成一定动作(如切削、锻压、清洗等)的部件。执行机构用来给执行末端件提供力和带动它实现运动,即把传动系统传递来的运动进行必要的转换,以满足执行末端件的要求。

3. 传动系统

传动系统是把动力机的动力和运动传递给执行系统的中间装置。传动系统有下列主要功能。

(1) 减速或增速运动 把动力机的速度降低或增高,以适应执行系统工作的需要。

(2) 无级变速运动 当有级变速不能满足要求或不经济时,通过传动系统实行无级变速,以满足执行系统各种不同速度的要求。

(3) 改变运动规律 把动力机输出的连续旋转运动改变为按某种特定规律变化的旋转或非旋转、连续或间歇运动,或改变运动方向,以满足执行系统的运动要求。

(4) 传递力和转矩 把动力机输出的动力传递给执行系统,给执行系统提供用以完成预定任务所需的力或转矩。

如果动力机的工作性能完全符合执行系统工作的要求,可以将传动系统省略,将动力机与执行系统直接连接。

4. 操作和控制系统

操作和控制系统是使动力系统、传动系统及执行系统彼此协调运行,并准确可靠地实现整个机械系统功能的装置。操作系统与控制系统是两个不同的系统。操作系统是指通过人工作用实现机械系统的各子系统彼此协调的装置。控制系统是指通过操作作用使机械系统的各子系统获得指令,使子系统改变运行状态,提高机械系统运行的可靠性和稳定性的系统。常见的伺服机构、自动控制装置就属于控制系统。操作系统通常由连杆机构、凸轮机构、齿轮机构、蜗杆蜗轮机构及液动、电动、气动等机构组成。

5. 支承系统

支承系统是总系统的基础部分,它主要包括底座、立柱、横梁、箱体、工作台和升降台等。总之,此系统是将前述四个子系统相互有机地联系起来,并为构成总系统起到支承的作用。

3.3.3 机械系统的地位和作用

任何产品都离不开机械系统,不论是汽车、飞机还是汽轮机、轧钢机乃至机器人、加工中心。这些典型的机电一体化产品都必须有机械系统。

1. 机器人中的机械系统

机器人设计包括机械结构设计、检测传感系统设计和控制系统设计等,是机械、电子、检测、控制和计算机技术的综合应用。

1) 机器人的基本组成及各部分功能

(1) 驱动系统　机器人的各个关节即每个运动自由度的动力装置。

(2) 机械结构系统　它由机身、手臂、末端操作器三大件组成。

(3) 感受系统　它由内部传感器模块和外部传感器模块组成,获取内部和外部环境状态中有意义的信息。

(4) 机器人-环境交互系统　它是实现机器人和外部环境中的设备相互联系和协调的系统。

(5) 人-机交互系统　它是人与机器人进行联系和参与机器人控制的装置。

(6) 控制系统　它的任务是根据机器人的作业指令程序以及从传感器反馈回来的信号,支配机器人的执行机构去完成规定的运动和功能。

3.3.4 机械系统设计的任务、基本原则及要求

1. 机械系统设计的任务及设计类型

机械系统设计的任务是开发新的产品和改造老产品,最终目的是为市场提供优质高效、价廉物美的机械产品,以取得较好的社会及经济效益。

虽然机械产品的种类繁多、结构千变万化,但从设计角度来看不外乎分为

下列三类。

(1) 完全创新设计　所设计的产品是过去不存在的全新产品。此类设计的特点是只知道新产品的功用,但对确保实现该功能应采用的工作原理及结构等问题完全未知,没有任何参考资料。

(2) 适应性设计　在原有的总工作原理基本不变的情况下,对已有产品进行局部变更,以适应某种新的要求。但局部变化应有所创新,且在原理上有所突破。如为了满足节约燃料的目的,人们用汽油喷射装置来代替汽油发动机中传统的汽化器就属于此类型设计。

(3) 变异性设计　在产品的工作原理和功能结构都不变的情况下,对其结构配置或尺寸加以改变,使之只适应于在量方面有所变更的要求。如由于传递转矩或速比发生变化而重新设计机床的传动系统和相关尺寸的设计就属于变异性设计。

2. 机械系统设计的基本原则

为了设计出好的产品,设计人员在设计过程中需要遵循一定的原则和法规,才能一步步地达到预期的目的。一般的设计原则主要有以下四项。

(1) 需求原则　所谓需求是指对产品功能的需求,若人们没有了需求,也就没有了设计所要解决的问题和约束条件,从而设计也就不存在了。所以,一切设计都是以满足客观需求为出发点。

(2) 信息原则　设计人员在进行产品设计之前,必须进行各方面的调查研究,以获得大量的必要的信息。这些信息包括市场信息、设计所需的各种科学技术信息、制造过程中的各种工艺信息、测试信息及装配、调整信息等。

(3) 系统原则　随着"系统论"的理论不断完善及应用场合的不断增多,人们从系统论的角度出发认识到:任何一个设计任务,都可以视为一个待定的技术系统,而这个待定技术系统的功能则是如何将此系统的输入量转化成所需要的输出量。

(4) 优化、效益原则　优化是设计人员在设计过程中必须关注的又一原则。这里的优化是广义的,包括原理优化、设计参数优化、总体方案优化、成本优化、价值优化、效率优化等。优化的目的是为了提高产品的技术经济效益及社会效益,所以,优化和效益两者应紧密地联系起来。

3. 机械系统设计的设计要求

由于设计要求既是设计、制造、试验、鉴定、验收的依据,同时又是用户衡量的尺度,所以,在进行设计之前,就必须对所设计产品提出详细、明确的设计要求。任何一个产品的设计要求无外乎都是围绕着技术性能和经济指标来提出的,主要包括下列内容。

1) 功能要求

用户购买产品实际上是购买产品的功能,而产品的功能又与技术、经济等因素密切相关,功能越多则产品越复杂、设计越困难、价格费用就越大。但由于功能减少后产品很可能没有市场,这样,在确定产品功能时,应保证基本功能,满足使用功能,剔除多余功能,增添新颖的外观功能,而各种功能的最终取舍应按价值工程原理进行技术可行性分析来定夺。

2) 适应性要求

这是指当工作状态及环境发生变化时产品的适应程度,如物料的形状、尺寸、物理化学性能、温度、负荷、速度、加速度、振动等。人们总是希望产品的适应性强一些,但这将给产品的设计、制造、维护等方面带来很大困难,有时甚至达不到,因此,适应性要求应提得合理。

3) 可靠性要求

可靠性是指系统、产品、零部件在规定的使用条件下,在预期的使用时间内能完成规定功能的概率。这是一项重要的技术质量指标,关系到设备或产品能否持续正常工作,甚至关系到设备、产品及人身安全的问题。

4) 生产能力要求

这是指产品在单位时间内所能完成工作量的多少。它也是一项重要的技术指标,表示单位时间内创造财富的多少。提高生产能力在设计上可以采取不同的方法,但每一种方法都会带来一系列的负面问题。只有在这些负面问题得到妥善解决或减少之后,去提高产品的生产能力才有现实意义。

5) 使用经济性要求

这是指单位时间内生产的价值与使用费用的差值。使用经济性越高越好。因为,使用费用主要包括原材料、辅料消耗、能源消耗、保养维修、折旧、工具耗损、操作人员的工资等。

6) 成本要求

产品成本的高低将直接影响其竞争能力,在机械产品的成本构成中,材料费用占很高的比例,这主要与材料的品质、利用率及废品率有关。

3.3.5 机械系统总体设计

机械系统总体设计是产品设计的关键,它对产品的技术性能、经济指标和外观造型均具有决定性意义。这部分工作在产品产生过程中是功能原理设计阶段和结构总体设计阶段的内容,即主要包括机械系统功能原理设计、总体布局(各子系统如动力系统、传动系统、执行系统、操作和控制系统等之间的关系)、主要技术参数如尺寸参数、运动参数和动力参数等的确定及技术经济分析等。

(1) 功能的定义 功能是系统必须实现的任务,或者说是系统具有转化能量、运动或其他物理量的特性。

(2) 功能的分类 功能分为必要功能和非必要功能。必要功能包含基本功能和附加功能。

(3) 功能的原理设计任务及其特点 所谓功能原理设计,就是针对所设计产品的主要功能提出一些原理性的构思,亦即针对产品的主要功能进行原理性设计。

功能原理方案设计的任务是:针对某一确定的功能要求,去寻求一些物理效应并借助某些作用原理来求得一些实现该功能目标的解法原理来。或者说,功能原理设计的主要工作内容是:构思能实现功能目标的新的解法原理。

当几种功能原理方案设计出来后,有时还应通过模型试验进行技术分析,以验证其原理上的可行性。对不完善的构思还应按实验结果进一步的修改、完善和提高。最后再对几个方案进行技术经济评价,选择其中一种较合理的方案作为最优方案加以采用。

(4) 功能原理设计的方法 随着现代设计方法的发展及应用越来越广泛,人们在对系统功能原理设计时常采用一种抽象化的方法——黑箱法。此方法是暂时摒弃那些附加功能和非必要功能,突出必要功能和基本功能,并将这些功能用较为抽象的形式(如输入量和输出量)加以表达。这样,通过抽象化可清晰地掌握所设计系统(产品)的基本功能和主要约束条件,从而突出设计中的主要矛盾,抓住问题的本质。

3.3.6 结构总体设计

1. 结构总体设计的任务和原则

结构总体设计的任务是将原理方案设计结构化,即把一维或二维的原理方案图转化为三维的可制造的形体的过程,也可以说是从为了完成总系统功能而进行的初步总体布置开始到最佳装配图(结构设计)的最终完善及审核通过为止。

明确、简单、安全可靠是结构总体设计阶段必须遵守的三项基本原则。

1) 明确原则

(1) 功能明确 所选择的结构应能明确无误地、可靠地实现预期的功能。

(2) 工作情况明确 被设计的产品(系统)所处的工作状况必须明确。

(3) 结构的工作原理明确　设计结构时所依据的工作原理必须明确。

2) 简单原则

简单原则是指要在满足总功能的前提下,尽量使整机、部件、零件的结构简单,且数目少,同时还要求操作与监控简便,制造与测量容易、快速、准确,以及安装与调试简易而快捷。

3) 安全可靠原则

(1) 构件的可靠性　在规定外载荷下,在规定的时间内,构件不发生断裂、过度变形、过度磨损且不丧失稳定性。

(2) 功能的可靠性　主要指总系统的可靠性,即保证在规定条件下能实现总系统的总功能。

(3) 工作安全性　主要指对操作者的防护,保证人员的安全。

(4) 环境安全性　主要指不造成不允许的环境污染,同时也要保证整个系统(产品)对环境的适应性。

2. 结构总体设计步骤

1) 初步设计

(1) 明确设计要求　在结构总体设计之前,应明确、分析及归纳设计要求。

(2) 主功能载体的初步设计　主功能载体是指能完成主功能要求的构件。这项工作主要凭经验粗略设计出主功能由哪些主功能载体来实现及其大致形状和空间位置。

(3) 按比例绘制主要结构草图　在草图中除了表示出主功能载体的基本形状和大致尺寸外,还应标出不同工况下的极限位置及辅助功能载体的初步形状与空间位置。

(4) 检查主、辅功能载体结构　对检查主、辅功能载体结构间形状、尺寸、空间位置是否相互干涉,是否相互影响。

(5) 设计结果初评及选择　初步结构总体设计方案不是唯一的,要从中选定一个较理想的作为后续设计的基础。

2) 详细设计

(1) 各功能载体的详细设计。依据设计要求采取不同的计算方法先对主功能载体、然后对辅助功能载体进行精确的计算、校核及相应的模拟试验,进一步完成上述各载体的详细设计,包括具体形状、尺寸、材料、连接尺寸及方式等。

(2) 补充、完善结构总体设计草图。

(3) 对完善的结构总体草图进行审核。审核工作应从设计要求出发,进行深入、细致的检查,检查在完成功能要求方面有无疏漏,总布局是否满足了空间位置的相容性,能否加工、装拆、运输、维修、保养是否方便。

(4) 进行技术经济评价。

3) 结构总体设计的完善和审核

结构总体设计的完善和审核是指对关键问题及薄弱环节通过相应的优化设计来进一步地完善,以及对总体设计进行经济分析,看是否达到了预期的目标成本。

3. 总体布置设计

一个机械系统是由若干个子系统按照总功能的要求相互匹配而组成的。总体布置设计就是确定机械系统中各子系统之间的相对位置关系及相对运动关系,并使总系统具有一个协调、完善的造型。

1) 总体布置设计的基本要求

(1) 功能合理。

(2) 结构紧凑、层次清晰、比例协调。

(3) 考虑产品的系列化及发展。

2) 机械系统总体布置的基本类型

机械系统总体布置的基本类型按主要工作机构的空间几何位置分有平面式、空间式等,按主要工作机械的布置方向分有水平式(卧式)、倾斜式、直立式和圆弧式等,按原动机与机架相对位置分有前置式、中置式、后置式等,按工件或机械内部工作机构的运动方式分有回转式、直线式、振动式等,按机架或机壳的形式分有整体式、剖分式、组合式、龙门式和悬臂式等,按工件运动回路或机械系统功率传递路线的特点分有开式、闭式等。

4. 总体参数的确定

总体参数是结构总体设计和零部件设计的依据。对于不同的机械系统,其总体参数包括的内容和确定的方法也不相同。但一般情况下主要有:性能参数(生产能力等)、结构尺寸参数、运动参数、动力参数等。

1) 性能参数(生产能力)

机械系统的理论生产能力是指设计生产能力——在单位时间内完成的产品数量,亦可称为机械系统的生产率。

2) 尺寸参数

尺寸参数主要是指影响力学性能和工作范围的主要结构尺寸和作业位置尺寸。

3) 运动参数

机械系统的运动参数一般是指机械执行件的运动速度等,如机床等加工机械的主轴转速、工作台、刀架的运动速度,移动机械的行驶速度等。

4）动力参数

动力参数是指电动机的额定功率、液压缸的牵引力、液压马达、气动马达、伺服电动机或步进电动机的额定转矩等。

5. 结构总体设计的基本原理

1）任务分配原理

功能原理设计是为机械系统的功能、分功能寻找理想的技术物理效应,而结构设计是为实现这些功能、分功能选择具体的零部件。一个功能是由几个零部件（载体）共同承担还是由一个载体单独完成,将这种确定功能与载体之间的关系称之为任务分配。分配不外乎有三种情况：一个载体完成一个功能；一个载体承担多个功能；多个载体共同承担一个功能。

2）稳定性原理

系统结构的稳定性是指当出现干扰使系统状态发生改变的同时,会产生一种与干扰作用相反,并使系统恢复稳定的效应。

3）合理力流原理

机械结构设计要完成能量流、物料流和信号流的转换,而力是能量流的基本形式之一。力在结构中传递时形成所谓的力线,这些力线汇成力流。力流在零部件中不会中断,任何一条力线都不会消失,必然是从一处传入,从另一处传出。

4）自补偿原理

通过选择系统零部件及其在系统中的配置来自行实现加强功能的相互支持作用,称为自补偿。在额定载荷下,自补偿有加强功能、减载和平衡的含义；在超载或其他紧急状态下,则有保护和救援的含义。

5）变形协调原理

变形协调原理是使两零件的连接处在外载荷作用下所产生的变形方向（从应力分布图来看）相同,且使其相对变形量尽可能小。

3.3.7 执行系统设计

设计的目的是要使所设计的对象——系统具有一定的预期功能,那么,在系统中能直接完成预期工作任务的那部分子系统就是执行系统。

1. 执行系统综述

1）执行系统的组成

执行系统由执行末端件和与之相连的执行机构组成。

2) 执行系统的功能

(1) 实现运动形式或运动规律变换的功能。

① 实现预期固定轨迹或简单可调的轨迹功能。

② 匀速运动(平动、转动)与非匀速运动(平动、转动或摆动)的变换。

③ 连续运动与间歇式的转动或摆动的变换。

(2) 实现开关、连锁和检测等的功能。

① 用来实现运动的离合或开停。

② 用来换向、超越或反向制动。

③ 用来实现连锁、过载保护、安全制动。

④ 实现锁止、定位和夹压等。

⑤ 实现测量、放大、比较、显示、记录、运算等。

3) 间歇运动机构

间歇运动机构是指主动件作连续运动(转动或往复摆动和移动)时,从动件周期地出现停歇状态的机构,包括间歇转动、摆动和移动等机构。

4) 单向及换向结构

单向机构是指主动件改变运动方向时,从动件运动方向仍保持不变的机构。换向机构是指通过某种方式改变从动机构的运动方向。

5) 定位及夹紧结构

定位及夹紧机构是机械设备中广泛采用的机构,其工作原理及结构形式种类繁多。

2. 执行系统设计

1) 导轨设计

(1) 导轨的作用 导向和承载。

(2) 导轨的分类 导轨可按运动轨迹、工作时的摩擦性质及受力情况三种分类:按运动轨迹可以分为直线和圆周运动导轨;按工作时摩擦的性质可以分为滑动导轨和滚动导轨;按受力情况可以分为开式导轨和闭式导轨。

(3) 导轨的基本要求 导轨对导向精度、支承刚度和灵敏度有要求。

导向精度是指动导轨沿支承导轨运动的准确度,即直线运动导轨的直线性、圆周导轨的真圆性和导轨与其他运动件之间相互位置的准确性。导轨应具有足够高的导向精度,且需要在长期工作后仍保持原有的很高的导向精度——精度保持性。影响导轨的导向精度的主要因素是导轨的几何精度和接触精度。

支承刚度表示导轨受载后抵抗变形的能力。导轨变形主要是由导轨自身变形(如接触变形、扭转、弯曲变形等)和导轨支承件变形引起的。

高灵敏度是指当动导轨作低速运动或微量位移(以 μm 为单位)时,应保证其运动的灵敏性及低速运动的平稳性,即出现爬行现象,使动导轨的运动准确到位。影响导轨灵敏度及运动平稳性的因素主要是导轨的结构和材料,动与静的摩擦系数的差值,润滑及与导轨相连的传动链的刚度等。

(4) 导轨设计的内容　根据工作情况选择合适的导轨类型;根据导向精度要求及制造工艺性,选择导轨的截面形状;选择合适的导轨材料、热处理及精加工方法;确定导轨的结构尺寸,进行压强分布的验算;设计导轨磨损后的补偿及间隙调整装置;设计良好的防护装置及润滑系统。

导轨一般划分为开式导轨和闭式导轨两种,如图 3.18 所示。开式导轨在部件自重和外载作用下,导轨面 c 和 d 在导轨全长上始终贴合着。闭式导轨在动导轨受到较大的倾覆力矩 M 时,其自重不能使导轨面 e 和 f 始终贴合,所以,必须增加压板 1 和 2,以形成辅助导轨面 g 和 h。

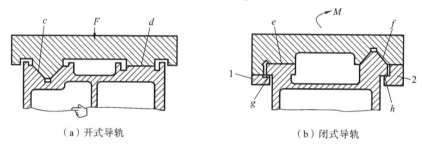

图 3.18　导轨形式

导轨间隙的调整方法有三种:① 用平镶条调整;② 用楔形镶条调整;③ 用压板调整。

2) 主轴设计

执行轴机构一般主要由执行轴、安装在其上的传动件(如齿轮、带轮等)、密封件、轴承、轴承间隙调整及固定元件(螺母)等组成,设计执行轴机构主要是各组成元件的布置及设计轴本身。

(1) 主轴部件类型分类　仅作旋转运动的主轴部件,如车床、卧式铣床、磨床等的主轴部件;作旋转运动和轴向进给运动的主轴部件,如钻床、镗床的主轴部件;作旋转运动并可作轴向调整移动的主轴部件,如龙门铣床、滚齿机的主轴部件;绕自身轴线旋转,并绕另一个与自转轴平行轴作行星运动的主轴部件,如行星铣削头、行星内圆磨床的主轴部件。

(2) 主轴部件的几种典型结构　中高转速、较大载荷、采用滚动轴承的主轴部件;以轴向载荷为主、采用滚动轴承的主轴部件;高转速、采用滚动轴承的主轴部件;采用液体动压滑动轴承的主轴部件。

中高转速、较大载荷采用滚动轴承的主轴的支承通常以角接触球轴承或双列向心短圆柱滚子轴承为主进行组配,也可以用圆锥滚子轴承。

以承受轴向载荷为主、采用滚动轴承一类部件主要是钻床类主轴部件。如摇臂钻床主轴部件,由于主轴受的轴向力较大,径向载荷较小,且主轴的旋转精度要求不高,因此轴向支承用推力球轴承,径向支承用向心深沟球轴承且不必预紧。

高转速、采用滚动轴承的主轴部件这类主轴转速较高且常恒定不变,通常采用角接触球轴承。如果载荷不大,则每个支承可装一个轴承,大口朝外。如果载荷大,在同一个支承处可以采取多联组配。

采用液体动压滑动轴承的主轴部件,因滑动轴承具有良好运转平稳性和抗振性(阻尼大)等滚动轴承难以替代的优点,在精密机床(如磨床)中得到广泛应用。

(3) 主轴结构　主轴的结构主要取决于机床的类型、主轴上安装的传动件、轴承和密封件等零件的类型、数目、位置和安装定位方法等,同时,还要考虑主轴加工和装配的工艺性。为了便于装配和满足轴承、传动件等轴向定位的需要,主轴一般是阶梯形的轴,其直径从前端向后或者是从中间向两端逐段缩小。各阶梯之间应有退刀槽。为了与齿轮等传动件周向连接以传递转矩,主轴上经常带有键槽或花键。

主轴的轴端结构应保证夹具或刀具安装可靠、定位准确、连接刚度高、装卸方便和能传递足够的转矩。由于夹具和刀具已标准化,因此,通用机床主轴端部的形状和尺寸也已标准化。

3.3.8　传动系统设计

将动力机的力和运动传递给执行机构或执行构件的中间装置称为传动系统。

1. 传动系统的分类

(1) 按传动比或输出速度是否变化分类　可分为固定传动比的传动系统和可调传动比的传动系统。

① 固定传动比传动系统　对于要求执行机构或执行构件在某一确定的转速或速度下工作的机械,其传动系统应具有固定的传动比,组成传动链的各个传动环节也应有固定的传动比。

② 可调传动比的传动系统　对于要求执行机构或执行构件在预定的转速

范围内工作的机械,其传动系统应具有可调的传动比。

(2) 按动力机驱动执行机构数目分类　可分为独立驱动的传动系统、集中驱动的传动系统和联合驱动的传动系统。

(3) 按驱动机械系统的动力源分类　可分为电动机驱动的传动系统、内燃机驱动的传动系统等,而电动机驱动的传动系统又有交流异步电动机(单、多速)驱动,直流并激电动机驱动,交流调速主轴电动机驱动,交、直流伺服电动机驱动,步进电动机驱动的传动系统等。

(4) 按传动装置分类　可分为机械传动装置、液压传动装置、电气传动装置以及上述装置的组合。

机械传动装置包括输出速度不变和输出速度可变两类。输出速度可变的机械传动装置又分为有级变速和无级变速两类。

无级变速机械传动装置中,执行件的转速(或速度)在一定的范围内连续地变化,这样可以使执行件获得最有利的速度,能在系统运转中变速,也便于实现自动化等。无级变速机械传动装置有机械无级调速器、液压无级变速装置和电气无级变速装置。

有级变速机械传动装置在变速范围内执行件的转速(或速度)不能连续地变换。

2. 传动系统的组成

尽管传动系统的种类繁多,用途也各不相同,但它们常包括下列几个组成部分:变速装置,启停和换向装置,制动装置,安全保护装置等。

(1) 变速装置　变速装置的作用是改变动力机的输出转速和转矩以满足执行机构的需要。常用的变速装置有交换齿轮变速机构、滑移齿轮变速机构、离合器变速机构。对变速装置的基本要求是:能传递足够的功率和转速;较高的传动效率;满足变速范围和变速级数的要求;体积小,质量小;噪声在允许的范围内;结构简单,制造、测量、装配和维修的工艺性好;润滑和密封性良好,能防止"三漏"(漏油、漏气、漏水)现象。

(2) 启停和换向装置　启停和换向装置用来控制执行机构的启动、停车及改变运动的方向。对启动和换向装置的基本要求是:启停和换向方便、省力;操作安全可靠;结构简单、维修性好;能传递足够的动力。

(3) 制动装置　运动着的构件具有惯性,需要停止时不能马上停止,而是逐渐减速后才能停止。停车前的转速越高,惯性越大,摩擦阻力越小,停车的时间越长。为了节省辅助时间,对于启停频繁或惯性大、运动件速度高的传动系统,应安装制动装置。制动装置还可用于设备一旦发生事故时的紧急停车或使某个运动件可靠地停在所需位置上。制动装置的基本要求是:工作可靠,操作方便,制动平稳且时间短,结构简单,尺寸小,质量小,磨损小,散热性好。

(4) 安全保护装置 机械系统在工作中若载荷变化频繁、变化幅度较大、可能过载而本身又无保护作用,应在传动链中设置安全保护装置,以避免损坏传动机构。如果传动链中有带传动、摩擦离合器等摩擦副传动件,则应有过载保护作用;否则,应在传动链中设置安全离合器或安全销等过载保护装置。当传动链所传递的转矩超过规定值时,靠安全保护装置中连接件的折断、分离或打滑来停止或限制转矩的传递。

3. 数控机床主传动系统设计

(1) 主传动采用直流或交流电动机无级调速 简介如下。

① 直流电动机无级调速 采用调压和调磁方式来得到主轴所需的转速;能满足低速切削需要,一般直流电动机恒扭矩调速范围较大,而恒功率调速范围较直流、交流调速电动机功率特性小,满足不了机床的要求;在高速范围要进一步提高转速,须加大励磁电流,将使电刷产生火花,从而限制电动机的最高转速和调速范围;直流电动机仅在早期的数控机床上应用较多。

② 交流电动机无级调速 通常是通过调频进行调速;交流调速电动机一般为笼式感应电动机结构,体积小,转动惯性小,动态响应快;无电刷,因而最高转速不受火花限制,采用全封闭结构,具有空气强冷,保证高转速和较强的超载能力,具有很宽的调速范围;对于某些应用场合,使用这些电动机可以取消机械变速箱,能较好地适应现代数控机床主传动的要求,因此,应用越来越广泛。

(2) 数控机床高速主传动设计 一种是采用联轴器将机床主轴和电动机轴串接成一体,将中间传动环节减少到仅剩联轴器;另一种是将电动机与主轴合为一体,制成内装式电主轴,实现无任何中间环节的直接驱动,并通过循环水冷却方式减少发热。

电主轴的电动机转子与主轴为一体,置于前、后轴承之间,电动机定子则在套筒内,可实现高速运转,主轴部件结构紧凑。电主轴作为一个功能部件进行专业化生产。多数厂家只提供变频和矢量控制两种电主轴的无级变速方式。电主轴以主轴套筒外径为主要规格尺寸。

(3) 数控机床用部件标准化、模块化结构设计 中小型数控车床主传动系统设计中,广泛采用模块化的变速箱和主轴单元形式。例如,整机数控车床的模块化设计是在几个基础模块部件(如床身、底座等)基础上,按加工要求灵活配置若干功能部件(如主轴、刀架、尾座等)和附加模块化装置(如各式机械手、检测装置等)。

(4) 数控机床的柔性化、复合化　数控机床对满足加工对象变换有很强的适应能力(即柔性),因此发展很快。数控机床的发展已经模糊了粗、精加工的工序概念,完全打破了传统的机床分类,由机床单一化走向多元化、复合化(工序复合化和功能复合化)。因此,现代数控机床和加工中心的设计,已不仅仅考虑单台机床本身,还要综合考虑工序集中、制造控制、过程控制以及物料的传输,以缩短产品加工时间和制造周期,最大限度地提高生产率。

(5) 虚拟轴机床设计　与传统机床相比,并联机床具有如下优点。

① 刚度质量比大　传动构件理论上为仅受拉、压载荷的二力杆,故传动机构的单位质量具有很高的承载能力。

② 精度高　并联机床刀具的运动由各独立支链的进给驱动共同提供,不存在串联的误差积累,理论上比串联机床容易达到较高的精度。

③ 响应速度快　运动部件惯性的大幅度降低,有效地改善了伺服控制器的动态品质,允许动平台获得很高的进给速度和加速度,因而特别适用于各种高速数控作业。

④ 功能性强　并联机床的主轴平台可以具有 3~6 个自由度,能灵活地实现空间姿态,提供较强的加工、装配、测量等能力。

⑤ 结构灵活、成本低　并联机床构型多样、结构简单、部件少、重组性强,便于模块化设计,具有"硬件"简单、"软件"复杂的特点,因此制造成本较低。

3.3.9　操作系统设计

1. 操作系统的综述

1) 操作系统的作用及要求

操作系统的作用是完成信号转换,即把人施加于机械的信号,经过转换传递到执行系统,以实现机械的启动、停止、换向、变速、变力及制动等目的。操作系统虽然不直接参与机械做功,对机械的精度、强度、刚度和寿命没有直接影响,但是,机械系统工作性能的好坏,功能完成的情况及操作者工作强度等,都与操作系统有直接的关系。因此,对操作系统的设计有下列主要要求:

(1) 操作轻便省力;

(2) 操作行程适当;

(3) 操作件定位可靠;

(4) 操作系统的反馈准确迅速;

(5) 操作系统应有可调性;

(6) 操作方便和舒适；

(7) 操作安全可靠。

2) 操作系统的组成及分类

(1) 操作系统的组成　操作系统主要包括操作件、执行件和传动件三部分。

操作件：常用的操作件有拉杆、手柄、手轮、按钮和脚踏板等。

执行件：常用的执行件有拨叉、滑块和销子等。执行件是与被操作部分直接接触的元件，完成操作系统的功能。

传动件：常用的传动件有机械传动、液压传动、气压传动和电传动件等。在机械传动中常用连杆机构、齿轮机构、螺旋及凸轮机构等；有时，液压传动和气压传动作为助力装置与机械传动配合使用。传动件是操作系统中的中间元件，它将操作件上的力、运动传递到执行件上。

(2) 操作系统的分类　操作系统主要分为人力操作系统、助力操作系统、液压操作系统和气压操作系统。

人力操作系统是指操作所需的作用力和能量全部由操作者来提供的系统。这样的操作系统只适宜操作力较小的机械。

助力操作系统是利用机械系统中储备的能量辅助人力进行操作。储备能量的方式有弹性变形能和液压能，因此，助力操作系统又分为弹性助力操作系统和液压助力操作系统。

液压操作系统是指操作者施加较小的力，而操作所需的较大作用力和能量全部由液压系统供给的系统。

气压操作系统与液压操作系统具有相同的特点，人施加较小的力，所需的较大的操作力和能量全部由压缩空气提供。

2. 离合、制动系统的操作机构

1) 机械操作机构

机械操作机构是指操作系统中的传动主要是由机械传动来完成，如采用连杆机构、齿轮传动和蜗杆传动等，其操作力由人提供。当操作力较大时，在操作系统中增加助力器以完成操作的功能。

2) 气压、液压操作机构

气压、液压操作机构是指操作系统中的传动主要是由气压或液压传动来完成的操作机构。

3. 操作系统中的安全保护装置

操作系统安全保护装置常用的有自锁机构和互锁机构。

1) 自锁机构

自锁机构以一定的预压力把操作件、执行件或中间的某传动件固定在规定的位置。只有当所施加的操作力大于这个预压力时,操作件或执行件才会动作。

2) 互锁机构

互锁机构可使操作系统在进行一个操作动作时把另一个操作动作锁住,从而避免机械发生不应有的运动干涉,保证在前一执行件的动作完成后才可使另一执行件动作。如在车辆和机床等各类机械的变速箱中不会同时挂两个挡;在离合器和制动器配合动作的操作系统中,应保证离合器先脱开、制动器后制动,以及制动器先松开、离合器后接合。图 3.19 所示为旋转运动之间的互锁机构。

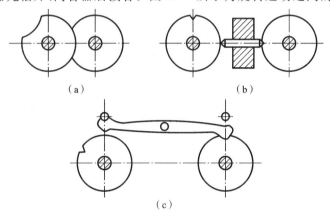

图 3.19　旋转运动之间的互锁机构

4. 操作系统设计

操作系统设计的基本步骤如下。

（1）原理方案设计　原理方案设计是根据设计的要求,如执行件的运动轨迹、速度和被操作件的数目以及各执行件之间的关系,来拟订操作系统中的操作件、执行件和传动机构的方案。

机构应尽量简单,传动路线应尽量缩短,在满足功能要求的前提下,应尽量采用构件数目和运动副数目少的机构。尽量减小机构及构件尺寸,机构的尺寸及质量随拟订方案的不同有很大差别。机构应具有较高的机械效率,运动链的总效率等于运动链中各个机构的机构效率的连乘积。因此,当运动链中任何一个机构有较低的传动效率时,都会使总效率降低。

（2）结构设计　结构设计是指在原理方案的基础上,完成操作系统中操作件、执行件和传动件的形状及尺寸设计。必要时,为保证操作安全可靠,要附加一些起安全保护作用的元件或装置。在结构设计中要考虑保证功能、提高性能和降低成本这三个主要问题。

（3）操作件的造型设计　操作件不仅用来完成操作系统的任务，而且也是一种装饰和点缀品。它的艺术造型对提高整个机械的价值具有一定的作用。机械的操作件在不同造型、不同功能的机械上，也有各自独特的造型和风格，并与机械整体相协调。

第 4 章 TRIZ 与创新

创新理论和实践证明,创新能力是人类的一种潜能,这种能力可以通过一定的学习和训练得到激发和提升。创新是有规律可循的,人类在解决工程问题时所采用的方法都是有规律的。相对于传统的创新方法,比如试错法、头脑风暴法等,TRIZ 具有鲜明的特点和优势。实践证明,运用 TRIZ,可大大加快人们创造发明的进程,帮助我们系统地分析问题,突破思维障碍,快速发现问题本质或矛盾,确定问题探索方向。TRIZ 已经成为一套解决新产品开发实际问题成熟的理论和方法体系。

本章介绍了 TRIZ 概述、TRIZ 的核心思想、利用 TRIZ 解决问题的过程、利用技术冲突解决原理、TRIZ 40 条技术冲突的解决原理。通过 TRIZ 与创新的学习,有助于大家更多地了解创新理论与方法。TRIZ 作为一种普适的技术哲学为自主创新提供了很好的工具。

4.1 TRIZ 概述

TRIZ 属于苏联的国家秘密,在军事、工业、航空航天等领域均发挥了巨大作用,成为创新的"点金术",让西方发达国家望尘莫及。其后,随着苏联的瓦解,大批 TRIZ 专家移居欧美等发达国家,TRIZ 才被众人所知,流传到美国、欧洲、日本、韩国等地。TRIZ 的含义是发明问题解决理论,其拼写是由"发明问题解决理论"(theory of inventive problem solving)俄语含义的单词首字母(teoriya resheniya izobretatelskikh zadatch)组成,在欧美国家也可缩写为 TIPS。TRIZ 是由苏联发明家根里奇·阿奇苏勒(G. S. Altshuller)在 1946 年创立的,阿奇苏勒因而被尊称为 TRIZ 之父。

阿奇苏勒,1926 年 10 月 15 日出生于苏联的塔什罕干,14 岁时获得首个发明专利——水下呼吸器,1946年,阿奇苏勒开始了发明问题解决理论的研究工作。当时年仅20岁的阿奇苏勒是苏联海舰队专利部的一名专利审查员,通过研究成千上万的专利,他发现了发明背后存在的模式并形成了TRIZ的原始基础。

阿奇苏勒在处理世界列国著名的发明专利历程中,总是思索这样一个问题:当人们进行发明创造、解决技能困难时,是否有可遵循的科学要领和规则,从而能迅速地实现新的发明创造或解决技能困难呢?答案是肯定的。阿奇苏勒发现任何领域的产品改进,技术的变革、创新和生物体系一样,都存在孕育、发生、生长、成熟、衰老和灭亡的过程,是有规律可循的。人们如果掌握了这些规律,就能主动地进行产品设计并能预测产品的未来发展趋向。在以后数十年中阿奇苏勒致力于TRIZ的研究和完善。在他的领导下,由苏联的研究机构、大学、企业组成的TRIZ研究团体分析了世界近250万份高水平的发明专利,总结出各种技术发展进化遵循的规律、模式,以及解决各种技术矛盾和物理矛盾的创新原理和规则,创建了一个由解决技能、实现创新开发的各种方法、算法组成的综合理论体系,并综合多学科领域的原理和规则,创建起TRIZ体系。TRIZ和方法加上计算机辅助创新(CAI)已经发展成为一套解决新产品开发现实问题的成熟理论和方法体系,如今已在全世界普遍应用。利用TRIZ可以方便地解决那些"看似不可能解决的问题"并形成专利,提升企业的核心竞争力,使企业快速成为行业技术的"领跑者"。

目前TRIZ被认为是可以帮助人们挖掘和开发自己的创造潜能、最全面系统地论述发明创造和实现技术创新的新理论,被欧美国家的专家认为是"超级发明术"。一些创造学专家甚至认为:阿奇苏勒所创建的TRIZ是发明与创新方法的理论,是20世纪最伟大的发明。

随着我国将创新提升为国家发展的主要政策,各个企业和机构对创新的猛烈愿望急需理论和工具的支持,遍寻世界种种创新理论,唯TRIZ独秀于林。

4.2 技术系统及其进化法则

半个世纪前,苏联发明家阿奇苏勒在分析大量专利的过程中发现,产品及其技术的发展总是遵循一定的客观规律,而且同一条规律往往在不同的产品技术领域被反复应用。即任何领域的产品改进、技术的变革过程都是有规律可循的,所有技术的创造与升级都是向最强大的功能发展的。于是阿奇苏勒和他的合作伙伴不断总结提炼，形成了其中重要的理论之一，即技术系统进化法则。阿奇苏勒技术系统进化法则的主要观点是技术系统的进化并非随机的，而是遵循着一定的客观的进化模式，所有的系统都是向"最终理想化"进化的，系统进化的模式可以在过去的专利发明中发现，并可以应用于新系统的开发，从而避免盲目的尝试和浪费时间。

阿奇苏勒的技术系统进化法则主要有八大进化法则，这些法则可以用来解决难题、预测技术系统，产生并加强创造性问题的解决工具。

4.2.1　技术系统的 S 曲线进化法则

阿奇苏勒通过对大量的发明专利的分析，发现产品的进化规律曲线呈 S 形。产品的进化过程是依靠设计者来推进的，如果没有引入新的技术，它将停留在当前的技术水平上，而新技术的引入将推动产品的进化。

S 曲线也可以认为是一条产品技术成熟度预测曲线。

图 4-1 所示为一条典型的 S 曲线。

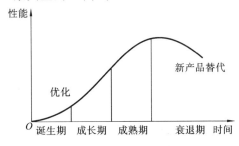

图 4.1　产品进化 S 曲线

S 曲线描述了一个技术系统的完整生命周期，图中的横轴代表时间，纵轴代表技术系统的某个重要的性能参数（39 个工程参数）。S 形曲线描述的是一个技术系统中诸项性能参数的发展变化规律。比如飞机这个技术系统，飞行速度、可靠性就是其重要性能参数，性能参数随时间的延续呈 S 形曲线。

每个技术系统的进化都是按照生物进化的模式进行的，一般经历以下两个阶段：诞生期、成长期、成熟期及衰退期。每个阶段都会呈现出不同的特点。

1. 技术系统的诞生期

当有一个新需求、而且满足这个需求有意义的两个条件同时出现时，一个新的技术系统就会诞生。新的技术系统一定会以一个更高水平的发明结果来呈现。处于诞生期的系统尽管能够提供新的功能，但该阶段的系统明显地处于初级阶段,存在着效率低、可靠性差或一些尚未解决的问题。由于人们对它的未来比较难以把握,而且风险较大,因此只有少数眼光独到者才会进行投资,处于此阶段的系统所能获得的人力、物力上的投入是非常有限的。

TRIZ 从性能参数、专利级别、专利数量、经济收益四个方面来描述技术系统在各个阶段所表现出来的特点,以帮助人们有效了解和判断一个产品或行业所处的阶段,从而制定有效的产品策略和企业发展战略。处于诞生期的系统所呈现的特征是:性能的完善非常缓慢,产生的专利级别很高,但专利数量较少,经济收益为负。

2. 技术系统的成长期(快速发展期)

进入发展期的技术系统,系统中原来存在的各种问题逐步得到解决,效率和产品可靠性得到较大程度的提升,其价值开始获得社会的广泛认可,发展潜力也开始显现,从而吸引了大量的人力、财力,大量资金的投入会推进技术系统的高速发展。

处于第二阶段的系统,性能得到急速提升,此阶段产生的专利级别开始下降,但专利数量出现上升。系统在此阶段的经济收益快速上升并凸显出来,这时候投资者会蜂拥而至,促进技术系统的快速完善。

3. 技术系统的成熟期

在获得大量资源的情况下,系统从成长期会快速进入第三阶段——成熟期,这时技术系统已经趋于完善,所进行的大部分工作只是系统的局部改进和完善。

处于成熟期的系统,性能水平达到最佳。这时仍会产生大量的专利,但专利级别会更低,此时需要警惕垃圾专利的大量产生,以有效使用专利费用。处于此阶段的产品已进入大批量生产,并获得巨额的财务收益,此时需要知道系统将很快进入下一个阶段——衰退期,需要着手布局下一代的产品,制定相应的企业发展战略,以保证本代产品淡出市场时,有新的产品来承担起企业发展的重担;否则,企业将面临较大的风险,业绩会出现大幅回落。

4. 技术系统的衰退期

成熟期后系统面临的是衰退期。此时技术系统已达到极限,不会再有新的突破,该系统因不再有需求的支撑而面临市场的淘汰。处于第四阶段的系统,其性能参数、专利等级、专利数量、经济收益四方面均呈现快速的下降趋势。

当一个技术系统进化至完成上述四个阶段以后,必然会出现一个新的技术系统来替代它,如此不断地替代,就形成了 S 形曲线族。

4.2.2 提高理想度法则

技术系统向增加其理想化水平的方向进化。最理想的技术系统应该是:并不存在物理实体,也不消耗任何资源,但是却能够实现所有必要的功能,即物理实体趋于零,功能无穷大,简单说,就是"功能俱全,结构消失"。技术系统的理想度法则包括以下四方面的含义。

(1) 一个系统在实现功能的同时,必然有两方面的作用:有用作用和有害作用。

(2) 理想度是指有用作用和有害作用的比值。

(3) 系统改进的一般方向是最大化理想度比值。

(4) 在建立和选择发明解法的同时,需要努力提升理想度水平。

也就是说,任何技术系统,在其生命周期之中,是沿着提高其理想度、向最理想系统的方向进化的,提高理想度法则代表着所有技术系统进化法则的最终方向。理想化是推动系统进化的主要动力。例如:手机的进化过程,第一部手机诞生于1973年,重800 g,功能仅为电话通信;现代手机重仅数十克,功能超过100种,包括通话、上网、闹钟、游戏、MP3、GPRS、录音、照相等。每个系统在执行职能的同时会产生有用效应和有害效应。

一般系统改进的方向是将理想度的比率最大化,通过创建并选择发明解决方案来努力提升理想度。有两种方法可以提高系统的理想度:其一是增加有用职能的数量或大小;其二是减少有害职能的成本、数量和大小。

提高理想度可以从以下四个方向来考虑:

(1) 增加系统的功能;

(2) 传输尽可能多的功能到工作元件上;

(3) 将一些系统功能移转到超系统或外部环境中;

(4) 充分利用内部或外部已存在的可利用资源。

技术系统的理想度法则是所有其他法则的基础,可以视为技术系统进化的最基本法则。而其他进化法则,则是揭示提供技术系统理想度的具体方法。而且,技术系统的理想度法则也是TRIZ解决矛盾问题时的一个关键思想。首先,理想化最终结果意味着,在技术系统中,每件事情或功能必须仅仅耗费系统内部已有的资源,自我实现;其次,在技术系统中,所需的操作,必须仅仅在必要的位置上和时间内进行。

4.2.3 子系统的不均衡进化法则

技术系统由多个实现各自功能的子系统(元件)组成,每个子系统及子系统间的进化都存在着不均衡。

（1）每个子系统都是沿着自己的 S 曲线进化的；

（2）不同的子系统将依据自己的时间进度进化；

（3）不同的子系统在不同的时间点到达自己的极限，这将导致子系统间矛盾的出现；

（4）系统中最先到达其极限的子系统将抑制整个系统的进化，系统的进化水平取决于此子系统；

（5）需要考虑系统的持续改进来消除矛盾。

掌握了子系统的不均衡进化法则，可以帮助我们及时发现并改进系统中最不理想的子系统，从而加快整个系统的进化速度。

通常设计人员容易犯的错误是花费精力专注于系统中已经比较理想的重要子系统，而忽略了"木桶效应"中的短板，结果导致系统的发展缓慢。比如，飞机设计中，曾经出现过单方面专注于飞机发动机，而轻视了空气动力学的制约影响，导致飞机整体性能的提升比较缓慢的情况。

4.2.4 动态性和可控性进化法则

动态性和可控性进化法则如下。

（1）增加系统的动态性，以更大的柔性和可移动性来获得功能的实现。

（2）增加系统的动态性要求增加可控性。

增加系统的动态性和可控性的路径很多，下面从四个方面进行陈述。

1. 向移动性增强的方向转化的路径

本路径的技术进化过程：固定的系统→可移动的系统→随意移动的系统。比如电话的进化：固定电话→子母机→手机。

2. 增加自由度的路径

本路径的技术进化过程：无动态的系统→结构上的系统可变性→微观级别的系统可变性。即刚性体→单铰链→多铰链→柔性体→气体/液体→场。比如，手机的进化：直板机→翻盖机；门锁的进化：挂锁→链条锁→密码锁→指纹锁。

3. 增加可控性的路径

本路径的技术进化过程：无控制的系统→直接控制→间接控制→反馈控制→自我调节控制的系统。比如城市街灯，为增加其控制，经历了以下进化路径：专人开关→定时控制→感光控制→光度分级调节控制。

4. 改变稳定度的路径

本路径的技术进化阶段:静态固定的系统→有多个固定状态的系统→动态固定系统→多变系统。

4.2.5 增加集成度再进行简化法则

技术系统趋向于首先向集成度增加的方向,紧接着再进行简化。比如先集成系统功能的数量和质量,然后用更简单的系统提供相同或更好的性能来进行替代。

1. 增加集成度的路径

本路径的技术进化阶段:创建功能中心→附加或辅助子系统加入→通过分割、向超系统转化或向复杂系统的转化来加强易于分解的程度。

2. 简化路径

本路径反映了下面的技术进化阶段:

(1) 通过选择实现辅助功能的最简单途径来进行初级简化;

(2) 通过组合实现相同或相近功能的元件来进行部分简化;

(3) 通过应用自然现象或"智能"物替代专用设备来进行整体的简化。

3. 单-双-多路径

本路径的技术进化阶段:单系统→双系统→多系统。

双系统包括:

(1) 单功能双系统　有同类双系统和轮换双系统,比如双叶片风扇和双头铅笔;

(2) 多功能双系统　有同类双系统和相反双系统,比如双色圆珠笔和带橡皮擦的铅笔;

(3) 局部简化双系统　比如具有长、短双焦距的相机;

(4) 完整简化的双系统　新的单系统。

多系统包括:

(1) 单功能多系统　有同类多系统和轮换多系统;

(2) 多功能多系统　有同类多系统和相反多系统;

(3) 局部简化多系统;

(4) 完整简化的多系统　新的单系统。

4. 子系统分离路径

当技术系统进化到极限时,实现某项功能的子系统会从系统中剥离出来,进入超系统,这样在此子系统功能得到加强的同时,也简化了原来的系统。比如，空中加油机就是从飞机中分离出来的子系统。

4.2.6 子系统协调性进化法则

在技术系统的进化中，子系统的匹配和不匹配交替出现，以改善性能或补偿不理想的作用。也就是说，技术系统的进化是沿着使各个子系统相互之间更协调的方向发展，系统的各个部件在保持协调的前提下，充分发挥各自的功能。

1. 匹配和不匹配元件的路径

本路径的技术进化阶段：不匹配元件的系统→匹配元件的系统→失谐元件的系统→动态匹配/失谐系统。

2. 调节的匹配和不匹配的路径

本路径的技术进化阶段：最小匹配/不匹配的系统→强制匹配/不匹配的系统→缓冲匹配/不匹配的系统→自匹配/自不匹配的系统。

3. 工具与工件匹配的路径

本路径的技术进化阶段：点作用→线作用→面作用→体作用。

4. 匹配制造过程中加工动作节拍的路径

本路径的技术进化阶段：

（1）工序中输送和加工动作的不协调；

（2）工序中输送和加工动作的协调，速度的匹配；

（3）工序中输送和加工动作的协调，速度的轮流匹配；

（4）将加工动作与输送动作独立开来。

4.2.7 向微观级和场的应用进化法则

技术系统趋向于从宏观系统向微观系统转化，在转化中，使用不同的能量场来获得更佳的性能或控制性。

1. 向微观级转化的路径

本路径的技术进化阶段：

（1）宏观级的系统；

（2）通常形状的多系统平面圆或薄片，条或杆，球体或球；

（3）来自高度分离成分的多系统（如粉末、颗粒等），次分子系统（如泡沫、凝胶体等）→化学相互作用下的分子系统、原子系统转化；

（4）具有场的系统。

2. 向具有高效场的路径转化

本路径的技术进化阶段：应用机械交互作用→应用热交互作用→应用分子

交互作用→应用化学交互作用→应用电子交互作用→应用磁交互作用→应用电磁交互作用和辐射。

3. 向增加场效率的路径转化

本路径的技术进化阶段：应用直接的场→应用有反方向的场→应用有相反方向的场的合成→应用交替场/振动/共振/驻波等→应用脉冲场→应用带梯度的场→应用不同场的组合作用。

4. 向系统分割的路径转化

本路径的技术进化阶段：固体或连续物体→有局部内势垒的物体→有完整势垒的物体→有部分间隔分割的物体→有长而窄连接的物体→用场连接零件的物体→零件间用结构连接的物体→零件间用程序连接的物体→零件间没有连接的物体。

4.2.8 减少人工介入的进化法则

系统的发展用来实现那些枯燥的功能，以解放人们去完成更具有智力性的工作。

1. 减少人工介入的一般路径

本路径的技术进化阶段：包含人工动作→替代人工但仍保留人工动作→用机器动作完全代替人工动作。

2. 在同一水平上减少人工介入的路径

本路径的技术进化阶段：包含人工动作→用执行机构替代人工→用能量传输机构替代人工→用能量源替代人工。

3. 不同水平间减少人工介入的路径

本路径的技术进化阶段：包含人工动作→用执行机构替代人工→在控制水平上替代人工→在决策水平上替代人工。

4.3 利用 TRIZ 解决问题的过程

TRIZ 方法论的主要思想是，对于一个具体问题，无法直接找到对应解，那么，先将此问题转换并表达为一个 TRIZ 的问题，然后利用 TRIZ 体系中的理论和工具方法获得 TRIZ 的通用解，最后将 TRIZ 通用解转化为具体问题的解,并在实际问题中加以实现,最终获得问题的解决。

应用 TRIZ 解决问题的一般流程如图 4.2 所示。首先要对一个实际问题进行仔细的分析并加以定义;然后根据 TRIZ 提供的方法,将所需解决的实际问题归纳为一个类似的 TRIZ 标准问题模型;接着,针对不同的标准解决方案模型,应用 TRIZ 已总结、归纳出的类似标准解决方法,找到对应的 TRIZ 标准解决方案模型;最后,将这些类似的解决方案模型,应用到具体的问题之中,演绎得到问题的最终解决方法。

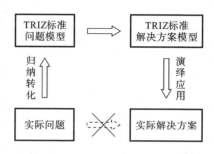

图 4.2　TRIZ 一般解题模式及流程

那么,如何将一个具体的问题转化并表达为一个 TRIZ 问题呢? TRIZ 的重要方法就是使用通用工程参数将各种矛盾进行标准化归类,用通用工程参数来进行问题的表述,通用工程参数是连接具体问题与 TRIZ 的桥梁。

4.3.1　阿奇苏勒的 39 个工程参数

阿奇苏勒通过对大量专利的详细研究,总结、提炼出了工程领域内常用的表述系统性能的 39 个通用工程参数。在问题的定义、分析过程中,选择 39 个工程参数中相适宜的参数来表述系统的性能,这样就将一个具体的问题用 TRIZ 的通用语言表述了出来。

39 个通用参数一般是物理、几何和技术性能的参数。尽管现在有很多对这些参数的补充研究,并将个数提高到了 50 多个,但在这里仍然只介绍这 39 个核心的参数。

39 个工程参数中常用到运动物体(moving objects)与静止物体(stationary objects)两个术语。运动物体是指自身或借助于外力可在一定的空间内运动的物体;静止物体是指自身或借助于外力都不能使其在空间内运动的物体。

39 个通用工程参数见表 4.1。

表 4.1 39 个通用工程参数

序号	名 称	序号	名 称
1	运动物体的质量	21	功率
2	静止物体的质量	22	能量损失
3	运动物体的长度	23	物质损失
4	静止物体的长度	24	信息损失
5	运动物体的面积	25	时间损失
6	静止物体的面积	26	物质或事物的数量
7	运动物体的体积	27	可靠性
8	静止物体的体积	28	测试精度
9	速度	29	制造精度
10	力	30	物体外部有害因素作用的敏感性
11	应力或压强	31	物体产生的有害因素
12	形状	32	可制造性
13	结构的稳定性	33	可操作性
14	强度	34	可维修性
15	运动物体作用时间	35	适应性及多用性
16	静止物体作用时间	36	装置的复杂性
17	温度	37	监控与测试的困难程度
18	光照度	38	自动化程度
19	运动物体的能量	39	生产率
20	静止物体的能量		

以下给出 39 个通用参数的含义。

(1) 运动物体的质量是指在重力场中运动物体受到的重力。如运动物体作用于其支承或悬挂装置上的力。

(2) 静止物体的质量是指在重力场中静止物体所受到的重力。如静止物体作用于其支承或悬挂装置上的力。

(3) 运动物体的长度是指运动物体的任意线性尺寸(不一定是最长的)。

(4) 静止物体的长度是指静止物体的任意线性尺寸(不一定是最长的)。

(5) 运动物体的面积是指运动物体内部或外部所具有的表面或部分表面

的面积。

(6) 静止物体的面积是指静止物体内部或外部所具有的表面或部分表面的面积。

(7) 运动物体的体积是指运动物体所占有的空间体积。

(8) 静止物体的体积是指静止物体所占有的空间体积。

(9) 速度是指物体的速度、或者过程、作用与完成过程、作用的时间之比。

(10) 力是指两个系统之间的相互作用。对于牛顿力学,力等于质量与加速度之积。在 TRIZ 中,力是试图改变物体状态的任何作用。

(11) 应力或压强是指单位面积上的作用力。

(12) 形状是指物体外部轮廓或系统的外貌。

(13) 结构的稳定性是指系统的完整性及系统组成部分之间的关系。磨损、化学分解及拆卸都会降低稳定性。

(14) 强度是指物体抵抗外力作用使之变化的能力。

(15) 运动物体作用时间是指运动物体具备其性能或完成规定动作的时间、服务期。两次误动作之间的时间也是作用时间的一种度量。

(16) 静止物体作用时间是指静止物体具备其性能或完成规定动作的时间、服务期。两次误动作之间的时间也是作用时间的一种度量。

(17) 温度是指物体或系统所处的热状态,包括其他热参数,如影响温度变化速率的热容量。

(18) 光照度是指单位面积上的光通量,系统的光照特性,如亮度、光线质量等。

(19) 运动物体的能量是指运动物体完成指定功能所需的能量,其中也包括超系统提供的能量。在经典力学中,能量等于力与距离的乘积。能量也包括电能、热能及核能等。

(20) 静止物体的能量指静止物体完成指定功能所需的能量,其中也包括超系统提供的能量。在经典力学中,能量等于力与距离的乘积。能量也包括电能、热能及核能等。

(21) 功率是指单位时间内所做的功,即利用能量的速度。

(22) 能量损失是指为了减少能量损失,需要不同的技术来改善能量的利用。

(23) 物质损失是指部分或全部、永久或临时的材料、部件或子系统等物质的损失。

(24) 信息损失是指部分或全部、永久或临时的数据损失,通常也包括气味、材质等感性数据。

(25)时间损失是指一项活动所延续的时间间隔。改进时间的损失指减少一项活动所花费的时间。

(26)物质或事物的数量是指材料、部件及子系统等的数量,它们可以被部分或全部、临时或永久地改变。

(27)可靠性是指系统在规定的方法及状态下完成规定功能的能力。

(28)测试精度是指系统特征的实测值与实际值之间的误差。减少误差将提高测试精度。

(29)制造精度是指系统或物体的实际性能与所需性能之间的误差。

(30)物体外部有害因素作用的敏感性是指物体对受外部或环境中的有害因素作用的敏感程度。

(31)物体产生的有害因素是指有害因素将降低物体或系统的效率,或完成功能的质量。这些有害因素是由物体或系统操作的一部分而产生的。

(32)可制造性是指物体或系统制造过程简单、方便的程度。

(33)可操作性是指要完成的操作应需要较少的操作者、较少的步骤以及使用尽可能简单的工具。一个操作的产出要尽可能多。

(34)可维修性是指对系统可能出现失误所进行的维修要时间短、方便和简单。

(35)适应性及多用性是指物体或系统响应外部变化的能力,或应用于不同条件下的能力。

(36)装置的复杂性是指系统中元件数目及多样性,如果用户也是系统中的元素将增加系统的复杂性。掌握系统的难易程度是其复杂性的一种度量。

(37)监控与测试的困难程度是指如果一个系统复杂、成本高、需要较长的时间建造及使用,或部件与部件之间关系复杂,都会使得系统的监控与测试困难。测试精度高,增加了测试的成本也是测试困难的一种标志。

(38)自动化程度是指系统或物体在无人操作的情况下完成任务的能力。自动化程度的最低级别是完全人工操作;最高级别是机器能自动感知所需的操作、自动编程和对操作自动监控;中等级别是需要人工编程,人工观察正在进行的操作、改变正在进行的操作及重新编程。

(39)生产率是指单位时间内所完成的功能或操作数。

为了应用方便,上述39个通用工程参数可分为如下三类。

物理及几何参数:(1)~(12),(17)~(18),(21)条。

技术负向参数:(15)~(16),(19)~(20),(22)~(26),(30)~(31)条。

技术正向参数:(13)~(14),(27)~(29),(32)~(39)条。

根据系统改进时的变化,参数可分为正向参数和负向参数两类:

正向参数(positive parameters)是指这些参数变大时,系统或子系统的性能变好。如子系统可制造性(第32条)指标越高,子系统制造成本就越低。

负向参数(negative parameters)是指这些参数变大时,系统或子系统的性能变差。如子系统为完成特定的功能所消耗的能量(第19、20条)越大,则设计越不合理。

正向参数和负向参数就构成了技术系统内部的矛盾,TRIZ就是要克服这些矛盾,从而推进系统向理想化方向发展。

4.3.2 阿奇苏勒矛盾矩阵

当技术系统的某一个参数得到改善的同时,会导致另一个参数发生恶化,这样就产生了技术矛盾。当任意两个参数产生矛盾时,则须化解该矛盾,可使用40个创新原理。阿奇苏勒在工程参数的矛盾与创新原理之间建立了对应关系,整理成矛盾矩阵表,以便使用者查找,这样大大提高了解决技术矛盾的效率。阿奇苏勒矛盾矩阵是对大量专利研究取得的成果。矩阵的构成自成体系。阿奇苏勒矛盾矩阵见表4.2。

表4.2 矛盾矩阵表

恶化参数名称		运动物体质量	静止物体质量	运动物体长度	静止物体长度	运动物体面积	静止物体面积	运动物体体积	静止物体体积	速度	…
改善参数名称	序号	1	2	3	4	5	6	7	8	9	
运动物体质量	1	+	—	15,8,29,34	—	27,17,38,34	—	29,2,4028	—	2,8,15,38	
静止物体质量	2	—	+	—	10,1,29,35	—	35,30,13,2	—	5,35,14,2		
运动物体长度	3	8,15,29,34	—	+	—	15,17,4	—	7,17,4,35	—	13,4,8	
静止物体长度	4		35,28,40,29	—	+	—	17,7,10,40	—	35,8,2,14		
运动物体面积	5	2,17,29,4	—	14,15,18,4	—	+	—	7,14,17,4	—	29,30,4,34	
静止物体面积	6		30,2,14,18	—	26,7,9,39	—	+	—			
运动物体体积	7	2,26,29,40	—	1,7,4,35	—	1,7,4,17	—	+	—	29,4,38,34	

续表

恶化参数名称		运动物体质量	静止物体质量	运动物体长度	静止物体长度	运动物体面积	静止物体面积	运动物体体积	静止物体体积	速度	…
静止物体体积	8	—	35,10,19,14	19,14	35,8,2,14	—			+		
速度	9	2,28,13,38	—	13,14,8	—	29,30,34	—	7,29,34	—	+	
力	10	8,1,37,18	18,13,1,28	17,19,9,36	28,10	19,10,15	1,18,36,37	15,9,12,37	2,36,18,37	13,28,15,12	
应力或压强	11	10,36,37,40	13,29,10,18	35,10,36	35,1,14,16	10,15,36,18	10,15,36,37	6,35,10	35,24	6,35,36	
形状	12	8,10,29,40	15,10,26,3	29,34,5,4	13,14,10,7	5,34,4,10		4,14,15,22	7,2,35	35,15,34,18	
结构稳定性	13	21,35,2,39	26,39,1,40	13,15,1,28	37	2,11,13	39	28,10,19,39	34,28,35,40	33,15,28,18	
强度	14	1,8,40,15	40,26,27,1	1,15,8,35	15,14,28,26	3,34,40,29	9,40,28	10,15,14,7	9,14,17,15	8,13,26,14	
运动物体作用时间	15	19,5,34,31	—	2,19,9	—	3,17,19	—	10,2,19,30		3,35,5	

45°对角线的方格,是同一名称工程参数所对应的方格(带+的方格),表示产生的矛盾是物理矛盾不是技术矛盾。下面举例说明阿奇苏勒矛盾矩阵的用法。

矛盾矩阵的第一、二列和第二、一行分别为39个通用工程参数的序号和名称。第二列是欲改善的参数,第一行是恶化的参数。39×39的工程参数从行、列两个维度构成矩阵的方格共1521个,其中1263个方格中,每个方格中有几个数字,这几个数字就是TRIZ所推荐的解决对应工程矛盾的发明原理的序号。

根据问题分析所确定的工程参数,包括欲改善的参数和欲恶化的参数,查找阿奇苏勒矛盾矩阵。假设欲改善的工程参数是加大"运动物体的重量",随之恶化的工程参数是"速度"的损失。

首先沿"改善的参数"箭头方向,从矩阵的第二列向下查找欲改善的参数所在的位置,得到"1 运动物体的重量";然后沿"恶化的参数"箭头方向,从矩阵的第一行向右查找被恶化的参数所在的位置,得到"9 速度";最后,以改善的工程参数所在的行和恶化的工程参数所在的列,对应到矩阵表中的方格中,方格中有系列数字,这些数字就是建议解决此对工程矛盾的发明原理的序号,这4个序号分别是:2,8,15,38。这些序号就是40个发明原理的序号,对应到40个发明原理:2——抽取;8——配重;15——动态化;38——加速氧化。

应用矛盾矩阵解决工程矛盾时,建议遵循以下16个步骤来进行。

(1) 确定技术系统的名称。

(2) 确定技术系统的主要功能。

(3) 对技术系统进行详细的分解。划分系统的级别,列出超系统、系统、子系统各级别的零部件,各种辅助功能。

(4) 对技术系统、关键子系统、零部件之间的相互依赖关系和作用进行描述。

(5) 定位问题所在的系统和子系统,对问题进行准确的描述。避免对整个产品或系统作笼统的描述,以具体到零部件级为佳,建议使用"主语+谓语+宾语"的工程描述方式,定语修饰词尽可能少。

(6) 确定技术系统应改善的特性。

(7) 确定并筛选待设计系统被恶化的特性。因为,提升欲改善某一特性的同时,必然会带来其他一个或多个特性的恶化,对应筛选并确定这些恶化的特性。因为恶化的参数属于尚未发生的,所以确定起来需要"大胆设想,小心求证"。

(8) 将以上两个步骤所确定的参数,对应39个通用工程参数进行重新描述。工程参数的定义描述是一项难度颇大的工作,不仅需要对39个工程参数的充分理解,更需要丰富的专业技术知识。

(9) 对工程参数的矛盾进行描述。欲改善的工程参数与随之被恶化的工程参数之间存在矛盾。如果所确定的矛盾的工程参数是同一参数,则属于物理矛盾。

(10) 对矛盾进行反向描述。假如降低一个被恶化的参数的程度,欲改善的参数的改善程度将被削弱,或另一个恶化的参数将被改善。

(11) 查找阿奇苏勒矛盾矩阵表,得到阿奇苏勒矛盾矩阵所推荐的发明原理序号。

(12) 按照序号查找发明原理汇总表,得到发明原理的名称。

(13) 按照发明原理的名称,对应查找40个发明原理的详解。

(14) 将所推荐的发明原理逐个应用到具体的问题上,探讨每个原理在具体问题上如何应用和实现。

(15) 如果所查找到的发明原理都不适用于具体的问题,需要重新定义工程参数和矛盾,再次应用和查找矛盾矩阵。

(16) 筛选出最理想的解决方案,进入产品的方案设计阶段。

解决技术矛盾的一般求解模式如图 4.3 所示。首先将一个通俗语言描述的待解决问题,转化为 39 个通用工程参数描述的技术矛盾。然后,利用矛盾矩阵,找到针对问题的创新原理,依据这些推荐创新原理启发,经过演绎与具体化,探讨每个原理在具体问题上如何应用与实现,最终找到具体实际问题的一些可行方案。如果所查到的创新原理不能很好地解决具体的问题,可重新定义工程参数和矛盾,再次应用和查找矛盾矩阵。直到选出最理想的解决方案为止。

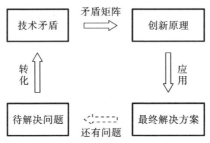

图 4.3 求解技术矛盾的模式

4.4 矛盾与矛盾的解决

所有运行某个功能的事物均可称为技术系统。当一个技术系统出现问题时,其表现形式多种多样,解决问题的手段也多种多样,关键是要区分技术系统的问题属性和产生问题的根源。根据问题所表现出来的参数属性、结构属性和资源属性,TRIZ 的问题模型共有四种形式:技术矛盾、物理矛盾、物-场模型和 HOW TO 模型。如表 4.3 所示。

表 4.3 技术系统问题的问题模型和解决问题模型

技术系统 问题属性	问题根源	问题模型	解决问题工具	解决方案模型
参数属性	技术系统中两个参数之间存在着相互制约	技术矛盾	矛盾矩阵	创新原理
参数属性	一个参数无法满足系统内相互排斥的需求	物理矛盾	分离原理	创新原理

续表

技术系统问题属性	问题根源	问题模型	解决问题工具	解决方案模型
结构属性	实现技术系统功能的某机构要素出现问题	物-场模型	标准解系统	标准解
资源属性	寻找实现技术系统功能的方法与科学原理	HOW TO 模型	知识库与效应库	方法与效应

矛盾是指两个或更多陈述、想法和行为之间的不一致。在逻辑中,矛盾被更加特殊地定义为同时断言一个陈述和它的否定。系统的发展是从一个矛盾到另一个矛盾的过程。在技术系统中,矛盾就是反映相互作用的因素之间在功能特性上具有不相容要求或对同一功能特性具有不相容(相反)要求的系统冲突模型。TRIZ 认为,发明问题的核心是解决矛盾,未解决矛盾的设计不是创新设计。产品进化过程就是不断解决产品所存在矛盾的过程,一个矛盾解决后,产品进化过程处于停顿状态;之后解决另一个矛盾,使产品移到一个新的状态。设计人员在设计过程中不断地发现问题并解决矛盾,这是推动其向理想化方向进化的动力。

1. 技术矛盾和创新原理

技术矛盾是指一个作用同时导致有用及有害两种结果,也可指有用作用的引入或有害作用的消除导致一个或几个子系统变坏。技术矛盾常表现为一个系统中两个子系统之间的矛盾。

技术矛盾出现的几种情况:① 在一个子系统中引入一种有用功能,导致另一个子系统产生有害功能,或加强了一种已存在的有害功能;② 消除一种有害功能导致另一个子系统有用功能变坏;③ 有用功能的加强或有害功能的减少使另一个子系统或系统变得复杂。

定义技术矛盾的步骤如下。

(1) 问题是什么? 在因果分析链中找到问题入手点。

(2) 现在有什么方法解决? 目前的解决方法改进了什么参数?

(3) 上述的方法有什么缺点? 此方法导致什么参数恶化?

TRIZ 将导致技术矛盾的因素总结成 39 个通用工程参数,建立矛盾矩阵表,提供了 40 个解决技术矛盾的创新原理。把实际问题转化为技术矛盾之后,利用矩阵矛盾,可以得到推荐的解决所定义的技术矛盾的创新原理。以这些作为创新原理作为依据,根据总结归纳的类似问题的类似的标准解决方法,将这些类似的标准解决方法,应用到实际问题之中,就容易找到针对实际问题的一些可行方案。

2. 物理矛盾和分离原理

在 TRIZ 中,物理矛盾是指对技术系统的同一个参数有相互排斥、甚至截然相反的需求。物理矛盾是技术系统中常见的矛盾,是同一系统同一参数内的矛盾。例如:系统要求温度既要升高,也要降低;质量既要增大,也要减小;缝隙既要窄,也要宽等。这种矛盾的说法看起来也许会觉得荒唐,但事实上在多数工作中都存在这样的矛盾。例如,现在手机制造要求整体体积设计得越小越好,便于携带,同时又要求显示屏和键盘设计得越大越好,便于观看和操作,所以手机的体积设计具有大、小两个方面的趋势,这就是手机设计的物理矛盾。

解决物理矛盾的核心是实现矛盾双方的分离。40 个创新原理中的分离原理可以用来解决物理矛盾。分离原理的主要内容就是将矛盾双方分离,并将其分别构成不同的技术系统,以系统与系统之间的联系代替内部联系,从而将内部矛盾外部化。TRIZ 对解决物理矛盾的方法进行了总结归纳,提出了四类分离原理来解决物理矛盾:空间分离原理;时间分离原理;条件分离原理;整体与局部分离原理。

3. 物-场模型与标准解

顾客购买产品的时候,购买的不是产品本身,而是产品的功能。产品是功能的载体,功能是产品的核心和本质。物-场分析方法建立在产品的功能基础分析上,通过建立现有产品的功能模型的过程,发现有害作用、不足作用及过剩作用等问题。

阿奇苏勒通过对功能的研究,发现并总结出了以下三条定律:

(1) 所有的功能都可以分解为三个基本元素(S1、S2、F);

(2) 一个存在的功能必定由三个基本元素组成;

(3) 将相互作用的三个元素进行有机组合,将形成一个功能。

系统的作用就是实现某种功能,阿奇苏勒认为,所有的功能都可以分解为两种物质和一种场,即三要素(工件、工具和场)。技术系统的功能模型可以用一个完整的物-场(substance-field)三角形来表示。这种由两个物和一个场组成的与已存在的系统或技术系统问题相关联的功能模型称为物-场模型。

TRIZ 中,常见的物-场模型有四种类型:

(1) 有效完整模型;

(2) 不完整模型;

(3) 有害效应的完整模型;

(4) 效应不足的完整模型。

第一种模型是我们追求的目标,针对另外三种模型,TRIZ 提出来物-场模型的 76 种标准解法。根据这些标准解法,结合问题的实际情况,灵活、综合应用,可以有效地解决问题。

4. HOW TO 模型与知识库和效应库

HOW TO 模型是指通过构建系统的抽象功能模型,明确系统所处的生命周期阶段,系统的组成部分及相互作用。用功能模型全面地描述和理解系统。HOW TO 模型的解法是查询知识库与科学原理效应库,寻找实现技术系统功能的方法与科学原理。HOW TO 模型容易定义,但是受知识库的限制,会出现查询不到解决方案的情况。

对于一些情况复杂、矛盾及其相关部件不明确的技术问题,难以直接用以上工具解决,TRIZ 提供了一个解决问题的算法——发明问题解决算法(ARIZ)。ARIZ 是为复杂问题提供简单化解决方法的逻辑结构化过程,是 TRIZ 的核心分析工具。

4.5 TRIZ 技术冲突的解决原理

阿奇苏勒对大量的专利进行了研究、阐述和总结,提炼出了 TRIZ 中最重要的、具有广泛用途的 40 条技术冲突的解决原理,实践证明,这些原理对于指导设计人员的发明创造具有重要的作用。本节将分别对各个技术冲突的解决原理进行详细的介绍,并列举一些工程实例。下面介绍 40 条技术冲突的解决原理与工程实例,大部分创新原理包括几种具体的方法,见表 4.4。

表 4.4 解决原理

序号	原理名称	说明	示例
1	分割	(1) 将一个物体分成相互独立的部分; (2) 使物体分成容易组装或拆卸的部分; (3) 提高物体的可分性	(1) 卡车加拖车代替载重大的卡车; (2) 将花园浇花用的软管用快速接头连接到所需要的长度;组合家具; (3) 挖掘机铲斗的唇缘设计成可分割的几部分,活字印刷,用百叶窗代替整体窗帘

续表

序号	原理名称	说　明	示　例
2	抽取	(1) 从物体中抽出产生负面影响的部分或属性； (2) 仅抽出物体中必要的部分或属性	(1) 空气压缩机工作,将其产生噪声的部分即压缩机移到室外； (2) 用电子狗代替真狗充当警卫,以减少伤人事件的发生并减少环境污染；用光纤或光波导分离主光源,以增加照明点
3	局部质量	(1) 将物体、环境或外部作用的均匀结构变成不均匀结构； (2) 使组成物体的不同部分完成不同的功能； (3) 使组成物体的每一部分都最大限度地发挥作用	(1) 用变化中的压力、温度或密度代替常定的压力、温度或密度,带奶油和水果的生日蛋糕； (2) 餐盒被分成放热食、冷食、饮料等各个不同的空间,瑞士军刀(带多种常用工具,如螺丝刀、启瓶器、小刀、剪刀等)； (3) 带有起钉器的榔头,安排举止文雅且谈吐利落的人员负责接待工作
4	增加不对称	(1) 将物体的形状由对称变为不对称； (2) 如果物体是不对称的,则增加其不对称程度	(1) 不对称搅拌容器,或对称容器不对称叶片,电插头的接地棒,将O型密封圈的截面由圆形改为椭圆形； (2) 建筑上采用多重坡屋顶增强防水保温性
5	组合	(1) 在空间上将形状相同的物体或相关操作加以组合； (2) 在时间上将相同或相关操作进行合并	(1) 集成电路板上的多个电子芯片,并行计算机的多个CPU； (2) 冷热水混水器
6	多用性	(1) 使一个物体具备多项功能； (2) 消除该功能在其他物体内存在的必要性(进而裁剪其他物体)	(1) 可移动的儿童安全座椅； (2) 万能视频播放器,裁剪掉其他的只支持单一文件格式的视频播放器
7	嵌套	(1) 一个物体嵌入另一物体,然后将这两个物体嵌入第三个物体,依此类推； (2) 一个物体通过另一个物体的空腔	(1) 俄罗斯套娃,汽车安全带； (2) 伸缩式天线,伸缩变焦镜头

续表

序号	原理名称	说　明	示　例
8	重量补偿	（1）将某一个物体与另一能提供升力的物体组合，以补偿其重量； （2）通过环境的相互作用，实现物体的重量补偿	（1）游泳救生圈，为补偿其重量，用氢气球悬挂广告牌； （2）直升机的螺旋桨，轮船承重千吨的浮力
9	预先反作用	（1）事先施加反力，以抵消工作状态下不期望的过大应力； （2）如果问题定义中需要某种相互作用，那么事先施加反作用力	（1）在溶液中加入缓冲剂来防止pH值过高； （2）给钟表上弦
10	预先作用	（1）预先对物体的全部或部分施加必要的改变； （2）预先安置物体，使其在最方便的位置开始发挥作用而不浪费运送时间	（1）手术前将手术器具按所用顺序排列整齐；用不干胶粘贴； （2）在停车场安置预付费系统，建筑内通道里安置的灭火器
11	事先防反	采用实现准备好的应急措施，补偿物体相对较低的可靠性	降落伞的备用包，航天飞机的备用输氧装置
12	等势	改变操作条件，以减少将物体提升或下降的需要	超市内搬运货物的叉车，工厂中与操作台同高的传送带
13	反向作用	（1）用相反的动作代替问题定义中所规定的动作； （2）让物体或环境可动部分不动、不可动部分可动； （3）将物体的上下或者内外颠倒	（1）定子和转子反向转动的电动机； （2）健身器材中的跑步机，加工中心中变工具旋转为工件旋转； （3）通过翻转容器倒出谷物
14	曲面化	（1）将物体的直线、平面部分用曲线、球面代替，变平行六面体或者立方体结构为球形结构； （2）使用滚筒、球、螺旋结构； （3）改直线运动为螺旋运动，应用离心力	（1）在两个表面间引入圆倒角来减少应力集中，在建筑物中采用拱形或圆屋顶来增强强度； （2）千斤顶中使用螺旋机构可产生很大的升举力；圆珠笔和钢笔的球形笔尖，使书写流畅； （3）洗衣机中的离心甩干机

续表

序号	原理名称	说　　明	示　　例
15	动态特性	（1）调整物体或环境的性能，使其在工作的各阶段达到优化状态； （2）分割物体，使其元件之间可以改变相对位置； （3）如果一个物体是静止的，使之变为运动的或可改变的	（1）可调整座椅，可调整反光镜，飞机中的自动导航系统； （2）折叠椅，活动扳手； （3）在医疗检查中使用柔性肠镜，可弯曲的饮用麦管
16	未达到或过度作用	如果所期望的效果难以百分之百实现，稍微超过或稍微小于期望效果，会使问题大大简化	印刷时，喷过多的油墨，然后再去掉多余的，使字迹更清晰；在孔中填充过多的石膏，然后打磨平滑
17	空间维数变化	（1）将物体一维运动变为二维平面运动，以克服一维直线运动或定位的困难；或过渡到三维空间运动以消除物体在二维平面运动或定位的问题； （2）单层排列的物体变为多层排列； （3）将物体倾斜或侧向放置； （4）利用给定表面的反面； （5）利用照射到邻近表面或物体背面的光线	（1）螺旋楼梯，多轴联动数控机床； （2）立交桥，印刷电路板的双层芯片； （3）自动垃圾卸载车； （4）双面的地毯，两面穿的衣服，双面胶； （5）苹果树下安反射镜
18	机械振动	（1）使物体处于振动状态； （2）如果已处于振动状态，提高振动频率（直至超声振动）； （3）利用共振频率； （4）用压电振动代替机械振动； （5）超声波振动和电磁场耦合	（1）电动振动剃须刀，选矿机械振动筛； （2）超声波清洗，振动送料器； （3）超声波碎石机击碎胆结石； （4）高精度时钟使用石英振动机芯； （5）超声波振动和电磁场共同使用，在电熔炉中混合金属，使混合均匀；电磁场超声波驱动器，同时利用电磁场和超声波

续表

序号	原理名称	说　明	示　例
19	周期性作用	(1) 用周期性动作或脉冲动作代替连续动作； (2) 如果周期性动作正在进行，改变其运动频率； (3) 在脉冲周期中利用暂停来执行另一有用动作	(1) 警车所用警笛改为周期性鸣叫，避免产生刺耳的声音，汽车雨刷器； (2) 用频率调音代替摩尔电码，使用AM(调幅)、FM(调频)、PWM(脉宽调制)来传输信息； (3) 医用的呼吸机系统为每五次胸廓运动进行一次心肺呼吸，乐队中的鼓点
20	有效作用的连续性	(1) 物体的各个部分同时满载持续工作，以提供持续可靠的性能； (2) 消除空闲和间歇性动作	(1) 汽车在路口停车时，飞轮储存能量，以便汽车随时启动，按时交纳手机费； (2) 后台打印，不耽误前台工作，工厂倒班制度
21	减少有害作用的时间	将危险或有害的流程或步骤在高速下进行	照相用闪光灯，X光透视，用紫外线杀灭细菌
22	变害为利	(1) 利用有害的因素(特别是环境中的有害效应)，得到有益的结果； (2) 将两个有害的因素相结合进而消除它们； (3) 增大有害因素的幅度直至有害性消失	(1) 废热发电，回收废物二次利用，如再生纸； (2) 潜水中用氮氧混合气体，以避免单用氧气造成昏迷或中毒，中医以毒攻毒； (3) 森林灭火时用逆火灭火(在森林灭火时，为熄灭或控制即将到来的野火蔓延，燃起另一堆火将即将到来的野火的通道区域烧光)
23	反馈	(1) 在系统中引入反馈； (2) 如果已引入反馈，改变其大小或作用	(1) 声控喷泉，自动导航系统，电饭煲； (2) 在5 km航程范围内，改变导航系数的敏感区域，自动调温器的负反馈装置
24	借助中介物	(1) 使用中介物实现所需动作； (2) 把一物体与另一容易去除的物体暂时结合	(1) 用镊子夹取细小零件，由机器人去从事需要对放射性物质进行操作的工作； (2) 饭店用托盘上菜

续表

序号	原理名称	说　明	示　例
25	自服务	(1) 物体通过执行辅助或维护功能为自身服务； (2) 利用废弃的能量与物质	(1) 自清洗烤箱,自助饮水机,自动取款机(ATM)； (2) 再生纸,利用发电过程中产生的热能取暖
26	复制	(1) 用简单、廉价的复制品代替复杂、昂贵、不方便、易损、不易获得的物体； (2) 用光学复制品(图像)代替实物或实物系统,可以按一定比例放大或缩小图像； (3) 如果已使用了可见光复制品,用红外光或紫外光复制品代替	(1) 虚拟现实系统,如虚拟训练飞行员系统,看电视直播,而不到现场； (2) 用卫星相片代替实地考察,通过图片测量实物尺寸； (3) 利用紫外光诱杀蚊蝇
27	廉价替代品	用若干便宜的物体代替昂贵的物体,同时降低某些质量要求(例如工作寿命)	用一次性的物品,如一次性的餐具,婴儿纸尿裤
28	机械系统替代	(1) 用视觉系统、听觉系统、味觉系统或嗅觉系统代替机械系统； (2) 使用与物体相互作用的电场、磁场、电磁场； (3) 用运动场代替静止场,时变场代替恒定场,结构化场代替非结构化场； (4) 利用带铁磁粒子的场作用	(1) 用声音栅栏代替实物栅栏(如光电传感器控制小动物进出房间),在煤气中掺入难闻气体,警告使用者气体泄漏(替代机械或电子传感器)； (2) 为混合两种粉末,用电磁场代替机械震动使粉末混合均匀,静电除尘； (3) 早期的通信系统用全方位检测,现在用特定发射方式的天线检测； (4) 用不同的磁场加热含磁粒子的物质,当温度达到一定程度时,物质变成顺磁,不再吸收热量,来达到恒温的目的
29	气动与液压结构	将物体的固体部分用气体或流体代替,如充气结构、充液结构、气垫、液体静力结构和流体动力结构等	气垫运动鞋,减少运动对足底的冲击,汽车减速时液压系统储存能量,在汽车加速时再释放能量,运输易损物品时,经常使用发泡材料保护

续表

序号	原理名称	说　　明	示　　例
30	柔性壳体或薄膜	(1) 使用柔性壳体或薄膜代替标准结构； (2) 使用柔性壳体或薄膜，将物体与环境隔离	(1) 在网球场地上采用充气薄膜结构作为冬季保护措施，农业上使用塑料大棚种菜； (2) 用薄膜将水和油分别储藏，塑料浴罩
31	多孔材料	(1) 使物体变为多孔或加入多孔物体（如多孔嵌入物或覆盖物）； (2) 如果物体是多孔结构，在小孔中事先引入某种物质	(1) 为减轻物体重量，在物体上钻孔，或使用多孔性材料，如孔板式齿轮、带轮、纱窗、蚊帐； (2) 用海绵储存液态氮，印台盒里存储印油的材料，药棉
32	改变颜色	(1) 改变物体或环境的颜色； (2) 改变物体或环境的透明度； (3) 为了观察难以看到的物体和过程，在物体中添加颜色； (4) 如果已经添加了颜色，则考虑增强发光追踪或原子标记	(1) 在暗室中使用安全灯，做警戒色； (2) 感光玻璃，随光线改变其透明度，透明绷带不必取掉即可观察伤情； (3) 紫外光笔可鉴定真、伪钞； (4) 在太阳能电池上使用抛物面镜来提高能量收集效率
33	均质性	存在相互作用的物体用相同材料或特性相近的材料	制成方便面的料包外包装用可食性材料制造；用金刚石切割钻石，切割产生的粉末可以回收
34	抛弃与再生	(1) 采用溶解、蒸发等手段抛弃已完成功能的零部件，或在系统运行过程中直接修改它们； (2) 在工作过程中迅速补充系统或物体中消耗的部分	(1) 可溶性的药物胶囊；火箭助推器在完成其作用后立即分离； (2) 草坪剪草机的自锐系统；自动铅笔
35	改变物理或化学参数	(1) 改变聚集态（物态）； (2) 改变浓度或密度； (3) 改变柔度； (4) 改变温度	(1) 酒心巧克力，先将酒心冷冻，然后将其热巧克力中蘸一下，用液态运输石油气，不用气态运输以减少体积和成本； (2) 用液态的肥皂水代替固体肥皂，定量控制使用，减少浪费，压缩饼干； (3) 硫化橡胶改变了橡胶的柔性和耐用性； (4) 提高烹饪食品的温度（改变食品的色、香、味），降低医用标本保存温度，以备后期解剖

续表

序号	原理名称	说 明	示 例
36	状态变化	利用物质相变时产生的某种效应,如体积改变、吸热或放热	水在固态时体积膨胀,可利用这一特性进行定向无声爆破
37	热膨胀	(1) 使用热膨胀或热收缩材料装配； (2) 组合使用不同膨胀系数的几种材料	(1) 装配过盈配合的轴和孔； (2) 热敏开关
38	强氧化剂	(1) 用富氧空气代替普通空气； (2) 用纯氧代替空气； (3) 将空气或氧气进行电离辐射； (4) 用臭氧代替含臭氧氧气或离子化氧气	(1) 为持久在水下呼吸,水中呼吸器中储存浓缩空气； (2) 用高压纯氧杀灭伤口厌氧细菌； (3) 空气过滤器通过电离空气来捕获污染物； (4) 用臭氧溶于水可去除船体上的多种有机或无机污染物、有毒物
39	惰性环境	(1) 用惰性环境代替通常环境； (2) 使用真空环境	(1) 用氩气等惰性气体填充灯泡,做成霓虹灯,在音响中合理敷设泡沫材料,以吸收不良振动,确保高保真效果； (2) 真空包装食品；真空镀膜机
40	复合材料	用复合材料代替均质材料	飞机外壳材料用复合材料代替,用玻璃纤维制成的冲浪板,更加易于控制运动方向,更加易于制成各种形状

第5章 机械运动方案设计与创新

5.1 机械产品的开发过程

　　机械产品的开发是指为人类认识自然、改造自然提供必要工具的过程。一般分为原产品开发(根据机械产品功能要求和制约条件制造出全新产品的过程)、适应性开发(根据技术的发展和用户要求,对产品结构和性能进行升级换代,使之满足新的附加需求的过程)和系列化开发(不改变机械的工作原理和主要结构形状,仅改变结构尺寸的产品开发过程)。不同国家、不同企业、不同类型的机械,其产品的开发过程不尽相同,但大致分为产品规划阶段、原理方案设计阶段、结构方案设计阶段、总体设计阶段、施工设计阶段和试制、生产、销售与维护阶段,如图5.1所示。

　　为应对激烈的市场竞争,企业必须在产品开发过程中不断创新,快速地、高效地制造出物美价廉、市场认同度高的产品,因此,成功的产品开发应具有如下特点:① 新颖独创,具有自主的专有技术;② 产品的设计、制造和使用成本低;③ 质量高;④ 产品开发周期短;⑤ 绿色环保。

　　近年来,产品开发领域的支撑技术日渐成熟,出现各种各样的支撑软件(如Pro/E、UG等),它们在设计、制造自动化方面所起的作用是显而易见的。为了进一步提升产品的核心竞争力,新的产品设计方法的研究与应用成为产品创新成败的关键之一。

　　众所周知,产品设计成本仅占产品制造成本的5%左右,但对制造成本的影响却达到70%左右。因此,产品设计在产品开发过程中的重要性是不言而喻的。产品开发过程始于产品设计活动,而产品设计活动又始于原理方案设计。由于机械产品的主要活动是物料的处理,因此机械运动方案设计成为这类产品原理方案设计的核心问题。

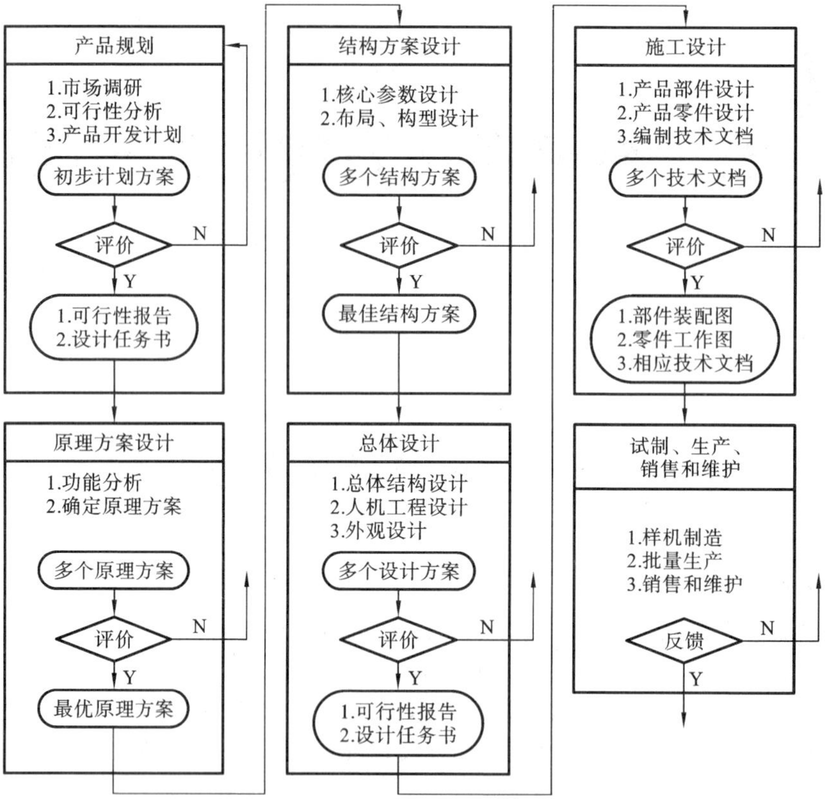

图 5.1　机械产品开发过程的一般模式

5.2　功能分析与设计

机械运动方案设计的一般过程是根据设计任务书的要求首先完成功能分析,然后寻找实现功能的技术手段,最后对技术手段进行评价,选择最优技术手段进一步实施。由此可见,功能分析与设计是运动方案设计的核心问题之一。

5.2.1　功能

1. 功能的概念

20 世纪 40 年代,美国通用电气公司的工程师迈尔斯首先提出了功能

(function)的概念,并指出"用户购买的不是产品本身,而是它的功能"。由此可见,功能在设计过程中起着举足轻重的作用,体现了设计者的设计意图和所设计产品的物理行为。但到目前为止,还没有清晰、统一、客观地被大家广泛接受的定义。从系统论的观点来看,功能是系统的输入和输出间的关系。从性能的观点来看,功能是物理行为的抽象。此处以系统论观点作为功能的定义。

2. 功能的分类

功能的分类方式众多,下面简单介绍之。

1) 按功能的使用场合分类

功能是设计人员和他人联系的纽带,在不同的使用场合,功能被赋予不同的名称。在概念设计阶段,功能是设计需求的抽象表达,此时称为设计功能。在细节设计阶段,功能又被细化为制造功能、装配功能、维护功能等。

2) 按机械系统的组成分类

虽然现代机械系统结构复杂,但仔细分析发现,机械系统不外乎是由驱动功能、传动功能、执行功能、操纵与控制功能和辅助功能组成,各部分有机集成,协调工作,完美完成预定的任务或目标。

3) 按物理作用分类

(1) 转变-复原　如热能转变为机械能的能量形式转变,电信号转换为机械信号的信号转变,以及物料特性(如物态的转变、形状的变化等)的转变等。

(2) 混合-分离　如水与能量混合为具有压力的水,用于各种液体增压装置(如水泵);洗衣过程的水与衣物的分离,用于洗衣机的甩干,等等。

(3) 放大-缩小　如传动机构的转速和转矩的增减,等等。

(4) 传导-中断　如离合器、电器开关和管道的阀等用来实现工作过程的控制的操作。

(5) 接合-分离　如制动器、切削机床等用来实现工作过程的控制的操作。

(6) 存储-取出　如飞轮、弹簧、电池、容器、磁盘等用来实现能量、物料和信号的存取过程的操作。

4) 按机构实现的基本功能分类

(1) 变换运动方向　运动方向通常分为输入/输出轴间平行、相交、交错的运动,实现运动方向变换的机构有圆柱齿轮、锥齿轮、蜗杆蜗轮等机构。

(2) 变换运动形式　运动形式通常分为转动、单双向往复移动、单双向摆动等。如曲柄滑块机构、曲柄摇杆机构、齿轮齿条等。

(3) 变换运动速度　实现减速、增速等　如各种各样的减(增)速器。

(4) 实现给定的位置　如实现两连架杆的对应位置的热处理炉的料门启

闭装置等。

（5）实现给定的轨迹　如利用连杆的特殊轨迹的振动筛等。

（6）其他特殊功能　如急回、自锁、增力、增程、运动合成与分解等。

5）按功能分解层次分类

依据功能所处层次，功能分为总功能、子功能和功能元。总功能是设计意图或目的的抽象描述，如洗衣机的总功能是洁净衣物。由于总功能过于抽象，不易寻找其实现方式，通常将其进一步细化为两个以上的更低层次的分功能，依靠分功能的协调配合实现总功能；若各分功能的实现方式仍难寻找，进一步分解直至具有具体实现方式的功能元（它是不能再细分的基本功能单位）。因此，总功能抽象度最高，子功能抽象度次之，功能元抽象度最低。

3. 功能的表达

功能是产品设计的依据，如何表达功能是产品创新的关键。表达过于具体，则会束缚设计者的思维，不易创新。如洗衣机的功能若表达为"用搓洗方式实现污物与衣物的分离"，则会囿于搓洗方式的设计思维，而漏掉"捣洗、搅洗、振洗、溶洗"等方式，最终导致洗衣机结构复杂，甚至陷入难以实现的尴尬境地。因此，功能表达的基本要求是尽可能抽象，以利于开阔设计思路。当前，功能的通用表达方法为"动词＋名词"，如水泵的功能表达为"转变能量"，核桃取仁机的功能表达为"分离核桃仁和壳"。

5.2.2　功能分解

众所周知，一个完整的系统由各子系统组成，子系统又由众多元件组成，各部分具有不同的功能，分别定义为总功能、子功能和功能元，这些功能之间的关系是什么？如何描述？这类问题成为机械系统方案设计的关键。

如前所述，为了方便地求得功能解，需将抽象度很高的总功能分解为子功能，乃至功能元。为了清楚地表达各级功能之间的逻辑和因果关系，以便为进一步设计提供充足的信息，通常将功能用结构框图表示，称为功能结构图。功能结构图可表示为树状结构，称为功能树，如图 5.2 所示；也可表示串联、并联和环形结构，如图 5.3 所示。在功能树中，功能间也存在串联（总功能；子功能 1；子功能 1,m 间）、并联（子功能 1，子功能 2，…，子功能 n 间）和环路（子功能 1,m；子功能 3,2 间）三种关系，分别表示了具体实现时各功能部分间信息传递和信息影响，供设计时综合考虑。

功能分解的过程实际就是对机械产品不断认识的过程，同时也是机械产品不断创新的过程。总功能不断分解得到众多分功能，分功能深入分析又可拓展

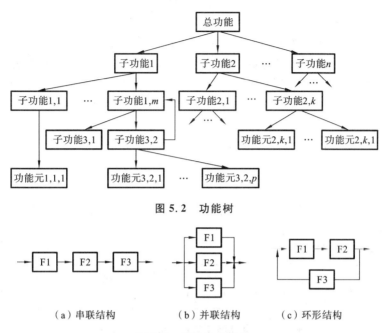

图 5.2 功能树

图 5.3 其他功能结构
（a）串联结构　（b）并联结构　（c）环形结构

出新的分功能,直至分解到功能元后获得问题的解,这一过程要尽量突破各种思维定势的限制,拓宽思路,取得创新。

5.2.3 功能结构图的构建要求与实例

进行功能分解时,无论是分解到适当层次的分功能处还是一直分解到不能再分的功能元,均应满足如下几个方面的要求。

1. 功能独立性要求

为保证功能求解顺利,功能分解时应坚持各分功能间"相互独立"和"功能冗余最小"的原则。

2. 功能分解粒度

功能分解粒度要视具体情况而定。当待研究系统比较简单时,可将总功能一直分解到功能元。当待研究系统较复杂时,可先将总功能分解为一定层次的子功能,然后进行子功能研究。若有些子功能已经有定型化产品,则不需进一步分解,直接作为该子功能的解;否则,重点完成子功能的分解。

3. 功能简单性要求

功能结构图应尽可能简单,尽量减少功能间的复杂关系,以便于寻找分功能的解或载体。

4. 明确区分开发性设计和适应性设计的分解方法

开发性设计没有参考对象,只能按设计基本要求出发,通过功能分解逐步构造出功能结构图。适应性设计仅对产品作部分修改,因此,应首先构建现有产品的功能树,然后对其进行功能变异(如对功能进行添加、修改、删除、合并等操作),获得新的功能结构图。

下面举两个具体的例子,说明功能结构图的表示方法。

例5.1 设计一个以电为动力的包装液体饮料的自动包装机。

解 按照功能分析过程可知,本例的总功能为包装饮料,需完成输入动力、取料、送料、制盒、灌装饮料、封口、输出成品、计数、入库等工艺过程,这些过程即为实现总功能的分功能,分功能间的关系可用图5.4的功能结构图表示。

图5.4 液体饮料自动包装机的功能结构图

例5.2 设计齿轮减速器的功能结构图。

解 齿轮减速器的总功能为降速增矩,是由输入动力、传递动力、润滑零件、密封零件、连接零件、支承和定位零件、输出动力等功能元组成,取每个功能元的一个解后得到该减速器的一种功能结构,可用图5.5的功能树近似表示。

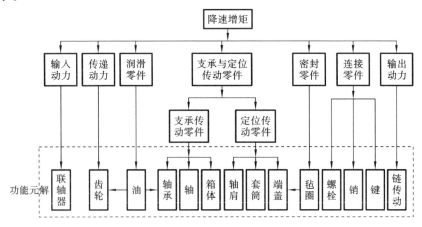

图5.5 齿轮减速器的功能树

5.3 模块化设计

5.3.1 模块化的概念

模块化又称积木化,是指用若干具有不同用途(或性能)并可互换的模块,通过不同的组合形成满足不同功能需求的产品的方法。模块化具有以下特征。

1. 模块数量充足

一组功能相同但用途(或性能)和结构不同,且能够互换的部分称为模块,它是模块化设计的基本单元。模块可以是由一个零件组成(如光轴),也可以是一个部件或组件(如滚动轴承)。要成为模块,必须具备以下条件。

(1) 具有独立的功能　每个模块的功能是总功能的一部分,可以单独调试。

(2) 具有可连接性　每个模块均与其他模块组合后才能实现总功能,这种组合不是简单的叠加,而是通过一定的连接形式实现的,且连接形式是标准化的。

(3) 具有互换性　各模块间可以互换,以满足不同的功能要求。如加工机床的模块系统,将尾架顶针模块替换为带有钻头的钻削模块,就可拓展机床的加工功能。

(4) 具有与其他模块不同的用途和结构　模块数量充足与否决定了产品的柔性、可变性和竞争力。

2. 符合系统组合原理

模块系统的多种功能是通过不同模块的组合体现的,因此,组合过程应符合系统组合原理,按需组合,且保证各模块连接的一致性。

3. 易于实现多种功能

模块系统具有多功能的特征,体现在性能、主参数和加工能力等方面。例如 Shanghai200 仪表车床是由 99 个模块组成的,通过模块的组合,至少可以组成 202 种产品。又如高精度外圆磨床经模块化设计后,可自动纵磨、切入磨,既可磨内圆,也可磨外圆,还可定程磨削等。

4. 具有可分性和独立性特征

各模块相互独立,易于分开,为模块的管理和维护带来了方便。

5.3.2 模块化的意义

产品实现模块化具有重要的意义,具体体现在如下几个方面。

(1) 功能多元化　通过模块化,单一功能的产品演变为多功能产品,如普通卧式铣床转变为实现卧铣、立铣、钻削等的多功能机床。
(2) 便于应用新技术(如成组技术、CAD技术等)。
(3) 缩短设计、生产和制造周期,降低了产品成本。
(4) 便于计算机管理。
(5) 能增强产品的国际市场竞争力。
(6) 利于产品快速更新换代,满足个性化设计需求。

5.3.3　模块划分和组合原则

在模块化设计中,模块的划分是十分重要的问题,它决定了整个模块化系统的复杂程度、分离与结合是否方便、装配质量的好坏、产品类型的多寡以及产品的经济性,因此,应以功能为依据,遵循下列原则完成模块的划分。

(1) 独立性　每一模块具有自身独立性,能独立完成规定的功能,为产品转型提供充足的依据,套筒式磨床主轴系即是典型实例。

(2) 划分适当　模块划分数量适当。模块的数目视所设计的产品而定,如大型基础件模块,由于其生产周期影响产品的开发速度,所以该模块应建立为同一类型,靠改变关键结构尺寸来转型。

(3) 通用性及经济性　模块应通用,具有较好的经济性。模块通用性好,可批量生产,从而降低成本。

(4) 稳定性　模块应是相对稳定的功能结构件,即将易对生产和管理等造成很大影响的基件作为模块以适应技术发展引起产品的变革。

模块系统组合时应遵循目的明确、灵活性高、经济性好等原则。

5.4　工作原理的构思与设计

5.4.1　工作原理的构思与设计的意义

工作原理的构思与设计是机械产品设计的最初环节,由不同的工作原理可设计出功能相同、结构和性能完全不同的产品。工作原理对产品设计的成败起决定性作用。一个好的工作原理构思不仅要具有创新性,同时要考虑其市场竞争力。如美国某公司投入大量人力物力研制出一次成像照相机,但因单片成本过高且不易复制而在与日本自动照相机的竞争中失败了,给企业带来巨大的经济负担。

5.4.2 工作原理的构思与设计的方法

工作原理的构思与设计的重点在于构思的创新性,因此构思过程中应使思维尽量发散,尽可能构思出较多的实现功能的工作原理供选择。工作原理的构思通常有两种方法:① 引入新的工作原理;② 通过改进工艺、结构和材料等构思出新的工作原理。第一种方法比第二种方法实现起来要困难得多。目前,上述方法的依据是工作原理解法目录的归类和总结。

工作原理解法目录是把能实现物料、能量和信息转变的操作或原理按规律分类、储存后形成的一种信息库。一个功能可能没有直接的工作原理解,但肯定会有许多间接工作原理可用。工作原理解法目录来源于广博的理论知识和实践经验,是在深入调查、收集和研究基础上归纳总结获得的,编写时应保证功能明确、内容清晰、信息面广和便于查取。表 5.1、表 5.2 分别为按输入、输出因果关系建立的工作原理解法(按物料的分离-混合功能建立的工作原理解,按物理量放大-缩小功能建立的工作原理解)部分目录,供参考。

表 5.1 按物料的分离-混合功能建立的工作原理解

功能	特征	工作原理	原理图示	原理说明	应用实例
分离	大小	离心力		质量不同的物体作圆周运动时,产生不同的离心力	离心机
		重力		具有不同大小孔的筛子在外力作用下运动,物料在重力作用下穿孔下落	振动筛、硬币分拣器
		流体阻力		质量相同的大、小物体下落时,体积不同,速度不同	分选机

续表

功能	特征	工作原理	原理图示	原理说明	应用实例
分离	重量	杠杆	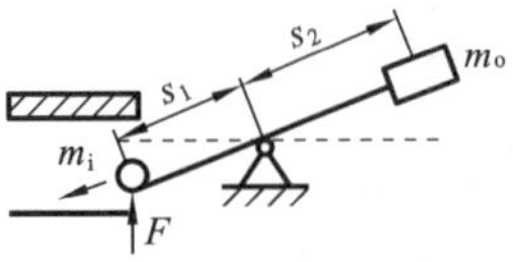	质量满足要求,滚过闭锁装置;否则,被闭锁装置挡住	—
		离心力	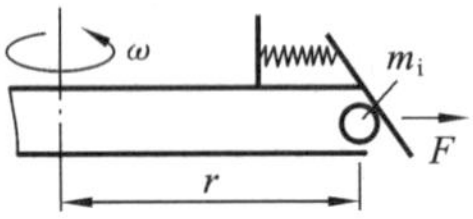	质量足够,物体抛出;否则,原地停留	离心机,旋转分选机,旋分器
		浮力	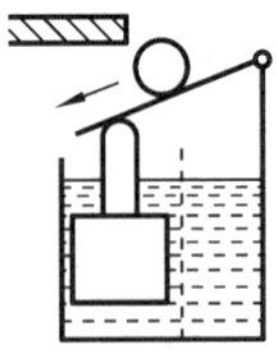	质量满足要求,滚过闭锁装置;否则,被闭锁装置挡住	—
		共振	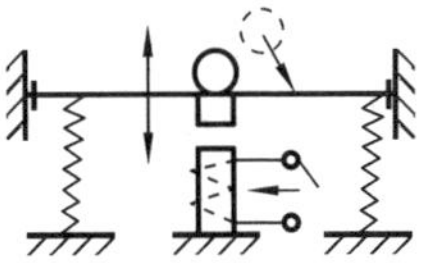	电磁强度变化,改变振幅	分级机
	密度	浮力	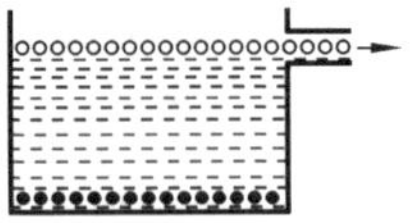	密度大的粒子沉降,密度小的粒子悬浮分离	沉降分级,液流分级,跳汰机选矿
	摩擦系数	摩擦	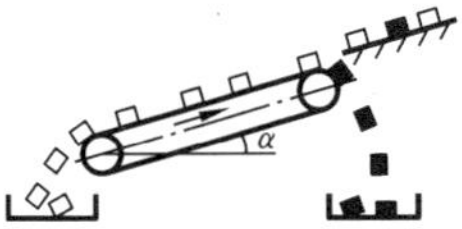	摩擦系数小的滑落,摩擦系数大的随传送带运动	选矿机
	导电性	电磁力	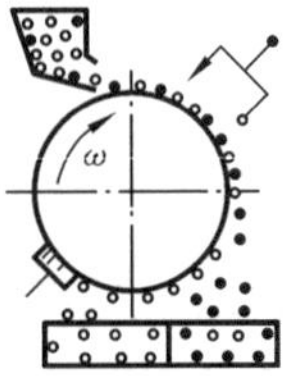	给物料与滚筒加同号电荷,导电性好的物料滑落,导电性差的物料仍附着在滚筒上	电子滚筒分选机

续表

功能	特征	工作原理	原理图示	原理说明	应用实例
分离	磁化率	电磁力	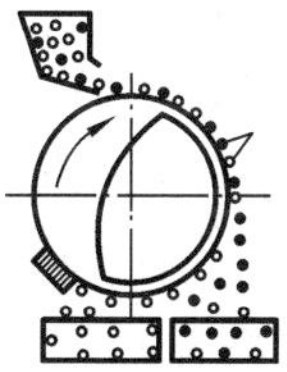	铁磁性物料附着在磁性滚筒上,其他材料滑落	磁性分选机
混合	—	吸附	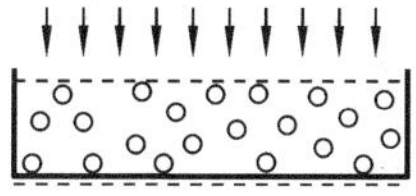	气体与固体混合	活性炭过滤器
	—	面张力	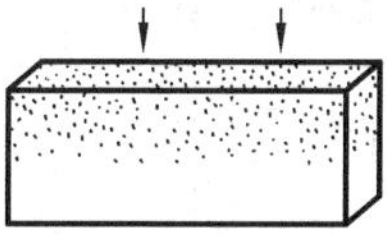	固体与液体混合	—
	—	内聚力-重力	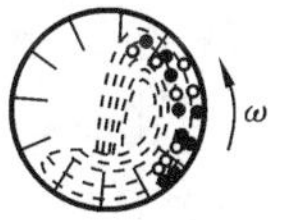	—	自由落物混合机
	—	摩擦-切应力	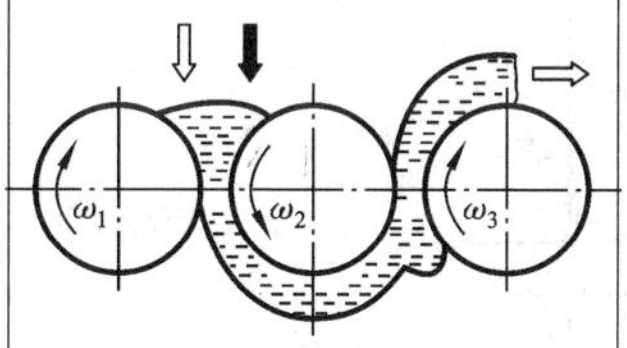	在缝隙中存在切应力、拉(压)应力等	轧钢机、压光机
	—	摩擦力-重力	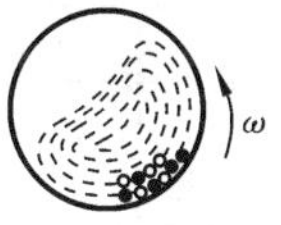		搅拌机、自由降落混合机
	—	离心力-离心力	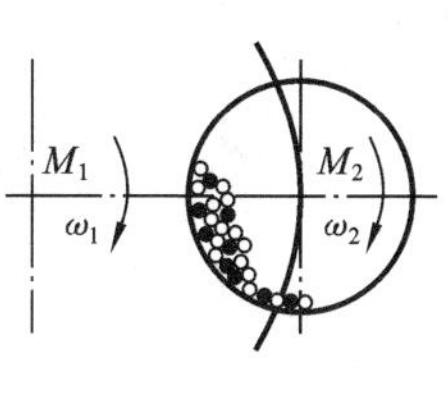	两个物体转动叠加离心力	行星式球磨机

续表

功能	特征	工作原理	原理图示	原理说明	应用实例
混合	—	库仑-重力	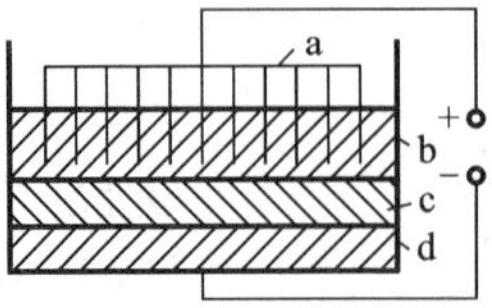	a—电栅极； b—烃； c—溶剂； d—底部电极	电搅拌机
	—	内聚-惯性	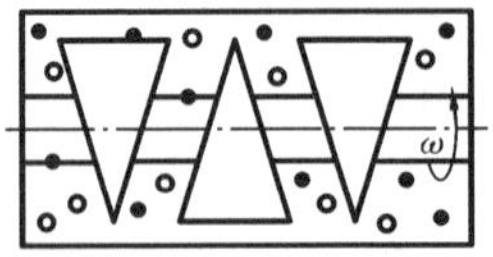	—	带式混合机、 桨式搅拌机、 犁铲混合机

表 5.2 按物理量放大-缩小功能建立的工作原理解

工作原理	原理简图	应用	备注
楔原理	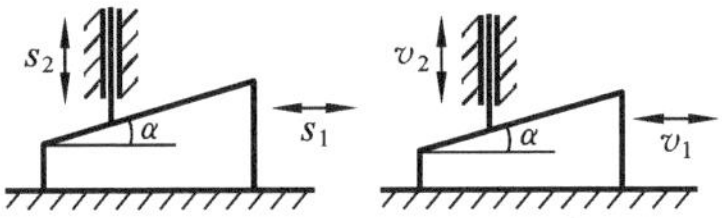	凸轮机构、 螺旋传动	位移缩放 速度缩放
虹吸原理	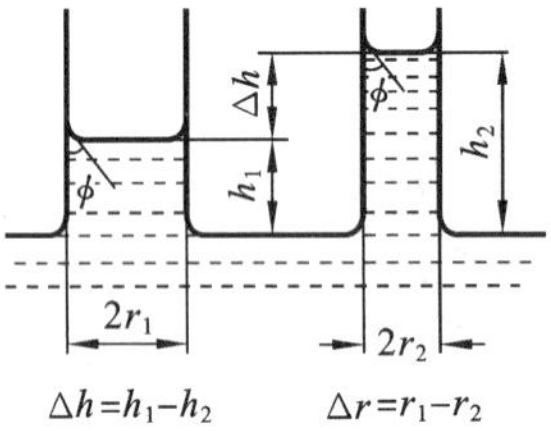 $\Delta h = h_1 - h_2$ $\Delta r = r_1 - r_2$	滴油润滑	—
杠杆原理	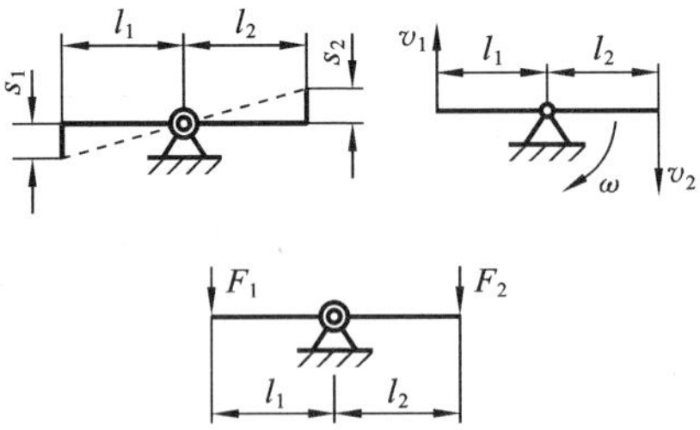	连杆机构、 齿轮机构	位移缩放 速度缩放 力缩放

续表

工作原理	原理简图	应用	备注
流体原理		液压系统、锻压机	位移缩放 速度缩放 力缩放
形变原理		轧钢机	拉压变形 剪切变形
摩擦原理		制动器、带传动	$F=\mu F_N$
电磁原理		电子管、晶体管	—
		变压器	—

除上述物理作用原理解法目录，也可按照机械系统的其他分类方法或采用 TRIZ 的研究方法建立解法目录。应当注意的是，原理解法目录应依据便于搜索与提取的原则建立，这与一般的手册有所不同。

5.5 工艺动作的构思与设计

机械运动系统是靠工艺动作实现其功能的,因此,机械运动系统设计的目的就是完成各种工作原理下工艺动作的构思和设计过程。整个工艺动作过程是由若干工艺动作按一定的顺序协调完成的。

5.5.1 工艺动作的常见动作形式

机械运动系统中常见的动作行为有转动、直线运动和曲线运动等,简单介绍如下。

1. 转动

转动分为连续转动(如钻床主轴的运动等)、间歇转动(如仿形法加工齿轮时轮坯工作台的转位等)和往复摆动(如电风扇的摇头运动等)。

2. 直线运动

直线运动分为往复移动(如冲床冲头的运动等)、间歇往复移动(如自动机床的刀架运动等)和单向间歇直线运动(如牛头刨床工作台的进给运动等)。

3. 曲线运动

曲线运动是指执行构件上某点的特殊运动规律,如挖掘机铲斗的运动、插秧机秧爪的插秧动作等。

除上述执行构件的运动形式外,还有微动、换向和补偿等运动形式。

5.5.2 工艺动作的构思方法

工艺动作构思的方法有:基于实例的方法、仿生法和系统资源的充分利用等。

1. 基于实例的方法

基于实例的方法是指按照总功能的要求,选定与之相似的成功案例(实例),确定相应的工艺动作的方法。如设计香水礼品自动包装机的工艺动作可参照图书包装机的实例完成,图书包装机的工艺动作过程为

图书包装纸 → 储存和运送 → 包装纸包裹图书 → 包装纸封口 → 包装纸外表面贴标签 → 包装后图书输出

香水礼品包装与图书包装存在大小、外形等不同,因此只需修改包装纸包裹和封口动作(改变行程或运动规律),将贴标签动作改为在礼品表面随机贴具有象征意义的图形纸即可。

又如各种饮料的灌装机的工艺动作可参照汽水灌装机的构思和设计。基于实例的工艺动作构思与设计方法是"触类旁通"和"举一反三"的创造性过程,成功与否与设计者的知识和经验密切相关,因此,日常勤于观察和积累是该方法成功应用的保障。

2. 仿生法

模拟自然界各类生命体的活动过程来完成机械系统工艺动作的构思和设计。如平板印刷机模拟人在纸上盖图章动作制定的放纸和上墨→铅字板移动→印刷→取纸的工艺动作。仿生法为我们提供了广阔的启示,已经得到广泛应用。如直升机、鱼雷、各种机器人等。

3. 系统资源的充分利用

系统资源的充分利用是指充分利用系统中的能量、材料、产品及其形状,动态调节资源的完成工艺动作过程的方法。例如汽车发动机不仅驱动车轮,而且驱动液压泵,保证液压系统正常工作。又如螺纹加工的搓丝法(见图 5.6)充分利用了毛坯的形

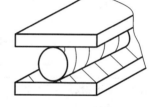

图 5.6　搓丝法加工螺纹简图

状,将毛坯夹在两块相互移动的搓丝板间,使之随搓丝板的运动而转动,在毛坯表面形成螺纹。此法简化了加工工艺,提高了生产效率。

5.6　机构的选型与构型

机构的选型与构型是在原理方案和工艺动作构思的基础上,选择和构造实现工作原理和工艺动作的运动机构的类型和机构间组合的过程。

5.6.1　机构构型

由原理解目录求得机械系统的工作原理方案后,需对工作原理进一步细化构型,构造出实现该工作原理的具体运动机构以便下一步评价实施。例如:由表 5.2 所示原理解目录中的楔原理可构造出凸轮机构、斜面机构和螺旋机构

等；由杠杆原理可构造出连杆机构、滑轮机构、带传动、链传动、齿轮机构、凸轮机构等；由流体原理可构造出移动或摆动气缸,也可构造出移动或摆动液压缸等机构；由摩擦原理又可构造出带传动、摩擦轮传动、绳传动、制动器等机构。在这些机构的基础上通过改变主要功能载体的形状、尺寸、数量、材料以及机构的变异、组合、再生等构造出各种各样的新型机构,这些内容将在随后的章节中详细介绍,此处不再详述。

5.6.2 机构选型

不同的工艺动作完成不同的运动形式变换,因此需选用不同的机构及机构间的组合。若能及时收集、归纳和总结出构型解法目录,并建立包含各种基本机构的运动和动力特性、性能、特点和相对价格等特征目录供设计时综合考虑,即可方便快捷地实现原理方案设计的自动化,提高设计效率。

由于基本机构的运动特征是实现各种运动形式的变换,因此常按机构运动变换的形式来构建基本机构解法目录,如表 5.3 所示。

表 5.3　实现输入-输出运动形式变换的基本机构

输入/输出运动形式变换		基本机构	应用实例
转动-转动	等速转动-等速转动	平行轴圆柱齿轮机构	减(增)速器、变速器
		相交轴圆锥齿轮机构	
		交错轴蜗杆机构	
		交错轴螺旋齿轮机构	
		圆柱形摩擦轮机构	无级变速器
		圆锥形摩擦轮机构	
		平行四边形机构	火车轮联动机构、联轴器
		双转块机构	联轴器
		带传动	减速器、运输、无级变速
		绳传动	起重机、升降机
		链传动	减速器、运输器
		渐开线齿轮组机构	减速器、提升机
		摆线针轮机构	
		谐波齿轮机构	
	等速转动-变速转动	双曲柄机构	振动筛
		转动导杆机构	小型刨床
		非圆齿轮机构	压力机

续表

输入/输出运动形式变换	基本机构		应用实例
等速转动-往复摆动	连杆机构	曲柄摇杆机构	颚式破碎机
		曲柄摇块机构	自动卸货车
		摆动导杆机构	牛头刨床
	凸轮机构	盘状凸轮机构	各种执行机构
		圆柱凸轮机构	
		气、液动机构	
等速转动-单向移动	带传动机构		运输机、升降机
	链传动机构		
	齿轮齿条机构		纽扣分拣机构
	螺旋机构		压力机、千斤顶
等速转动-往复移动	连杆机构	曲柄滑块机构	冲床、压床、锻床
		移动导杆机构	缝纫机针头机构
	移动从动件凸轮机构		内燃机配气机构
	不完全齿轮齿条机构		纽扣分拣机构
等速转动-间歇运动	棘轮机构		机床进给、离合器(单向)
	槽轮机构		自动机床刀架转位
	不完全齿轮机构		转位工作台
	蜗杆蜗轮机构		
	凸轮机构		
	气、液动机构		分度、定位机构
等速转动-预定轨迹或位置	连杆机构(利用连杆曲线)		导引机构、升降机
	凸轮机构		实现特殊轨迹
	行星齿轮机构		利用行星轮轨迹
	滑轮机构		导引升降装置
实现增压、锁紧等特殊要求	连杆机构锁紧(利用死点)		飞机起落架
	肘杆机构		压力机
	凸轮机构(楔形增压)		自动夹紧机构
	螺旋机构(自锁)		千斤顶
	斜面机构(反行程自锁)		自动夹紧机构、机床工作台
	棘轮机构		超越离合器
	气、液动机构		液压系统

续表

输入/输出运动形式变换	基本机构	应用实例
实现运动的合成与分解	差动螺旋机构	夹紧装置
	差动连杆机构	数学计算
	差动齿轮机构	差速器
	差动棘轮机构	数学运算

为了给机械系统运动方案的评价提供依据,对常用基本机构的运动和动力特性、控制方法和相对价格进行了归纳,供设计师参考,如表 5.4、表 5.5 所示。

表 5.4 常用基本机构的运动和动力特性

机构类型	运动和制造特性				动力特性				
	运动规律	外廓尺寸	成本	结构	平稳性	承载	速度	寿命	效率
连杆机构	任意	大	低	简单	较平稳	大	较低	长	较高
凸轮机构	任意	小	高	复杂	较平稳	小	任意	较长	较高
齿轮机构	受限	小	高	复杂	平稳	大	任意	长	高
带传动	受限	大	低	简单	平稳	中	受限	短	较高
链传动	受限	大	低	简单	较平稳	中	低	较长	较高
蜗杆机构	受限	小	高	复杂	平稳	大	任意	较长	低
摩擦轮机构	受限	大	低	简单	平稳	小	较低	短	低
螺旋机构	受限	小	低	简单	平稳	大	低	长	低
间歇机构	受限	较小	高	复杂	平稳	小	低	较长	较低
气、液机构	受限	较大	低	简单	平稳	大	低	长	较高
电磁机构	任意	小	较低	简单	平稳	小	低	短	较高

表 5.5 不同类基本机构的控制方法和相对价格

机构类型	控制方法			相对价格
	开关控制	速度控制	力的控制	
机械类机构	离合器	传动比或杠杆比	传动比或杠杆比	低
液压类机构	换向阀	流量阀	溢流阀、减压阀等	高
气压类机构	换向阀	不易控制	溢流阀、减压阀等	低
电磁类机构	开关、继电器	变压器、变阻器	变压器、变阻器	高

完成上述基本机构解法目录的构建后,设计过程中只需在该目录中寻找实现对应工艺动作的方法,然后按照特定的设计要求顺序组合和控制即可。

5.6.3 机构选型和构型时应注意的事项

1. 以功能或工作原理为依据,择优选择

从上述基本机构解法目录可知,满足相同功能或工作原理要求的机构众多,应结合实际工作要求从中选择较理想的几个机构,然后再比较评价,最终确定最理想的机构。例如,某纺织厂要设计一种小型钉扣机,经分析知其执行机构的运动规律要求准确且复杂,可用连杆机构、凸轮机构以及气、液动机构等完成工作。连杆机构尺寸大、结构复杂,且不易实现准确运动规律;而气、液动机构的载体气、液易泄露,不能满足环保要求,且温度变化对运动的准确性影响较大,故不宜采用;凸轮机构结构简单,能实现准确的运动规律,加之纺织机械载荷小,能保证凸轮机构的工作寿命,因此最终选用凸轮机构。

2. 力求运动链短,结构简单

运动链短,构件和运动副数目少,则运动累积误差小,效率高,结构布局紧凑。因此,机械系统运动方案应优先选择运动副数目少、运动链短的方案。

3. 合理布局,确保良好的运动和动力性能

现代机械系统越来越向高速方向发展,机械的动平衡问题显得尤为重要,机构选型应尽量少用连杆机构。必须用连杆机构时,应合理布局,力争达到动平衡。如图 5.7 所示的周转轮系,若按图 5.7(a)布置,机构中的惯性力可部分平衡,且能提高承载能力;若按图 5.7(b)布置,结构较简单,但机构中的惯性力较大,高速运动时动力性能欠佳。

(a)周转轮系1　　　　　　　(b)周转轮系2

图 5.7　周转轮系

4. 尽量选用制造成本低、精度高的机构

低副机构比高副机构容易制造,转动副比移动副精度高,因此,优先选用转动副多的低副机构。

5. 尽量选用机械效益和机械效率高的机构

节能是当今时代的主旋律,机构选型和构型时应选择或设计恰当的杆长比,以确保传动角较大,实现省力的目标,即保证机械效益最高。尽量选用机械效率高的机构,保证机械能的最有效的利用。

6. 选型和构型时应考虑动力源形式

若有调速要求,且气、液源获取方便,为简化结构,优先选用气动、液压机构;若机械系统工作地点经常变动,则选用发动机或燃料电池等动力源;若用电获取方便,且原动件的运动形式是转动,应优先选用电动机。

5.7 方案的评价

由前述的机械系统运动方案设计过程可以获得众多满足功能要求的运动方案,但具体进入结构设计阶段的实施方案应是一个基于当时科学技术水平的最佳方案。因此,科学评价和确定这一最佳方案成为机械系统运动方案设计不可或缺的重要阶段。为保证评价结果客观、准确,为广大工程技术人员所接受,必须根据机械系统运动方案的特点建立相应的评价指标体系,按一定的评价准则和方法完成机械系统运动方案的评价,最后给出合理的排序供设计人员参考。

5.7.1 机械系统运动方案选型的评估方法——系统分析法

将整个机械系统运动方案视为一个系统,从整体上评价方案满足总功能要求的程度,以便从众多方案中选择最佳方案的方法称为系统分析法。系统分析法的评价过程如图5.8所示。

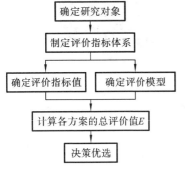

图 5.8 系统分析法的评价过程

5.7.2 评价的原则

为了从整体上对机械系统运动方案进行综合评价,必须遵循如下原则。

1. 建立适合的评价指标体系,确保评价的客观公正

综合评价的目的是为了决策优选,因此必须保证评价的客观性、合理性和有效性,而实现这一目标的依据就是建立适合的评价指标体系,保证评价指标的选择和量化的权威性和客观性。

2. 确保方案的可比性

各个候选的机械系统运动方案应在保证实现系统基本功能的前提下具有一定的可比性和一致性,以便实现方案的全面比较,避免片面性和主观臆断。

3. 确保评价模型的合理性

评价模型是否合适,关系到评价结果的合理性和可靠性。机械系统运动方案的评价指标中,有些指标可以定量分析,有些指标只能定性分析,因此所建立的评价模型必须能对定量目标和定性要求进行统一处理,这样才能保证评价结果真实有效。

5.7.3 评价指标体系

1. 机构常用的评价指标

机械系统运动方案是由若干执行机构组成的,为客观、合理、有效地评价运动方案,需建立适度的机构评价指标。从机构和机构系统的要求出发,评价指标应考虑以下几个方面,如表 5.6 所示。

表 5.6 机构及机构系统的评价指标

指标类别	机构功能	机构工作特性	机构动力性能	经济性	结构特性
具体项目	(1) 运动规律; (2) 运动规律实现性	(1) 传动精度; (2) 速度高低; (3) 承载能力; (4) 适用范围	(1) 冲击性能; (2) 噪声; (3) 可靠性; (4) 耐磨性; (5) 效率	(1) 制造成本; (2) 能耗; (3) 维护成本; (4) 制造误差敏感程度	(1) 尺寸大小; (2) 质量大小; (3) 结构繁简

上述五个方面共计 18 项评价指标是结合机械系统的性能要求和机械设计专家意见制订的,随着时间的推移,这些指标会不断增加或删减,因此评价指标项目只能保持相对的稳定。

2. 评价指标的量化

对机械系统运动方案评价的依据是评价指标的量化。在运动方案设计阶段,各项评价指标很难精确量化,通常按机械设计专家以及若干有丰富设计经验的设计人员对基本机构的评估来量化,量化分为"很好"、"好"、"较好"、"一般"、"不太好"五个档次,对应分值为 5、4、3、2、1,也可用相对分值 1、0.8、0.6、0.4、0.2 表示。这种评价过程依据的是专家的知识和经验,在一定程度上可避免决策者的主观性和片面性。

5.7.4 评价模型的建立

按总评价值 E 的计算方法,评价模型分为总评价值排序法和技术经济评价法。

1. 总评价值排序法

按前述 18 项评价指标对每一机械系统运动方案的评价指标予以量化,通过一定的准则计算获得机械系统运动方案的总评价值集合 E,集合 E 中总评价值最大的元素 e_i 所对应的方案即为最优方案,此法称为总评价值排序法。每个运动方案的总评价值 e_i 的计算准则为

$$\left.\begin{array}{l} \text{准则 1:} \quad e_i = \prod_{k=1}^{5} \text{type } e_k \sum_{j=1}^{18} \text{index}_j; \\ \text{准则 2:} \quad e_i = \prod_{k=1}^{5} \text{type } e_k \sum_{j=1}^{18} \text{index}_j; \end{array}\right\} \tag{5-1}$$

式中:typ e_i 表示表 5.6 中评价指标类别;index$_j$ 表示第 j 个评价指标的量化值;$\sum$ 表示各值相加,用于各评价指标是互相补偿的情况;$\prod$ 表示各值相乘,用于各评价指标重要程度相同的情况。

值得注意的是,总评价值排序可为设计者选择机械系统运动方案提供可靠的依据,通常将该方法中总评价值最大的方案作为机械系统的整体最佳方案。具体决策时,设计者也可根据实际情况选择排序中靠前的其他方案(某些评价指标值高)作为最佳方案。

例 5.3 为实现提花织物纹板轧制系统自动化,某纺织厂要求设计一种从纸库中自动取纹板(规格为长×宽×高=300 mm×70 mm×1 mm 的纸板)的装置,要求取板速度均匀、可靠,不能卡板或取空,结构简单,便于设计和加工。

解 (1) 功能分析。

经分析确定该取纹板装置的输入—输出运动功能为:连续转动→往复移动。

(2) 设计方案。

由于行程较长,需在基本机构上叠加放大机构,经分析研究,初步确定采用摆动从动件凸轮机构+曲柄滑块机构(见图 5.9(a))、摆动导杆机构+曲柄滑块机构(见图 5.9(b))、曲柄摇杆机构+曲柄滑块机构(见图 5.9(c))三种方案(可满足上述功能要求的方案还有多种)。

(3) 评价优选。

根据取纹板装置的工作要求、性能特点和应用场合,结合表 5.6 的评价指标体系,采用式(5.1)的准则 1 并结合表 5.4 求取各个方案的总评价值,见表 5.7。

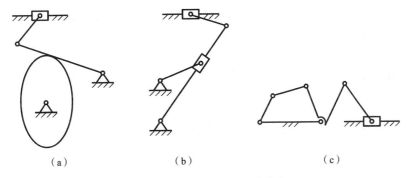

图 5.9 取纹板装置的设计方案

表 5.7 三种方案的评价指标体系、指标值和总评价值

评价指标体系		方案 a	方案 b	方案 c
指标类别 type	具体指标 index			
机构功能（$type_1$）	$index_1$	1	0.8	0.8
	$index_2$	1	0.8	0.8
机构工作特性（$type_2$）	$index_3$	0.8	0.8	0.8
	$index_4$	0.8	0.8	0.8
	$index_5$	0.8	0.8	0.8
	$index_6$	0.8	0.8	0.8
机构动力性能（$type_3$）	$index_7$	0.6	0.6	0.6
	$index_8$	0.6	0.8	0.8
	$index_9$	0.6	0.8	0.8
	$index_{10}$	0.8	1	1
	$index_{11}$	0.6	0.6	0.6
经济性（$type_4$）	$index_{12}$	0.6	0.6	0.6
	$index_{13}$	0.6	0.8	0.8
	$index_{14}$	0.8	0.8	0.8
	$index_{15}$	0.8	0.8	0.8
结构特性（$type_5$）	$index_{16}$	0.8	0.6	0.6
	$index_{17}$	0.8	0.8	0.8
	$index_{18}$	0.8	0.8	0.6
总评价值 e_i		137.63	136.97	116.74

根据表 5.7 的总平均值,三种方案的排序为:方案 a 最好,方案 b 次之,方案 c 最差。推荐选择方案 a,即摆动从动件凸轮机构+曲柄滑块机构。

2. 技术经济评价法

该方法是先分别求出被评价方案的技术与经济价值,然后进行综合评价。具体步骤如下。

(1) 技术价值　技术价值 x_1 的计算公式为

$$x_1 = \frac{\sum_{i=1}^{n} M_i}{n M_{\max}} \tag{5.2}$$

式中:M_i 是被评方案在评价指标 i 的分数,n 是评价项目总数,$M_{\max}$ 是评价指标 i 的最高分数。评价指标的评分标准见表 5.8。

表 5.8　评价指标的评分标准

等级	很好	好	较好	一般	差
分数	5	4	3	2	1

x_1 越大,技术价值越高。通常,$x_1 \geq 0.8$ 时,方案令人满意;$x_1 < 0.6$ 时,方案令人不满意;x_1 在 0.7 左右,方案令人较满意。

(2) 经济价值　经济价值 x_2 的计算公式为

$$x_2 = \frac{0.7[C]}{C} \tag{5.3}$$

式中:$[C]$ 为允许制造费用,C 为方案的实际制造费用。x_2 越大,方案的实际制造成本越低,方案的经济价值越高。

(3) 综合评价　方案的综合评价值 v 的计算公式为

$$E = \sqrt{x_1 x_2} \tag{5.4}$$

E 值越大,被评方案的技术经济性能越好。通常,$E \geq 0.65$ 的方案即是可以实施的较好方案。

结合实际经验,常用的机械传动的评价指标及参考分值见表 5.9。

例 5.4　设计一带式运输机的机械传动方案,已知运输机输出轴上的功率 $P_w = 3.5 \text{ kW}$,输出轴的转速 $n_w = 92 \text{ r/min}$,轻微冲击,环境清洁,双班制工作,批量生产,使用寿命 5 年,试按技术价值评价方案的优劣。

解　(1) 功能分析。

分析设计要求,假设选用电动机作为原动机,则输入—输出的功能表述为:连续转动→连续转动。

表 5.9 常用的机械传动的评价指标及参考分值

评价指标	传动名称							
	带传动	链传动	摩擦轮传动	齿轮传动	行星齿轮传动	蜗杆传动	齿轮齿条	连杆传动
	参考分值							
效率	4	4	3.5	5	3.5	2.5	5	4
质量	4	4	4	3	5	5	4	5
外廓尺寸	3	4	3.5	5	5	5	4	4
高速度	3	3	3	5	5	3	4	3
大功率	3	4	3	5	3.5	4	4	3
运动平稳	5	4	5	4.5	4.5	5	4	4
连续工作	5	4	4	5	4.5	2	5	4
成本	5	4	4.5	4	3.5	3	4	4
结构复杂	5	4	5	4	3.5	4	4	5
维护	4	4	4	5(闭),4(开)	4.5	5(闭),4(开)	3	4
寿命	3	4	3	5	4	4	5	4

（2）传动方案。

① 总传动比 选同步转速为 1000 r/min 的电动机,查文献得满载转速 $n_d = 960$ r/min,则传动系统的总传动比为

$$i_{总} = \frac{n_d}{n_w} = \frac{960}{92} \approx 10.43$$

② 传动系统方案选择。根据总传动比和工作条件,确定下述 10 个候选方案,见表 5.10。

表 5.10 带式运输机的机械传动系统方案

方案序号	方案名称	方案简图
1	V 带传动＋直齿轮传动	

续表

方案序号	方案名称	方案简图
2	直齿轮传动＋链传动	
3	斜齿轮传动＋链传动	
4	直齿轮传动＋直齿轮传动（展开式）	
5	斜齿轮传动＋斜齿轮传动（展开式）	
6	蜗杆传动	

续表

方案序号	方 案 名 称	方 案 简 图
7	直齿锥齿轮传动＋斜齿轮传动	
8	直齿锥齿轮传动＋链传动	
9	直齿轮传动＋直齿轮传动（同轴式）	
10	直齿轮传动＋直齿轮传动（分流式）	

注：每个传动名称均为单级传动，如链传动即指单级链传动。

以各种传动的优缺点为依据对表5.10中的10个传动方案分析后,初步选方案1、2、3、4、5为较好方案,进入方案评价阶段。

3)方案评价

对初选的五种方案,按效率、成本、速度、质量、尺寸、寿命、维护、连续工作和运转平稳性九项指标进行技术评价的结果列于表5.11中。

表5.11 初选方案的技术评价

方案序号	评价指标									技术价值
	效率	质量	尺寸	速度	运转平稳	连续工作	成本	维护	寿命	
	得 分									
1	4.5	3.5	4	4	4.5	5	4.5	4.5	4	0.86
2	4.5	3.5	4.5	4	3.5	4	4	4.5	4.5	0.82
3	4.5	3.5	4.5	4	3.7	4	4	4.5	4.5	0.83
4	5	3	5	5	4.0	5	3.5	5	5	0.9
5	5	3	5	5	4.1	5	3.5	5	5	0.9

由表5.11知,初选的五个方案的九项指标的技术价值均大于0.8,表明五种方案的技术性能都很好,都可选用,其中方案4、5最好,其次是方案1,再次为方案2、3。若考虑温度的影响,排序会发生改变。

3. 模糊综合评价法

在对机械运动方案进行评价时,前述评价指标的量化是由"很好"、"好"、"较好"、"一般"、"不太好"等模糊概念表达,给定的量化分值不准确,因此定量分析的结果不太可靠。基于评价指标的量化具有模糊的特征,工程中综合应用集合和模糊数学方法将评价指标信息定量化,进而完成方案的定量评价,此法称为模糊综合评价法。

第 6 章 机构的演化、变异与创新

无论如何先进的机械,其各种机械运动一般都是由机构来实现的,常用的机构主要有连杆机构、齿轮机构、凸轮机构以及间歇机构等。机构变异是机构创新设计的主要方法之一,它是以现有机构为基础,对组成机构的结构元素进行某些改变或变换,从而演化形成一种功能不同或性能改进的新机构。机构变异的目的是改善机构的运动性能、受力状态,提高构件强度、刚度或实现一些新的、复杂功能,也为机构的组合提供更多的基本机构。

机构由构件和运动副组成,通过对构件或运动副的结构组成进行变异设计,可以改变机构的性质与用途,从而获得新的机构。常用的变异创新设计法主要包括构件的变异、运动副的变异、机构的倒置、机构的移植和机构的扩展等。

6.1 运动副的演化与变异

运动副是构件与构件之间的可动连接,其作用是传递运动、动力或改变运动形式。运动副元素的特点影响机构动力传递效率和运动传递的精度,通过对运动副元素的变异设计,例如改变运动副的形式,往往可以很好地改善原有机构的工作性能,甚至开发出具有新功能的机构。因此,对运动副元素的变异设计也是机构创新设计的一种常用方法。

运动副的变异方式有很多种,常用的有高副与低副之间的变换、运动副元素尺寸的变异和运动副元素形状的变异等。

1. 运动副元素尺寸的变异

构成转动副的两元素可以同倍率地放大或缩小,例如改变转动副的销轴和轴孔直径,只要圆心位置不变,被连两构件的相对运动关系就不变,这在"机械原理"课程中有详细介绍。同样,对构成移动副的两元素进行放大或缩小,只要不改变导杆的方向,被连两构件的相对运动关系就不变。

图 6.1(a)所示为比较常见的对心曲柄滑块机构,将其运动副元素进行变异可以得到不同形式的曲柄滑块机构。例如:扩大 B 处转动副,使其包含 A 处的转动副,即得到图 6.1(b)所示的偏心圆盘曲柄滑块机构;扩大 C 处移动副的尺寸,将滑块尺寸增大并将曲柄 1、连杆 2 包含在内,即得到图 6.1(c)所示的大滑块曲柄滑块机构。

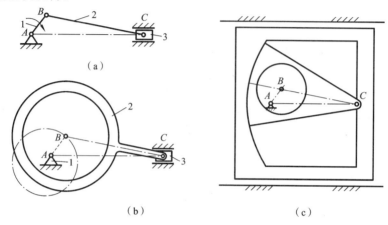

图 6.1 曲柄滑块机构的变异

2. 运动副元素形状的变异

有些机构能很好地实现从动件的特定运动规律,设计巧妙,但从传递动力的角度讲,往往不一定合理,这时可以对运动副元素的形状进行变异,以改进其受力状况和力学性能。例如高副低代:图 6.2(a)所示为偏心圆凸轮高副机构,当以图 6.2(b)所示的低副代换后,不影响机构的运动特性,但由于改进后为低副机构,耐磨性能较好,加工也更容易,因而提高了其使用性能,降低了成本。

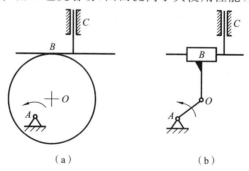

图 6.2 高副低代的变异设计

值得注意的是,在高副低代时通过增大运动副尺寸可以提高机构的力学性能,但由于低副为面接触,运动副元素间的相对运动为滑动,尺寸的增大无疑会加大运动副中的摩擦力矩。因此,减小摩擦是这类低副机构创新的一项重要内容。

6.2 构件的演化与变异

从降低机构的制造成本、便于加工的角度考虑,构件的形状应尽可能简单。但形状简单的构件往往只能实现一些特定的简单功能,通过对构件形状的变异设计,虽然形状可能更复杂,但可以使原来的机构产生一些新的特性,获得不同于原机构的某些使用功能,甚至获得新的机构。

1. 构件形状的变异设计

平行盘偏心联轴器是一种紧凑型、高扭矩刚性联轴器,可在空间非常狭小的机壳内工作,具有对平行轴的轴向偏差进行补偿的能力,并且不会将径向振动从驱动装置传递到从动轴。其结构紧凑,安装简便,近年来应用较为广泛。而该联轴器就是由对图6.3(a)所示的平行四边形连杆机构进行变异设计而得到的。

平行四边形连杆机构通常以一个连架杆为主动件,另一个连架杆或连杆为工作件,实现运动或者动力的传递。它的实质是一个转动副转动带动另一个转动副回转,如果将两个连架杆的形状改为盘形,就可以实现以一个盘的转动带动另一个盘旋转,如图6.3(b)所示,这就是盘式联轴器的雏形。缩短机架的尺寸,

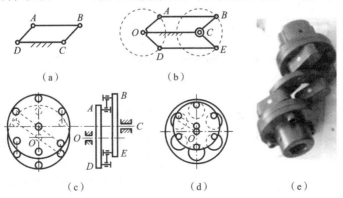

图6.3 平行盘偏心联轴器的变异设计

并增加虚约束以提高运动和动力传递的稳定性和机构的刚度,便构造出偏心盘形联轴器,如图 6.3(c)和(d)所示。图 6.3(e)为联轴器的实物图。

十字滑块联轴器就是在图 6.4(a)所示的双转块机构的基础上通过构件的变异与演化得到。在图 6.4(a)中,构件 4 为机架,A、B 处为两个固定转动副。当转块 1 为主动件时,可以通过连杆 2 将转动传递给转块 3。但按该图所示的构件结构,两个转块是无法实现整周回转的。若分别将 1、2、3 构件的形状改变成含有滑槽和凸榫的圆盘形状,如图 6.4(b)所示,则可以实现构件 1 和 3 的整周转动。其中连杆 2 变成了图 6.4(c)所示的两面各有矩形条状凸榫的圆盘,且两凸榫的中心线互相垂直,并通过圆盘中心。转盘 1、3 上各开一个凹槽,圆盘 2 的凸榫分别嵌入转盘 1 和转盘 3 相应的凹槽内。机架支承两固定转轴,此时,当转盘 1 转动时,转盘 3 以同样的速度转动,也就构成十字滑块联轴器。

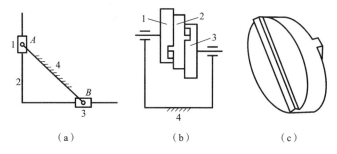

图 6.4　十字滑块联轴器的变异设计

图 6.5(a)所示为常见的曲柄滑块机构,如将导路和滑块制作成图 6.5(b)所示的曲线状,可得到曲柄曲线滑块机构,该机构在圆弧门窗的启闭装置中得到了应用。

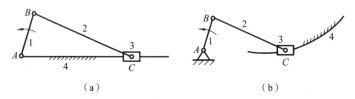

图 6.5　曲柄滑块的变异设计

在图 6.6(a)所示正弦机构中,两移动副的导轨相互垂直,运动输入构件的行程等于两倍的曲柄长(2r)。如果改变运动输出构件的形状,使两移动导轨间的夹角为 $\alpha(\neq 90°)$,如图 6.6(b)所示,则运动输出构件的行程将增大为 $2r/\sin\alpha$。如果将图 6.6(a)中的竖直方向的导杆由直导轨改变为半径为 r 的圆弧导轨,则运动输出构件在一个运动循环中可实现有停歇的往复直线运动,如图 6.6(c)所示。

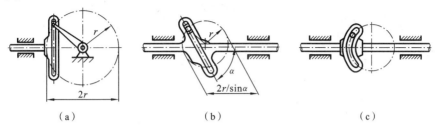

图 6.6 正弦机构的变异

2. 构件的合并与拆分

构件的变异与演化还可以是对机构中的某个构件进行合并与拆分,以实现新的功能或各种工作要求。

(1) 构件合并 共轭凸轮可以看成是由主凸轮和从凸轮合并而成的,如图 6.7 所示。其中:图 6.7(a) 和图 6.7(c) 为凸轮分开结构,这种结构需要同步驱动装置,而且体积大、成本高,应用较少;如果将主、从凸轮合并,从动件也进行相应改变,即可得到相应的合并式共轭凸轮机构,如图 6.7(b) 和图 6.7(d) 所示。

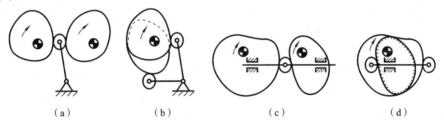

图 6.7 共轭凸轮

(2) 构件拆分 构件拆分是指,当某些构件进行无停歇的往复运动时,可以只利用其单程的运动性质,将无停歇的往复运动改变为单程的间歇运动。如图 6.8 所示的摆动导杆机构,当曲柄 1 上原处于 B 处的铰链处于 B' 位置时,摆杆的摆动方向与曲柄相同;当该铰链处于 B'' 位置时,摆杆的摆动方向与曲柄相反,摆动方向改变的临界位置是曲柄 1 与导杆 2 的垂直位置。以该位置为分界线,将导杆形状改为盘形,并设计成两部分,一部分为外槽轮,一部分为内槽轮。当曲柄上的拨销进入外槽轮时,转盘 2 与曲柄 1 的转动方向相反,如图 6.8(b) 所示;而当曲柄上的拨销进入内槽轮时,转盘 2 与曲柄的转动方向相同,如图 6.8(c) 所示。

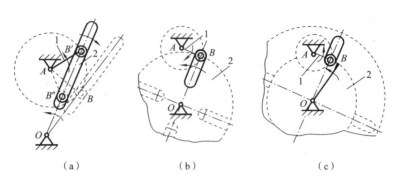

图 6.8 构件的拆分变异

6.3 机构的倒置

机构的倒置是机构变异与创新设计的主要手段之一,基本方法是转换机构中的运动构件或者机架。按照相对运动原理,倒置后,机构内各构件的相对运动关系不变,但可以改变输出构件的运动规律,从而满足不同功能的要求。因此,利用机构倒置法可得到不同特性的机构。

1. 平面连杆机构

平面连杆机构具有运动可逆的特性,即变换机架后,构件之间的运动关系不会发生变化。例如,铰链四杆机构在满足曲柄存在的条件下,取不同构件为机架,可以分别得到曲柄摇杆机构、双曲柄机构、双摇杆机构,如图 6.9 所示。同理,含有一个移动副的四杆机构如曲柄滑块机构、转动导杆机构、摇块机构、移动导杆机构都可以看成是在曲柄滑块机构的基础上,通过选用不同构件作为机架而得到的,如图 6.10 所示。

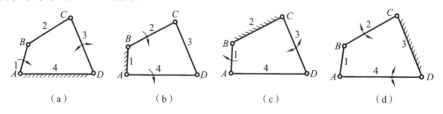

图 6.9 铰链四杆机构的机构倒置变换

图 6.11 所示为含有两个移动副的四杆机构及其倒置机构。其中,图 6.11(a)

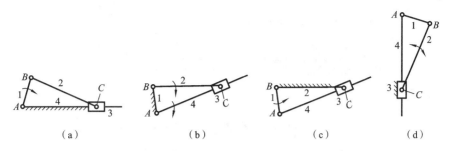

图 6.10 含有一个移动副四杆机构的机构变换

所示是双滑块机构,常用于椭圆绘图仪;图 6.11(b)所示是双转块机构,常做成十字滑块联轴器用于两轴之间的机械传动;图 6.11(c)所示是正弦机构;图 6.11(d)所示是正切机构。后两种机构常用于数学运算器中。图 6.11(b)、(c)、(d)可以看成由图 6.11(a)所示的双滑块机构经过机架变换演化而成。

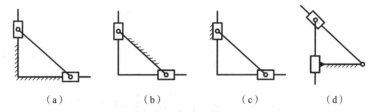

图 6.11 含有两个移动副四杆机构的机构变换

2. 凸轮机构

凸轮机构是高副机构,不具有运动可逆特性,通过机架的变换后可以产生新的运动形式,具有更大的创新空间。图 6.12(a)所示为摆动从动件凸轮机构的常用形式,在该机构中,凸轮 1 主动,摆杆 2 从动,可通过凸轮的匀速转动输出摆杆的变速摆动;如果主从动件倒置,摆杆 2 主动,即转化为图 6.12(b)所示的反凸轮机构;对机架进行变换,取构件 2 为机架,则得到图 6.12(c)所示的浮动凸轮机构;当取凸轮 1 为机架时,可以得到图 6.12(d)所示的固定凸轮机构。

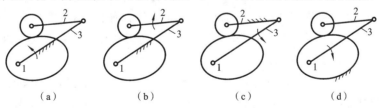

图 6.12 凸轮机构的机构倒置

其实,在齿轮机构、带传动或链传动等挠性传动机构中也经常用到机构倒置的设计理念。图 6.13(a)所示为齿轮传动的常用形式,通过机架的变换可以得到图 6.13(b)所示的行星齿轮机构。

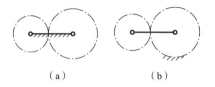

图 6.13　齿轮机构的倒置变换

变换齿形带或链传动机构的机架也可以得到不同类型的行星传动机构,如图 6.14 所示。

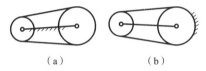

图 6.14　挠性机构的倒置设计

6.4　机构的等效代换

机构的等效代换也可称为机构的同性异形变换,通常指输入运动相同时,其输出运动也完全相同,即输入、输出特性等效,但结构不同的一组机构之间相互代换,以实现不同的工作要求。

1. 利用运动副的替代原理进行等效代换

运动副的等效代换是指组成机构的各种运动副相互转换或替代,而又不改变机构的输入、输出特性,这些特性主要指机构的自由度、机构中各相应构件的运动特征等。经过这种代换可以获取同性异形的各种机构,从而扩大了机构的选择面。常用的运动副代换的形式有空间运动副与平面运动副的代换以及平面高副与平面低副的等效代换。

图 6.15(a)所示的球面副可由汇交于球心的三个转动副等效代换;图 6.15(b)所示的圆柱副可由转动轴线与移动导轨重合的转动副与移动副等效代换。这种代换经结构改进后在生产实际中具有一定的使用价值。

在机械原理中介绍过高副低代,利用这个原理可以进行机构的等效代换设计。如图 6.16 所示,各种偏心盘凸轮机构可以与相应的连杆机构相互等效代

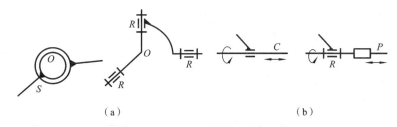

图 6.15 空间运动副与平面运动副的等效代换

换。图 6.16(a)所示为含有一个平面高副的尖底推杆偏心盘形凸轮机构,组成平面高副的两个元素,一个是圆心为 A、半径为 AC 的圆,另一个为点 C(即平面高副的接触点),机构运转时,A、C 两点之间的距离始终不变,因此,可以用一个长为 AC 的附加杆,使其在 A、C 两点分别与原机构的构件 1 和 2 组成转动副,即构建出一个曲柄滑块机构 1-3-2,则该机构与原机构的运动特性相同,二者属于同性异形机构,可以实现等效代换;在图 6.16(b)所示的滚子摆杆偏心盘形凸轮机构中,组成平面高副的两个元素均为圆,高副的接触点为两圆弧的切点 C,圆心分别为 A、B,半径分别为 AC、CB,机构运动时,A、B 两点之间的距离始终不变,即为两圆半径之和,因此可以用一个长度与之相等的附加杆 3 连接 A、B 两点,并分别与构件 1 和构件 2 组成转动副,这样组成一个曲柄摇杆机构 1-3-2,则该机构与原凸轮机构构成一组同性异形机构,可以实现等效代换;在如图 6.16(c)所示的平底摆杆偏心盘形凸轮机构中,组成平面高副的两个元素,一个是圆心为 A、半径为 AC

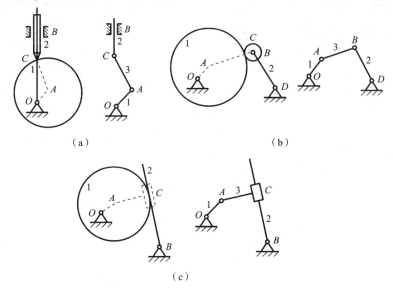

图 6.16 偏心盘凸轮机构与连杆机构的等效代换

的圆,而另一个为一直线(杆2),平面高副的接触点是直线与圆弧的切点C。机构运转时,圆心A至切点之间的距离始终不变,因此,可用一个附加构件3在A点与构件1铰接,而在C点与直线构件2组成移动副,这样构成一个摆动导杆机构1-3-2,该机构与原凸轮机构是一组同性异形机构,可以等效代换。

2. 利用瞬心线构造等效机构

图6.17(a)所示为一铰链四杆机构,连杆2和机架4的绝对速度瞬心为P_{24},由三心定律可知,P_{24}位于AB与DC延长线的交线上。但在机构运动过程中,该绝对瞬心的位置并不固定,把各个位置的P_{24}点连成曲线,即为连杆2的定瞬心线。图6.17(b)所示为同一连杆机构的倒置机构,其中杆2固定、杆4运动,当倒置机构运转时,瞬心P_{24}点描绘出一条与图6.17(a)不同的曲线,该曲线称为倒置机构连杆2的定瞬心线,但相对原机构来说,该曲线则是连杆2的动瞬心线。图6.17(c)所示为附着在连杆2上的动瞬心线与附着在机架4上的定瞬心线的实际形状,是动瞬心线在定瞬心线上实现无滑动的纯滚动,并拆去杆1、3,那么构件2的运动与原连杆机构中杆2的运动完全等效。

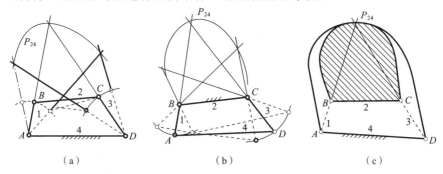

图6.17 利用瞬心线的机构创新

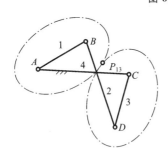

图6.18 反平行四边形机构的等效代换

这种机构等效代换的价值在于能克服连杆机构的极限位置所存在的运动不确定问题。如反平行四边形机构,当从动曲柄与连杆两次处于共线位置时,从动曲柄将出现运动不确定情况,影响机构的工作性能。利用瞬心线构造一个等效代换机构可以解决这一问题。因为要实现杆1相对于杆3的运动效果代换,则构造瞬心线时应分别以杆1和杆3为机架,找出瞬心P_{13}的轨迹线,然后去掉连杆2。这样构造出来的反平行四边形机构的等效机构为椭圆形高副机构,可设计成椭圆齿轮机构,如图6.18所示。

3. 利用周转轮系构造等效机构

对两个周转轮系来说,如果它们的转化机构的传动比大小和方向均相同,则这两个周转轮系是一组同性异形机构,可以实现等效代换。在图 6.19(a)所示的卡当运动机构中,由于行星轮 2 和中心轮 4 采用内啮合方式,导致机构的尺寸较大,成本较高,也给使用带来不便。为了解决这一问题,可以设法构造该卡当机构的同性异形机构。

首先分析图 6.19(a)中周转轮系的转化机构的传动比 $i_{24}^{(1)}$:

$$i_{24}^{(1)} = \frac{n_2 - n_1}{n_4 - n_1} = \frac{z_4}{z_2} = 2 \tag{6.1}$$

现在保持 $i_{24}^{(1)} = 2$ 不变,将原来的内啮合齿轮改为外啮合齿轮,同时,在两外啮合齿轮之间增加一介轮,如图 6.19(b)所示,其转化机构的传动比也为 2。若在行星轮 2 上固接一杆 3,并使 $AB = OA$,如图 6.19(c)所示,则当系杆 1 转动时,B 点输出移动,该机构即为卡当机构的一个同性异形机构。

其实该机构还可以进一步简化,即用同步带或链传动代替外啮合齿轮传动,并去掉介轮,构成挠性件周转轮系,同时在小行星轮 2 上固接一杆 3,同样使 $AB = OA$,如图 6.19(d)所示,则该机构也为卡当机构的一个同性异形机构,用于扩大输出件的行程。

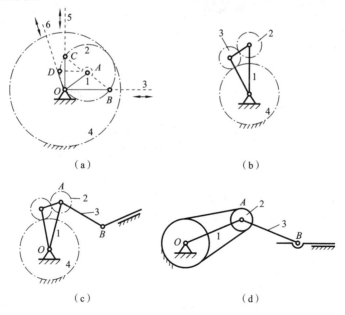

图 6.19 卡当运动机构及其创新

4. 机构功能的等效代换

在创新设计中,可利用一些材料的特殊性能来进行机构运动功能的等效代换,这是一种简化机构结构的有效途径。例如,纤维材料具有扭曲缩短、放松伸长的特性,即可以在一定范围内将旋转扭动转化为直线移动。利用该特性可设计纤维连杆机构,如图 6.20 所示。当主动齿轮 1 转动时,带动纤维连杆 4 和 5 扭曲或者放松,导致这两个连杆一个缩短、一个伸长,因此带动从动件 6 摆动。

图 6.21 所示为利用钢带可卷曲的特性设计的钢带滚轮机构,共有三根钢带,它们一端固定在滚轮上,而另一端固定在可移动的滑块上。当滚轮作为主动件逆时针输入转动时,中间钢带将缠绕在滚轮上而拖动滑块向右移动;当滚轮顺时针转动时,两侧的钢带将缠绕在滚轮上而拖动滑块向左移动。因此,该机构在功能上等效于齿轮齿条机构,适用于要求消除传动间隙的轻载场合。

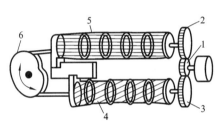
图 6.20 纤维连杆机构

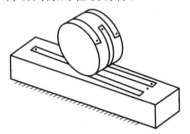
图 6.21 钢带滚轮机构

6.5 机构原理的移植

在进行机构创新设计时,常将现有机构中的某种结构或工作原理等应用于另一种机构中,从而构造出新的机构,这种方法称为机构的移植。其实质就是利用模仿和移植的手段来设计新的机构,因此,设计者必须了解、掌握一些机构在本质上的共同点,以便灵活运用。

机构原理的移植主要有啮合原理的移植、差动原理的移植和谐波转动原理的移植等。同步带传动是齿轮啮合原理移植的实例之一。齿轮啮合传动虽然具有传动平稳、可靠、效率高等优点,但不便于远距离的传动;带传动可实现远距离的传动,但摩擦传动不可靠,效率低。如果将齿轮啮合原理移植到带传动中,把刚性带轮与挠性带设计成互相啮合的齿状,即构造出同步齿形带传动。

差动原理经常用于轮系传动,该轮系称为差动轮系,可以实现运动的合成与分解。例如,汽车后桥的差速器就采用了机构原理的移植,其基本结构原理如图 6.22 所示(已知各轮的齿数,当汽车转弯时其后轴左、右两车轮的转速分别为 n_1、n_3,齿轮 4 的转速为 n_4)。

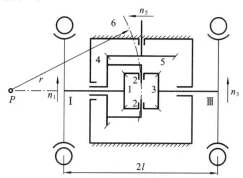

图 6.22 汽车差速器原理图

如图 6.22 所示,当汽车以 P 点为转动中心左转弯时,由于后轴右车轮(齿轮 3)比左车轮(齿轮 1)走过的弧长一些,所以右车轮的转速应比左车轮的转速高。如果左、右两车轮均固连在同一轴上,那么车轮与地面之间必定产生滑动使轮胎易于磨损。为了克服这一问题,特将后轴做成左右两根,并使之分别与左右两车轮固连,而在两轴之间装上一个差动装置。动力从发动机经传动轴和齿轮 5 传到活套在后轴上的齿轮 4。对于底盘来说,齿轮 4 与齿轮 5 的几何轴线都是固定不动的,所以它们是定轴轮系。中间齿轮 2 活套在齿轮 4 侧面突出部分的小轴上,它同时与左、右两轴的齿轮 1 和 3 啮合。当齿轮 1 和齿轮 3 之间有相对运动时,齿轮 2 除随齿轮 4 转动外,又绕自己的轴线转动,所以齿轮 2 是行星轮,齿轮 4 是行星架,齿轮 1 和齿轮 3 都是中心轮,齿轮 1-3-2-4 便组成了一个差动轮系。由此可知,该减速装置是由一个定轴轮系和一个差动轮系串联而成的组合轮系。其转化轮系的传动比 $i_{13}^{(4)}$ 可由下式计算:

$$i_{13}^{(4)} = \frac{n_1 - n_4}{n_3 - n_4} = -\frac{z_3}{z_1} = -1 \tag{6.2}$$

由此可得

$$n_4 = \frac{n_1 + n_3}{2} \tag{6.3}$$

当汽车向左转弯时,右车轮(轮 3)比左车轮(轮 1)转得快,这时轮 1 和轮 3 之间发生相对运动,轮系才起到差速器的作用。至于两车轮的转速究竟多大,则

与它们之间的距离 $2l$ 及所转之弯的半径 r 有关。因为两车轮的直径大小相等，而假设它们与地面之间是纯滚动，所以齿轮 1 和齿轮 3 的传动比可由下式得到：

$$\frac{n_1}{n_3}=\frac{r-l}{r+l} \tag{6.4}$$

联立式(6.2)、式(6.4)，得

$$n_1=\frac{r-l}{r}n_4, \quad n_3=\frac{r+l}{r}n_4 \tag{6.5}$$

可以看出，转弯半径越小，齿轮 1 和齿轮 3 的转速相差越大，差速器的作用越明显。当汽车在平坦的道路上直线行驶时，可认为转弯半径 r 趋于无穷大，此时 $n_1=n_3=n_4$，左右两车轮的转速相等，且都等于齿轮 4 的转速，齿轮 1 和齿轮 3 之间没有相对运动，齿轮 2 不绕自己的轴线转动，这时齿轮 1、2、3 整体一起随齿轮 4 转动。

采用此种差速机构，可以将汽车发动机输出的运动分解给两个车轮，使两个车轮能适应各种转弯与直线运动功能。

此差动原理还可以移植用于螺旋机构、凸轮机构、间歇运动机构等。

图 6.23 所示为差动螺旋机构常用的三种形式。图 6.23(a)所示为同轴单螺旋传动，机构由螺杆、螺母和机架组成。螺杆分别与机架和螺母组成转动副和螺旋副。工作时同时输入螺杆与螺母的转动，实现螺母的差动移动。该机构结构简单，可以实现微动和快速移动，常用于高精度机床的螺距误差校正机构，以及组合机床车端面的机械动力机头。

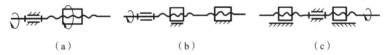

(a)　　　　　　　　(b)　　　　　　　　(c)

图 6.23　常用差动螺旋机构

图 6.23(b)所示是同轴双螺旋传动，属于螺杆、螺母和机架组成的三构件空间机构，两段螺旋的旋向相同。其中：螺杆与机架一端组成转动副，另一端组成螺旋副；螺母与机架组成移动副；螺杆与螺母组成螺旋副。当螺杆转动一周时，螺母移动的距离为两螺旋的导程差。该机构常用于仪器设备中的微调，例如镗床中镗刀的微调机构即为同轴双螺旋传动的差动螺旋机构，如图 6.24(a)所示。

图 6.23(c)所示也是同轴双螺旋传动，两个螺母都与机架组成移动副，但两个螺母的旋向相反。当螺杆转动一周时，螺母的移动距离为两螺旋的导程之和，两螺母可以实现快速分离或合拢。该机构常用于机车车厢之间的连接，可使车钩较快地连接或脱开。也常用于台钳的加紧机构中，如图 6.24(b)所示。

第6章 机构的演化、变异与创新

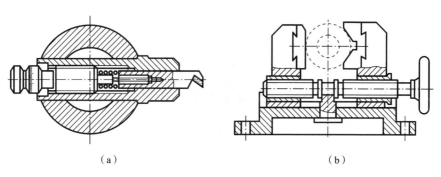

（a） （b）

图 6.24 差动螺旋机构的应用

第7章 机构的组合与创新

机构的组合设计就是将几个简单的基本机构按照一定的原则或规律组合成一个复杂的机构,以便实现一些复杂动作或运动规律。四杆机构、凸轮机构、齿轮机构、间歇机构等以及这些机构的倒置机构是常用的基本机构,应用广泛,但随着生产过程机械化、自动化的发展,对机构输出的运动和动力特性提出了更高的要求,而单一的基本机构具有一定的局限性,在某些性能上不能满足使用要求。单一的连杆机构难以实现一些特殊的运动规律,例如:连杆机构在高速运转时动平衡问题比较突出;凸轮机构虽然可以实现任意的运动规律,但行程小,且行程不可调;齿轮机构具有良好的运动与动力特性,但运动形式简单,并且不适合远距离传动。类似的问题在各种单一的基本机构中都有不同形式的体现,因此,往往需要将某些基本机构进行组合,克服单一机构的缺陷,以满足现代机械的复杂运动与动作要求。可见,探索机构组合创新的方法与规律很有必要。

机构组合是机构创新构型的重要方法之一,组合方式一般分为四种,即串联式组合、并联式组合、复合式组合和叠加式组合。下面分别介绍这四种组合的基本原理,并列举实例。

7.1 串联式组合与创新

串联组合是指将若干个基本机构顺序连接,每一个前置机构的输出运动是后置机构的输入,连接点设置在前置机构的输出构件上,通常是前置机构的连架杆或浮动构件上。串联式组合的结构形式如图7.1所示。

串联式组合可以是两个基本机构的串联组合,也可以为三个或三个以上基本机构的多级串联组合。采用串联方式组合机构可以改善机构的运动与动

图 7.1 串联组合

力特性,如实现增力、增程等功能,也可以实现工作要求的一些特殊的运动规律。

对基本机构进行串联组合时,必须了解每个基本机构的特点,分析哪些基本机构在什么条件下适合做前置机构,在什么条件下适合做后置机构。

7.1.1 串联式组合的形式

选择合理的前置机构对于通过串联组合来构建新的机构来说非常重要,一些基本的简单机构,如连杆机构、凸轮机构、齿轮机构以及间歇机构等常被用来作为前置机构。

1. 连杆机构作为前置机构

此时前置机构的输出构件可以是连架杆、连杆或者浮动杆件。连架杆作为输出构件时可以实现往复摆动、往复移动、等速、变速转动等运动,而且可具有急回特性;连杆具有刚体导引性质,而且连杆上某些点能很容易实现复杂轨迹,这些特性也使得连杆常被作为前置机构的输出构件。

连杆机构作为前置机构时,常采用的后置机构有连杆机构、齿轮机构、凸轮机构、间歇机构以及螺纹机构等。利用连杆机构的杠杆原理,在不减小机构传动角的前提下可以实现增力、增程的功能;也可以实现变速输入、等速输出的功能,还可以利用连杆机构的特殊轨迹实现输出构件的特殊运动规律;齿轮机构作为后置机构可以实现增程、增速等特殊要求;凸轮机构作为后置机构可获得变速凸轮、移动凸轮以及更为复杂的运动规律。

2. 凸轮机构为前置机构

凸轮机构可以输出任意运动规律,但受到压力角的限制,从动件的行程不可能太大,若将其作为前置机构,其后串联连杆机构等基本机构,则可以实现增程、增力要求。

3. 齿轮机构作为前置机构

齿轮机构的输出通常为转动或移动。后置机构可以是各种类型的基本机构,可获得各种减速、增速及其他的功能要求。

4. 其他机构作为前置机构

其他常用来作为前置机构的有挠性传动机构、非圆齿轮机构、间隙运动机构等,串联后可以改善后置机构输出构件的动力特性。

7.1.2 串联组合机构可实现的主要功能举例

1. 增程功能

曲柄摇杆机构以曲柄为主动件时,可以将曲柄的连续回转运动转换为摇杆的往复摆动,但由于许用传动角的关系,摇杆的摆角常受到限制,难以实现大摆角的往复运动。如图 7.2 所示,若将曲柄摇杆机构(1-2-3-5)作为前置机构,齿轮机构(3-4-5)作为后置机构,将它们串联组合起来,摇杆 3 做成不完全齿轮,它既是曲柄摇杆机构的输出构件,又是齿轮机构(3-4-5)的输入构件。从整个机构来讲,曲柄 1 是输入构件,齿轮 4 为输出构件,只要不完全齿轮 3 的半径大于齿轮 4 的半径,就可以达到增大从动件的输出摆角的目的,即增大输出件的角位移。

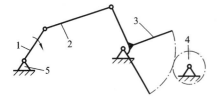

图 7.2 连杆-齿轮机构串联扩大摆角

应用实例:飞机上使用的高度表就是连杆-齿轮机构串联以放大输出件摆角的应用实例,其结构原理如图 7.3 所示。因为飞机的高度不同,大气压力的变化将使膜盒 1 与连杆 2 的铰接点 C 左右移动,通过连杆使摆杆 3 绕轴心 A 转动,与摆杆 3 相固连的不完全齿轮 4 带动齿轮放大装置 5、6,指针 6 在刻度盘 7 上指示相应的飞机高度。

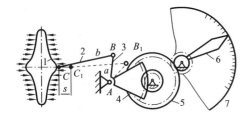

图 7.3 飞机上使用的高度表

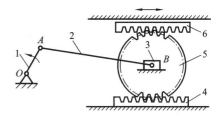

图 7.4 连杆齿轮机构实现增程功能

在图 7.4 所示的连杆齿轮机构中,曲柄滑块机构 1-2-3 为前置机构,齿轮齿条机构为后置机构。其中齿轮 5 空套在 B 点的销轴上,它与两个齿条同时啮合,下面的齿条固定,上面的齿条能沿水平方向移动。当曲柄 1 回转一周时,滑块 3 的行程为两倍的曲柄长,而齿条 6 的行程又是滑块 3 的两倍。该机构用于实现增程功能,在印刷机械中得到了应用。

图 7.5 所示为利用齿轮齿条机构的串联实现增大输出件行程的实例。整个机构由齿轮齿条机构 3-1 和齿轮齿条机构 2-5 串联组合而成。齿条 1 固定在机架上,活动齿条 2 安装在移动台上,同轴齿轮 3 和 5 分别与齿条 1 和齿条 2

啮合，气缸 4 中活塞杆作为机构的输入构件，推动齿轮 3 在固定齿条 1 上滚动，齿轮 5 带动活动齿条 2 移动。活动齿条 2 的行程 $B=A\left(1+\dfrac{z_5}{z_3}\right)$（$A$ 为活塞行程），显然，齿条 2 的行程大于活塞杆的行程。但是应该注意，该机构在行程被放大的同时速度也被放大，所以必要时应考虑速度缓冲问题。

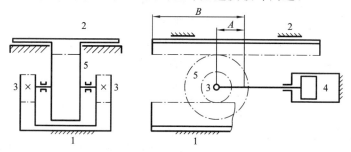

图 7.5　齿轮齿条串联实现增程功能

2. 增力功能

图 7.6 所示为一个实现增力功能的串联组合机构。它由一个前置的曲柄摇杆机构 1-2-3 和后置的摇杆滑块 3-4-5 串联组合而成。设连杆 2 所受的力为 F，连杆 4 所受的力为 F_P，致使滑块 5 产生向下的冲击力 F_Q，则 $F_Q=F_P\cos\alpha=\dfrac{FL}{S}\cos\alpha$。此时，随着滑块 5 的下移，在 α 减小的同时，L 增大，S 减小。在 F 不增大的条件下，冲击力 F_Q 增大约 L/S 倍。

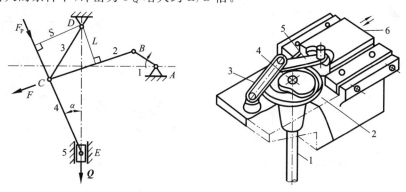

图 7.6　连杆机构串联实现增力功能　　　**图 7.7　凸轮增力机构**

图 7.7 所示为一凸轮增力机构。由凸轮 2、摆杆 3 与机架组成的凸轮机构为前置机构；后置机构是由摆杆 3、连杆 5 和滑块 6 组成的肘杆机构。只要合理设计凸轮的轮廓曲线，使其形状有利于连杆 5 的传力，即可达到增力效果。

3. 实现特定运动规律

常见的特定运动规律有输出构件的部分行程要求等速、减速、停歇或当主动构件完成一个行程时,输出构件能实现多个行程等。通常将不同类型的机构进行多级巧妙组合,以实现上述规律。

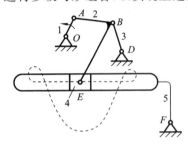

图 7.8 能实现特定运动规律的串联机构

图 7.8 所示为一个输出构件具有间歇运动特性的串联组合机构。前置机构为曲柄摇杆机构 1-2-3,后置机构是一个具有两个自由度的五杆机构 3-4-5,前置机构中的连杆 2 为后置机构的输入构件,铰接点设在 E 点。前置曲柄摇杆机构运动时,连杆上的 E 点具有特定的运动规律,其轨迹为图中虚线所示,当 E 点在轨迹的直线段时,输出构件 EF 将实现停歇;当 E 点在轨迹的曲线段时,输出构件 EF 发生摆动,从而实现从动件的特殊运动规律。

毛纺针梳机导条机构上的椭圆齿轮连杆机构即为实现输出近似匀速移动的串联机构,如图 7.9 所示。该机构由椭圆齿轮机构 1-2、齿轮机构 2-3 以及曲柄导杆机构 3-4-5 串联而成。前置的椭圆齿轮机构输出非匀速转动;中间的齿轮机构用于减速;后置的曲柄导杆机构将转动变为移动。主动件椭圆齿轮 1 转动,可以使输出构件 5 实现近似的匀速移动。

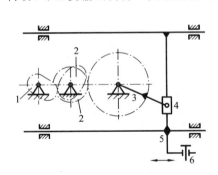

图 7.9 毛纺针梳机导条机构

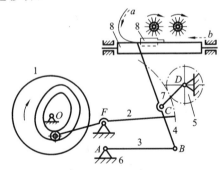

图 7.10 洗瓶机推瓶机构

如图 7.10 所示的洗瓶机推瓶机构由凸轮机构、齿轮机构以及连杆机构串联组合而成。凸轮机构 1-2 为前置机构,主动凸轮 1 匀速转动,输出构件 2 往复摆动;和构件 2 固连的大半径扇形齿轮与齿轮 5 构成齿轮机构;齿轮 5 与杆 7 固连,是铰链四杆机构 3-4-5-6 的输入构件,连杆 4 上的推头 8 是推瓶机的工作部件,该机构很好地利用了铰链四杆机构的急回特性以及连杆具有特殊运动轨迹的特性,可以实现推头沿 a-b 较慢地匀速推瓶,并快速沿 $\overset{\frown}{ba}$ 返回。中间串联的扇形齿轮机构用来扩大齿轮 5 的转角,可以较好地减小凸轮的尺寸。

图 7.11(a)所示为行星齿轮连杆机构,行星齿轮机构 1-2-3 为前置机构,与曲柄滑块机构 1-4-5-3′组成串联机构。系杆 1 为输入构件,行星齿轮 2 与固定内齿轮 3 相啮合,当两齿轮的齿数满足 $z_3=3z_2$ 时,齿轮 2 节圆上的轨迹是 3 段近似圆弧的摆线,其圆弧半径近似等于 $8r_2'$(r_2' 为齿轮 2 的节圆半径),行星齿轮 2 作为输出件,在节圆处与连杆 4 铰接,当连杆 4 的长度等于 $8r_2'$ 时,滑块 5 与连杆 4 的铰接点近似位于圆心处,则当系杆转动一转时,滑块 5 有三分之一的时间处于停歇状态。这就是利用行星轮系中行星齿轮的平面复合运动输出特殊的运动规律,串联组合后置机构,使输出构件满足特殊的运动要求。该机构的组合框图如图 7.11(b)所示。

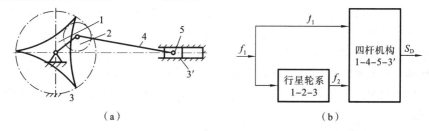

图 7.11 行星齿轮连杆机构

在串联式机构的组合中,输入构件的运动是通过各基本机构,依次传递给输出构件的。根据这个特点,在进行运动分析时,可以从已知运动规律的第一个基本机构开始,按照运动的传递路线顺序解决的方法,求得最后一个基本机构的输出运动。显然,串联式机构组合的位移关系,是各基本机构位移函数的复合函数。

7.2 并联式组合与创新

机构的并联式组合是指两个或多个基本机构并列布置,运动并行传递,可实现机构的平衡,改善机构的动力特性,还可以实现需要互相配合的复杂动作与运动。设 A、B 为基本机构,则它们的输入、输出构件之间通常有如图 7.12 所示的几种形式。

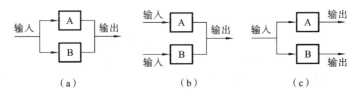

图 7.12 机构的并联组合形式

7.2.1 并联组合的形式

并联式机构组合的特点是运动并行传递,通常可分为并列式组合、合成式并列组合和时序式并列组合。

1. 并列式并联组合

并列式并联组合又称Ⅰ型并联组合,要求并联的两个基本机构的类型、形状和尺寸相同,且对称布置。它主要用于改善机构的受力状态、动力特性、自身的动平衡,解决机构运动中的止点问题及输出运动的可靠性等问题。并联的两个基本机构通常为连杆机构或齿轮机构,它们的输入或输出构件一般是两个基本机构的共有构件,如图 7.12(a)所示,输入或输出运动通常是简单的移动、转动或摆动。

2. 合成式并联组合

合成式并联组合又称Ⅱ型并联组合,一般是两个并联子机构具有各自的输入运动,最终将运动合成,在共同的输出机构上实现输出,完成较复杂的运动规律或轨迹要求,如图 7.12(b)所示。两个基本机构可以是不同类型的机构,也可以是相同类型的机构。其原理是通过两基本机构的输出运动互相影响或作用,产生新的运动规律或轨迹,以满足机构的工作要求。

3. 时序式并联组合

时序式并联组合又称Ⅲ型并联组合,可以实现输出运动或动作的严格时序要求,一般是同一个输入构件,通过两个基本机构的并联,分解成两个不同的输出,相当于运动或动作的分解,并且这两个输出运动具有一定的运动或动作协调要求,其基本原理如图 7.12(c)所示。

7.2.2 并联组合机构可实现的主要功能举例

并联式组合机构可实现的主要功能与其组合形式密切相关,下面通过实例分析其功能及其组合特点。

1. 改善机构的工作性能

图 7.13 所示为某型飞机上采用的襟翼操纵机构,它由两个尺寸相同的齿

轮齿条机构并联组合而成,两个可移动的齿条分别由两台直线式移动电动机驱动。这种设计的创意特点是:两台电动机共同控制襟翼,襟翼的运动反应速度快;当其中一台电动机发生故障时,仍可以用另一台电动机单独驱动襟翼(这时襟翼摆动速度减半),增大了操纵系统的可靠性与安全系数。

图 7.14 所示为一压力机的螺旋杠杆机构。其中两个尺寸相同的双滑块机构 2-3 和 4-3 并联组合,并且两个滑块同时与输入构件 6 组成导程相同、旋向相反的螺旋副。机构工作时,构件 6 输入转动,滑块 1 和 5 向内或向外移动,从而使并联组合滑块 3 沿导轨 P 上下移动,完成加压功能。并联组合滑块 3 沿导路移动时,滑块与导路之间几乎没有摩擦阻力。

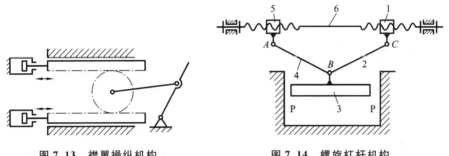

图 7.13　襟翼操纵机构　　　　图 7.14　螺旋杠杆机构

如图 7.15 所示为六缸发动机曲轴连杆机构,它由六个曲柄滑块机构并联组合而成,各并联机构的结构尺寸完全相同,六个机构的曲柄设计在同一根曲轴上,并且曲柄分为三组,每组两个,三组曲柄在圆周均匀布置。当主动件活塞上下运动时,曲柄即可实现无死点位置的定轴回转运动,克服了曲柄滑块机构的死点问题,而且提高了机构的动平衡性能,可减小发动机的振动。

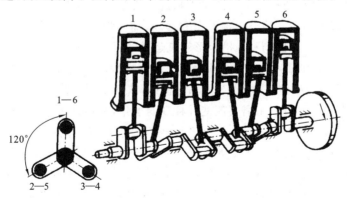

图 7.15　六缸发动机的曲轴连杆机构

2. 实现特定的运动轨迹或运动规律

图 7.16 所示为平板印刷机上的吸纸机构的运动简图,由两个摆动从动件凸轮机构和一个五杆机构 2-3-4-5-6 组成。该机构的工作构件为连杆 5 上的吸纸盘 P,并且要求该盘能按规定的矩形轨迹运动。两盘形凸轮固接在同一转轴上,五杆机构的两连架杆 2 和 3 同时又是两凸轮机构的输出构件,并分别与凸轮不同轮廓线接触形成高副。当凸轮转动时,推动从动件 2、3 分别按要求的规律运动,同时使连杆 5 上的吸纸盘 P 按预定的矩形轨迹运动,以此完成吸纸和送进等动作。该并联式组合机构,实质上是合成式并联组合机构。

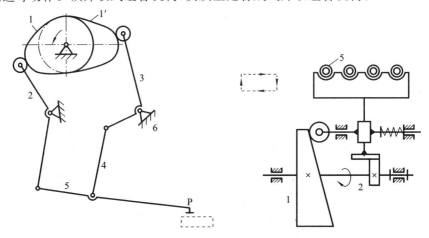

图 7.16 平板印刷机上的吸纸机构　　图 7.17 自动输送机构

图 7.17 所示为一个自动输送机械装置的结构示意图。该装置是由两个凸轮机构并联组合而成的。端面凸轮 1 和盘形凸轮 2 安装在同一根输入轴上,该轴回转时,端面凸轮 1 使输出构件左右移动,而盘形凸轮 2 使输出构件上下移动,最终实现被输送的物料 5 沿矩形轨迹运动的目的。

图 7.18(a)和(b)所示为缝纫机针杆传动机构的两种设计方案,工作构件是针杆 3,是曲柄滑块机构 1-2-3 的输出构件,曲柄 1 的旋转可以实现针杆的上下运动。由于工作过程中需要改变针杆 3 的摆角,两种方案分别在曲柄滑块机构上并联了偏心盘凸轮机构 4-5 和摆动导杆机构 4-5-6。两种方案的组合机构都具有两个自由度,图 7.18(a)所示方案的原动件分别为曲柄 1 和凸轮 4,通过调整偏心凸轮的偏心距,可以改变针杆 3 的摆角;图 7.18(b)所示方案的原动件分别为曲柄 1 与曲柄 6,曲柄 6 通过摆动导杆机构可以调整针杆 3 的摆角。设计该类机构时,一般需要按照输出构件的复合运动要求绘制运动循环图,根据运动循环图确定两主动构件的初始位置,并且要协调两个主动构件的运动,

以实现针杆3上下往复移动和摆动的复杂平面运动规律。

图7.19所示为自动送料机间歇传送机构的运动简图,由两个齿轮机构和一个平行四边形机构并联组成,5为工作滑轨,6为被推送的工件。主动齿轮1经两个齿轮2与2'带动平行四边形机构的两个连架杆3与3'同步转动,使连杆4(送料动梁)平动,送料动梁上任一点的运动轨迹都是半径相同的圆,如图7.19中的点画线所示,故可间歇地推送工件。该机构将齿轮机构的连续转动转化为连杆的平动,并与工作滑轨配合,实现间歇推料动作,机构运动可靠。

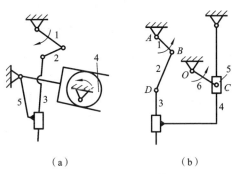
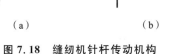
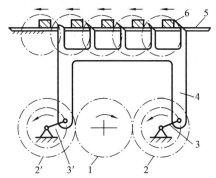

图7.18 缝纫机针杆传动机构　　图7.19 齿轮-连杆间歇传动机构

3. 实现复杂动作的配合

如图7.20所示的双滑块工作机构由摇杆滑块机构1-3-4-5与反凸轮机构1-2-5并联组合而成,将共同主动构件1的往复摆动分解为两个滑块的往复直线运动。机构运动时,摇杆1的滚子在大滑块2的沟槽内运动,致使大滑块左右移动,即构件1、2、5构成一个移动凸轮机构;同时,摇杆1经连杆3的传递作用,使小滑块4也实现左右移动。因大、小滑块经由不同的机构传递运动,所以它们具有不同的运动规律。该机构一般用于工件输送装置,工作时,大滑块2在右端位置先接受工件,然后左移,再由小滑块4将工件推出。因此,设计时须注意两个滑块动作的协调与配合。

图7.21所示为一个带自动送料功能的冲压机构的运动简图。它是由摆动从动件盘形凸轮机构1'-3与摇杆滑块机构3-4-5先进行串联组合,然后串联的凸轮连杆机构再与推杆盘形凸轮机构1-2进行并联组合。整个机构的原动件为两个固联的凸轮,推杆2与滑块5分别输出运动。工作时,推杆2负责输送工件,滑块5完成冲压,因此设计时要特别注意两输出运动的时序关系。

上面两例均采用了时序并联组合形式,机构具有一个自由度,参与并联的两个基础机构共用同一个原动件,分别输出两种运动,因此,从运动形式上讲,

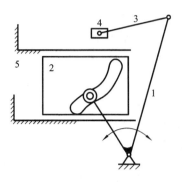
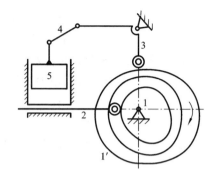

图 7.20 双滑块驱动机构　　　　图 7.21 带自动送料功能的冲压机构

相当于运动的分解。一般来讲,机构分解出来的两种输出运动在时序上,或者运动规律上具有特殊要求,两基础机构需要进行复杂的运动或动作的配合。通常是先绘制输出构件的运动循环图,然后根据循环图进行机构的尺寸分析和综合分析。

7.3 复合式组合与创新

复合式机构组合是指以具有两个或两个以上自由度的机构为基础机构,单自由度的机构为附加机构,将两个机构以一定方式相连接,组成一个单自由度的组合机构。基础机构的两个输入运动中,一个来自机构的主动构件,另一个则与附加机构的输出件相联系。组合形式有构件并接式和机构反馈式两种,如图 7.22 所示。

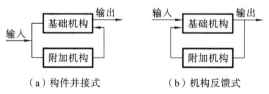

（a）构件并接式　　　　（b）机构反馈式

图 7.22 复合式组合机构的原理图

并接式复合如图 7.22(a)所示,它是将原动件的运动一方面传给一个单自由度的基本机构,转换成另一运动后,再传给两个自由度的基本机构,同时原动件又将其运动直接传给该两个自由度的基本机构,而后者将输入的两个运动合成为一个运动输出。

机构反馈式复合如图 7.22(b)所示,原动件的运动先输入给多自由度的基础机构,该机构的一个输出运动经过单自由度附加机构转换成另一种运动后又反馈给原来的多自由度基础机构。

复合式机构组合是一种比较复杂的组合形式,基础机构的输入运动除来自于自身的主动构件外,还有一个来自于附加机构。复合式机构组合中的基础构件通常为两自由度的机构,如五杆机构、差动齿轮机构等,或引入空间运动副的空间运动机构,而附加机构则为各种基本机构及其串联式组合。

复合式组合中的基础机构很关键,通常是以两自由度的凸轮机构、齿轮机构、连杆机构等为基础机构,然后并联单自由度的附加机构,如连杆机构、齿轮机构和凸轮机构等。各种基本机构有机地融合为一体,成为一种新机构,如齿轮-连杆机构、凸轮-连杆机构、齿轮-凸轮机构等。其主要功能是可以实现任意运动规律的输出,如一定规律的停歇、逆转、加速、减速、前进、倒退等。但这类机构比较复杂,缺乏共同规律,设计时需要根据具体的机构进行尺寸综合与分析。常见的复合式组合形式见表 7.1。

表 7.1 复合式组合机构的组合形式

基础机构 (多自由度)	附加机构 (单自由度)	复合式组合机构 (单自由度)
差动凸轮机构	齿轮机构	凸轮齿轮机构
	连杆机构	凸轮连杆机构
差动齿轮机构	凸轮机构	齿轮凸轮机构
	齿轮机构	复合轮系
	连杆机构	齿轮连杆机构
差动连杆机构	凸轮机构	连杆凸轮机构
	齿轮机构	连杆齿轮机构

下面以齿轮连杆机构为例,分析复合式机构的组合过程、结构特点及运动特点。

齿轮连杆机构是以差动齿轮机构为基础机构,以单自由度的连杆机构为附加机构进行组合,其组合过程如图 7.23 所示。组合后,附加机构的连架杆 2 与基础机构的系杆 2 合并,并且作为组合机构的输入构件。另外,附加机构的浮动连杆与基础机构的浮动构件行星齿轮固联。这样,两自由度差动齿轮机构的一个输入构件是自身的系杆 2,另一个输入构件是附加机构的浮动连杆 3,整个

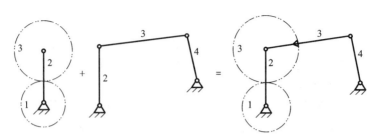

图 7.23 齿轮连杆机构的组合

复合机构的自由度为 1。

结构特点分析：从组合过程来看，两个基本机构必须具有同类构件作为公共构件，这里的同类是指运动形式的同类，如本例中基础机构的系杆 2 和附加机构中杆 2 同为连架杆，基础机构的行星齿轮 3 和附加机构中连杆 3 同为浮动构件。

运动特点分析：令 ω_2 为机构的输入参数，ω_1 为机构的输出参数。由基础机构得

$$\frac{\omega_1-\omega_2}{\omega_3-\omega_2}=-\frac{z_3}{z_1}=-i_{13} \tag{7.1}$$

则

$$\omega_1=\omega_2-i_{13}(\omega_3-\omega_2) \tag{7.2}$$

根据附加的连杆机构求出 $\omega_3-\omega_2$，即可由式(7.2)求出任意位置的构件 1 的角速度。

特例分析：若在机构运动的某区间使 $\omega_3-\omega_2=\frac{\omega_2}{i_{13}}$，则 $\omega_1=0$，即中心轮 1 保持静止；若 $\omega_1=\omega_2(1+i_{13})$，则 $\omega_3=0$，即行星轮 3 保持静止。

可见，通过确定基础齿轮机构的齿轮 1 和齿轮 3 的齿数比，设计不同的连杆尺寸，就可以实现不同的运动规律。因此，主要的设计问题是确定齿数比和对附加四连杆机构进行尺寸分析与计算，并确定最终尺寸。

7.3.2 复合式组合机构可实现的主要功能

1. 实现增程与增力功能

图 7.24 所示为实现直线位移增程功能的连杆凸轮机构。差动连杆机构 1-2-3-4-5 是双自由度五杆机构，以其作为基础机构，附加机构是固定凸轮机构 1-2-6。连架杆 1 和连杆 2 是两机构的共同构件，其中连杆 2 为浮动杆。连架杆 1 为机构的主动构件，可以作整周回转，输出构件是滑块 5。该机构的特点是，输出构件滑块 5 的行程比简单凸轮机构推杆的行程大几倍，而凸轮机构的压力角仍可控制在许用值范围内。

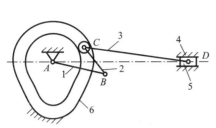
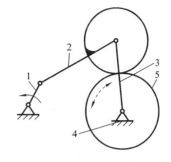

图 7.24　增程的连杆凸轮机构　　图 7.25　增程的齿轮连杆机构

图 7.25 所示为实现角位移增程功能的齿轮连杆机构。其基础机构为差动齿轮机构 2-3-4-5，附加机构为曲柄摇杆机构 1-2-3-4。在普通的曲柄摇杆机构中，通常曲柄 1 为输入构件，摇杆 3 为输出构件，但摇杆 3 的摆角受到限制，不可能很大，而经过上述组合后，如果将齿轮 5 作为输出构件，则齿轮 5 的输出摆角比摇杆 3 的摆角大几倍。

前面介绍过连杆凸轮机构可以实现增程功能（见图 7.25），实际上，连杆凸轮机构也可以实现增力功能，如图 7.26(a) 所示。该机构中的基础机构是由构件 1、2、3、4 以及机架组成的五杆差动连杆机构，附加机构为构件 3、4 及机架组成的固定凸轮机构，其中构件 3 是浮动杆。当主动构件 1 转动时，输出构件 4 实现上下运动。通过设计凸轮廓线的形状可以较好地控制构件 3 与构件 4 铰接点的运动轨迹与速度规律，从而增大构件 4 的输出力，因此，该机构常用在冲压设备中。

如果在构件 4 与 2 之间再串联一个Ⅱ级杆组 6、7，则可以构造出一个双向冲压机构，如图 7.26(b) 所示。构件 7 和 4 上分别固定有上、下压盘，中间是毛坯，当主动构件 1 转动时，在滑块 7 向下压的同时，拉杆 4 向上顶，毛坯 8 被压制成形。

2. 实现特定的运动规律

通过合理设计机构的复合式组合形式，往往可以实现输出件的特定的运动规律，如任意角度的转位、停歇、逆转，连架杆的函数运动要求，浮动杆的轨迹要求，以及急回特性等。

图 7.27 所示为机构并接式凸轮连杆组合机构，其中，基础机构是五杆差动连杆机构 1-2-3-4-5，附加机构为凸轮机构 $1'$-4-5，构件 4 为两个机构的公共构件。机构的原动件为凸轮 $1'$，而曲柄 1 与凸轮 $1'$ 固接，当原动凸轮转动时，将同时给五杆机构输入一个转动（构件 1）和一个移动（构件 4），故此双自由度的五杆机构具有确定的运动，这时构件 3 上任一点（如 C 点）便能实现复杂的轨迹 C_x。

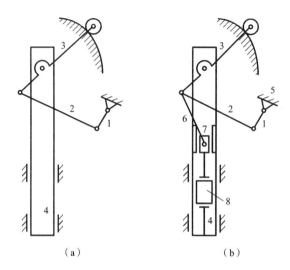

图 7.26 实现增力功能的连杆凸轮机构

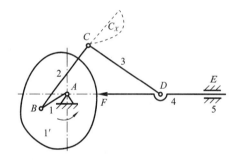

图 7.27 实现复杂运动规律的
凸轮连杆组合机构

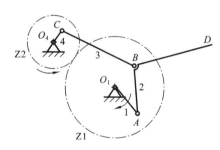

图 7.28 齿轮连杆机构

图 7.28 所示为缝纫机上的挑线机构示意图,由构件 1、2、3、4 及机架组成双自由度的五杆机构为基础机构,而齿轮 Z_1、Z_2 以及机架组成的齿轮机构为附加机构。连杆 2 上的 D 点作为挑线孔,用以完成输线和收线工作,同时还要满足一定速度变化的要求。通过适当设计齿轮的直径、各个杆件的长度以及 D 点在连杆上的位置,可以实现 D 点的不同运动规律。例如,如果两齿轮直径相等,连架杆 1 和 4 的长度相等,连杆 2、3 等长,那么 D 点可以实现直线运动。

如图 7.29 所示为 IHI 摆式飞剪机剪切机构,用于钢带的剪切。其基础机构为具有两个自由度的五杆机构 1-2-3-4-6,附加机构为四杆机构 1-5-4-6。连架杆 1 和连架杆 4 为两个机构的共同构件,并且可以选择其一作为输入构件;输出构件为基础机构中连杆 2。如果给四杆机构的连架杆 1 输入一个运动,则该运动将同时输给差动五杆机构,另外,四杆机构的连架杆 4 将给五杆机构输入另一个运动,这样,差动五杆机构具有确定的运动,而且连杆 2 能输出指定运动规律。只要杆件的长度设计适当,就可使上刀刃实现图示运动轨迹,并且保证在剪切时(相当于上刀刃在 ab 段)刀刃的水平分速度与钢带连续送进速度相同。

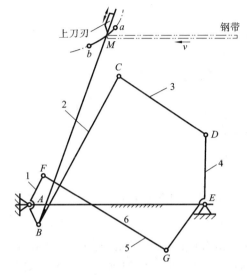

图 7.29　IHI 摆式飞剪机剪切机构

3. 实现大速比的功能

图 7.30 所示为齿轮连杆组合机构,其中齿轮 1、齿轮 2、系杆 3 及机架组成差动齿轮机构,而构件 $1'$、3、4、5 组成平行双曲柄机构,两机构具有共同的构件 3,而且连杆 $1'$ 与齿轮 1 固联,如图 7.30(a)所示。若将 1 与 2 的外啮合齿轮改为内啮合齿轮,并增加虚约束 $4'$,就形成了如图 7.30(b)所示的齿轮连杆机构。

工作时,系杆 3 是主动构件,输入转动,中心轮 2 为输出构件。设系杆 3 的转速为 n_H,则机构的运动关系可由公式(7.3)给出:

$$\frac{n_2 - n_H}{n_1 - n_H} = \pm \frac{z_1}{z_2} \tag{7.3}$$

其中正号用于图 7.30(b)所示的内啮合机构,负号用于图 7.30(a)所示的外啮合机构。因为行星齿轮 1 与平行双曲柄机构中的连杆 $1'$ 固联,只作平动,角速度 $\omega_1 = 0$。故这类机构也被称为平动齿轮机构。将 $n_1 = 0$ 代入公式(7.3),整理后得

$$\frac{n_2}{n_H} = 1 \mp \frac{z_1}{z_2} \tag{7.4}$$

其中,负号用于图 7.30(b)所示的内啮合机构,正号用于图 7.30(a)所示的外啮合机构。通过式(7.4)可以看出,对于图 7.30(a)所示的外啮合平动齿轮机构,若两个齿轮的齿数相等,则输出齿轮 2 的转速为输入系杆的两倍,且同方向旋转,要想得到大的传动比,必须加大齿轮 1 和齿轮 2 的齿数比,这样将使整个机构的尺寸增大;但是,对于图 7.30(b)所示的内啮合机构,若两个齿轮的齿数差很小,则该机构将获得很大的传动比,而且尺寸小,结构紧凑。利用这种机构设计的减速器,单级传动比在 11～99 之间,双级传动比可达 9 801。

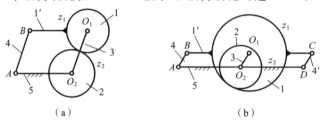

图 7.30 具有大传动比的平动齿轮机构

4. 实现运动的合成

如前所述,并联式组合可以实现运动的合成与分解,事实上,复合式组合也可以较好地实现运动的合成。在图 7.31 所示的机构中,蜗杆 1、蜗轮 2 及机架 3 组成具有两个自由度的差动蜗轮蜗杆机构;以该蜗轮蜗杆机构为基础机构,凸轮机构为附加机构,组合后得到复合式组合机构。在图 7.31(a)中,圆柱凸轮与蜗杆固联,如果以圆柱凸轮为主动构件,以蜗轮 2 为输出构件,输出的角位移由两部分组成,一部分是由蜗杆转动而产生的,另一部分是由凸轮的变化廓线所导致的蜗杆轴移动而产生的,因此,蜗轮的输出角位移可以看成是蜗杆的转动与凸轮的直线移动合成的,即

$$\varphi_2 = \frac{z_1}{z_2}\varphi_1 \pm \frac{s_1}{r_2} \tag{7.5}$$

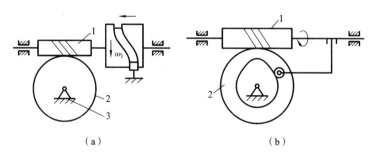

图 7.31 蜗杆凸轮机构

图7.31(b)所示为一种机床用误差补偿机构,其基础机构是具有两个自由度的蜗杆机构(蜗杆1可转动也可移动),盘形凸轮机构是附加机构。由于凸轮机构的从动件与蜗杆相连,主动蜗杆1带动从动蜗轮2转动的同时,还在凸轮推杆的作用下沿自身轴线移动,从而使蜗轮2的转速根据蜗杆1的移动方向而增加或降低,蜗轮的运动是转动与移动两个运动的合成。

7.4 叠加式组合与创新

7.4.1 叠加式机构组合原理与创新方法

将一个机构安装在另一机构的某个运动构件上的组合形式,称为叠加式机构组合,其输出运动是若干个机构输出运动的合成。

图7.32所示为两个铰链四杆机构的叠加组合,将两构件5、6分别与铰链四杆机构1-2-3-4的构件3、4相连,即四杆机构1-2-3-4与四杆机构3-4-5-6叠加,共用构件3、4。图中两种叠加方式的不同之处是,图7.32(a)所示是将构件5、6分别安装在构件3、4上,而图7.32(b)所示的叠加方式中构件1、4和构件6、4共用了一个转动副(存在一个复合铰链)。

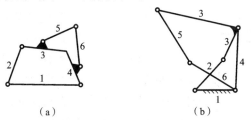

图7.32 铰链四杆机构的叠加组合

7.4.2 叠加式机构组合的主要功能分析

1. 运动独立式

如图7.33所示为电动玩具马的主体运动机构,它能模仿马飞奔前进的运动形态。该机构由曲柄摇块机构1-2-3-4安装在两杆机构的转动导杆4上组合而成,工作时分别由转动构件4和曲柄1输入转动,使曲柄摇块机构中导杆2

的摇摆和其上 M 点的运动来实现马的俯仰和升降(跳跃),以两杆机构作为基础机构使马作前进运动,三种运动形态合成马飞奔前进的运动形态。

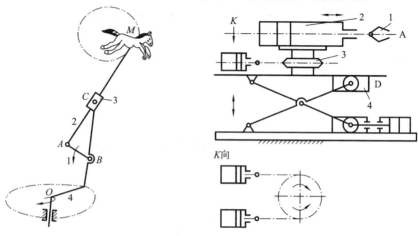

图 7.33　电动玩具马的主体运动机构　　　　图 7.34　圆柱坐标型机械手

图 7.34 所示为工业机械手。工业机械手的手指 1 为一开式运动链机构,安装在水平移动的气缸 2 上,而气缸 2 叠加在链传动机构的回转链轮 3 上,链传动机构又叠加在 X 形连杆机构 4 的连杆上,使机械手的终端实现上下移动、回转运动、水平移动以及机械手本身的手腕转动和手指抓取的多自由度、多方位的动作效果,以适应各种场合的作业要求。

2. 运动相关式

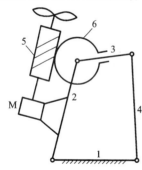

如图 7.35 所示摇头电扇的传动机构是由蜗杆机构与双摇杆机构叠加而成的。电动机 M 安装在双摇杆机构 1-2-3-4 的摇杆 2 上,蜗轮 6 固装在连杆 3 上,故两个机构的运动互相影响。电动机 M 向蜗杆 5 输入转动,蜗杆 5 在快速转动的同时,带动蜗轮 6 慢速回转,从而使双摇杆机构摆动,以实现电扇的摇头功能。注意,在这个机构的叠加组合中,除了构件 2 是两个基本机构的共用构件外,连杆 3 与蜗轮 6 固联,整个机构只有四个活动构件,自由度为

图 7.35　摇头电扇的传动机构

1,只需要一个输入构件,机构的运动就确定了。

第 8 章 机构运动链的再生与创新

为实现一定的功能要求而设计一个新机构是很困难的,但是在现有的基础上,开发一个超过现有机构、性能更好的机构还是有许多方法可以遵循的。机构运动链的再生设计就是实现这样一个新机构的有效途径。

机构运动链再生设计的基本思路是:① 首先确定原始机构(已有机构),并分析其结构组成;② 将原始机构转化成一般化运动链;③ 求出一般化运动链图谱;④ 从图谱中选出可用的特定化运动链;⑤ 将特定化运动链转化成特定化机构,即再生的新机构。其过程可以用图 8.1 所示的机构运动链的再生设计框图进行描述。

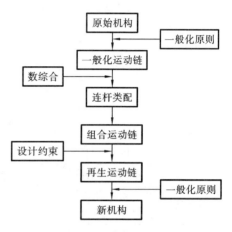

图 8.1 机构运动链的再生设计框图

8.1 原始机构的选择与分析

在机械创新设计中一般把既能满足设计基本要求又具有开发潜力的已知机构作为创新设计的原始机构,原始机构是新型机构设计的基础。常用的原始机构多种多样,如齿轮机构、凸轮机构、连杆机构、槽轮机构和棘轮机构等,也包括组合机构,如齿轮连杆机构、凸轮连杆机构等。原始机构在技术上比较成熟,应用范围比较广,人们对其性能与优缺点比较了解,在设计与制造上比较有经验。优先选用原始机构,有利于提高设计的可靠性。

由于机械的功能是千差万别的,其执行机构的运动形式和运动规律也是多种多样的,而实现同一功能的机构又有许多种,所以原始机构的选型是一个复杂问题,通常需要综合考虑执行构件的运动形式(如回转、单向间歇运动、摆动等)以及执行机构的传动功能(如变传动比、定传动比等)。表 8.1、表 8.2 对常用原始机构的运动特性及其基本功能作了概括性的分析与比较,以供选型时参考。

表 8.1 变传动比常用原始机构的特点和应用

类 型	特 点	应 用
连杆机构	结构简单,制造容易,工作可靠,传动距离较远,传递载荷较大,可实现急回运动规律,传动不平稳,冲击与振动较大	用于从动件行程较大或承受重载的工作场合,可以实现移动、摆动等复杂的运动规律或运动轨迹
凸轮机构	结构紧凑,工作可靠,调整方便,可获得任意运动规律,但载荷较大,传动效率较低	用于从动件行程较小和载荷不大以及要求特定运动规律的场合
非圆齿轮机构	结构简单,工作可靠,从动件可实现任意传动规律,但齿轮制造较困难	用于从动件作连续转动和要求有特殊运动规律的场合
棘轮间歇机构	结构简单,从动件可获得较小角度的可调间歇传动,但传动不平稳,冲击很大	多用于进给系统,以实现送进、转位、分度、超越等
槽轮间歇机构	结构简单,从动件转位较平稳,而且可实现任意等时的单向间歇转动,但当拨盘转速较高时,动载荷较大	常用做自动转位机构,特别适用于转位角度在 45°以上的低速传动
凸轮式间歇机构	结构较简单,传动平稳,动载荷较小,从动件可实现任何预期的单向间歇传动,但凸轮制造困难	用做高速分度机构或自动转位机构
不完全齿轮机构	结构简单,制造容易,从动件可实现较大范围的单向间歇传动,但啮合开始和终止时有冲击,传动不平稳	多用做轻工机械的间歇传动机构

表 8.2 定传动比常用原始机构的特点和应用

类 型	特 点	应 用
螺旋机构	传动平稳无噪声,减速比大;可实现转动与直线移动;滑动螺旋可做成自锁螺旋机构;工作速度一般很低,只适用于小功率传动	多用于要求微动或增力的场合,如机床夹具以及仪器、仪表,还用于将螺母的回转运动转变为螺杆的直线运动的装置
摩擦轮机构	有过载保护作用;轴和轴承受力较大,工作表面有滑动,而且磨损较快;高速传动时寿命较低	用于仪器及手动装置以传递回转运动

续表

类　型	特　点	应　用
圆柱齿轮机构	载荷和速度的许用范围大,传动比恒定,外廓尺寸小,工作可靠,效率高;制造和安装精度要求较高,精度低时传动噪声较大,无过载保护作用;斜齿圆柱齿轮机构运动平稳,承载能力强,但在传动中会产生轴向力,在使用时必须安装推力轴承或角接触轴承	广泛应用于各种传动系统,传递回转运动,实现减速或增速、变速以及换向等
齿轮齿条机构	结构简单,成本低,传动效率高,易于实现较长的运动行程;当运动速度较高或为提高运动平稳性时,可采用斜齿或人字齿轮机构	广泛应用于各种机器的传动系统,变速操纵装置,自动机的输送、转向、进给机构以及直动与转动的运动转换装置
圆锥齿轮机构	用来传递两相交轴的运动;直齿圆锥齿轮传递的圆周速度较低,曲齿用于圆周速度较高的场合	用于减速、转换轴线方向以及反向的场合,如汽车、拖拉机、机床等
螺旋齿轮机构	常用于传递不平行又不相交的两轴之间的运动,但其齿面间为点啮合,且沿齿高和齿长方向均有滑动,容易磨损,因此只宜用于轻载传动	用于传递空间交错轴之间的运动
蜗杆蜗轮机构	传动平稳无噪声,结构紧凑,传动比大,可做成自锁蜗杆;自锁蜗杆传动的效率很低,低速传动时磨损严重,中高速传动时的蜗轮齿圈需贵重的减摩材料(如青铜),制造精度要求高,刀具费用昂贵	用于大传动比减速装置(但功率不宜过大)、增速装置、分度机构、起重装置、微调进给装置、省力的传动装置
行星齿轮机构	传动比大,结构紧凑,工作可靠,制造和安装精度要求高,其他特点同普通齿轮传动;主要有渐开线齿轮、摆线针轮、谐波齿轮三种齿形的行星传动	常作为大速比的减速装置、增速装置、变速装置,还可实现运动的合成与分解
带传动机构	轴间距离较大,工作平稳无噪声,能缓冲吸振,摩擦式带传动有过载保护作用;结构简单,安装要求不高,外廓尺寸较大;摩擦式带传动有弹性滑动,不能用于分度系统;摩擦易起电,不宜用于易燃易爆的场合;轴和轴承受力较大,传动带寿命较短	用于传递较远距离的两轴的回转运动或动力

由于机构形式设计具有多样性和复杂性,满足同一原理方案的要求,可采用不同的机构类型。在进行机构形式设计时,除满足基本的运动形式、运动规律或运动轨迹要求外,还应遵循以下几项原则。

8.1.1 机构尽可能简单

1. 机构运动链尽量简短

完成同样的运动要求,应优先选用构件数和运动副数最少的机构,这样可以简化机器的构造,从而减轻重量、降低成本;此外也可减少由于零件的制造误差而形成的运动链的累积误差,从而提高零件加工工艺性、增强机构的可靠性。运动链简短也有利于提高机构的刚度,减少产生振动的环节。考虑以上因素,在机构选型时,有时宁可采用有较小设计误差的简单近似机构,而不采用理论上无误差但结构复杂的机构。

2. 适当选择运动副

在基本机构中,高副机构只有3个构件和3个运动副,低副机构则至少有4个构件和4个运动副。因此,从减少构件数和运动副数,以及设计简便等方面考虑,应优先采用高副机构。但从低副机构的运动副元素加工方便、容易保证配合精度以及有较高的承载能力等方面考虑,应优先采用低副机构。究竟选择何种机构,应根据具体设计要求全面权衡得失,尽可能做到"扬长避短"。在一般情况下,应先考虑低副机构,而且尽量少采用移动副(制造中不易保证高精度,运动中易出现自锁)。当执行构件的运动规律要求复杂,采用连杆机构很难完成精确设计时,应考虑采用高副机构,如凸轮机构或连杆凸轮组合机构。

3. 适当选择原动机

执行机构的形式与原动机的形式密切相关,不要仅局限于选择传统的电动机驱动形式。在只要求执行构件实现简单的工作位置变换的机构中,例如,采用如图8.2所示的气压或液压缸作为原动机比较方便,它同采用电动机驱动相比,可省去一些减速传动机构和运动变换机构,从而可缩短运动链、简化结构,且具有传动平稳、操作方便、易于调速等优点。再如,对图8.3所示钢板叠放机构的动作要求是将轨道上的钢板顺滑到叠放槽中(在图中右侧,未示出)。图8.3(a)所示为六杆机构,采用电动机作为原动机,带动机构中的曲柄转动(未画出减速装置);图8.3(b)所示为连杆凸轮(为固定件)机构,采用液压缸作为原动件直接带动执行构件运

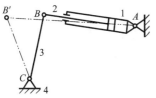

图 8.2 实现位置变换的液压机构

动。可以看出后者比前者要简单。以上两例说明，改变原动件的驱动力可能使机构结构简化。

此外，改变原动机的传输方式，也可能使机构简化。在多个执行构件运动的复杂机器中，若由单机（原动）统一驱动改成多机分别驱动，虽然会增加原动机的数目和电控部分的要求，但传动部分的运动链却可大为简化，功率损耗也可减少。因此，在一台机器中只采用一个原动机驱动不一定是最佳方案。

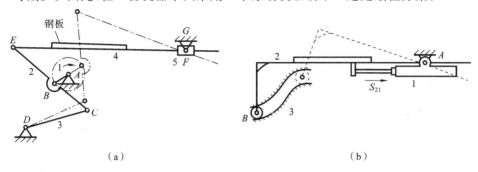

图 8.3 钢板叠放机构

4. 选用广义机构

可选用的不是仅限于刚性机构，还可选用柔性机构，以及利用光、电、磁和利用摩擦、重力、惯性等原理工作的广义机构，这些机构在许多场合可使机构更加简单、实用。

8.1.2 尽量缩小机构尺寸

机械的尺寸和重量随所选用的机构类型不同而有很大差别。众所周知，在相同传动比的情况下，周转轮系减速器的尺寸和重量比普通定轴轮系减速器的要小得多。在连杆机构和齿轮机构中，也可利用齿轮传动时节圆作纯滚动的原理或利用杠杆放大或缩小的原理等来缩小机构的尺寸。图 8.4 就是依据上述原理，采用连杆齿轮机构缩小整个机构尺寸的实例。

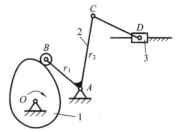

图 8.4 使位移增加的凸轮连杆机构

一般说来，圆柱凸轮机构尺寸比较紧凑，尤其是在从动件行程较大的情况下。盘状凸轮机构的尺寸也可借助杠杆原理相应缩小。在图 8.4 所示凸轮连杆机构中，利用了一个输出端半径 r_2 大于输入端半径 r_1 的摇杆 2，但 C 点的位移大于 B 点的位移，从而可在凸轮尺寸较小的情况下,使滑块 3 获得较大的行程。

8.1.3 应使机构具有较好的动力学特性

机构在机械系统中不仅传递运动,而且还要传递和承受力或力矩,因此要选择有较好的动力学特性的机构。

1. 采用传动角较大的机构

要尽可能选择传动角较大的机构,以提高机器的传力效益、减少功耗。尤其对于传力大的机构,这一点更为重要。如在可获得执行构件为往复摆动的连杆机构中,摆动导杆机构最为理想,其压力角始终为零。从减小运动副摩擦、防止机构出现自锁的角度考虑,则尽可能采用全由转动副组成的连杆机构。

2. 采用增力机构

对于执行构件行程不大,而短时需克服的工作阻力很大的机构(如冲压机械中的主机构),应采用"增力"的方法,即瞬时有较大机械增益的机构。图 8.5 所示为某压力机的主机构,曲柄 1 为原动件,滑块 5 为冲头。当冲压工件时,机构所处的位置是 α 和 θ 角都很小的位置。通过分析可知,虽然冲头受到较大的冲压阻力 F,但曲柄传给连杆 2 的驱动力 F_{12} 很小。当 $\theta=0°$、$\alpha=2°$时,F_{12} 仅为 F 的 7% 左右。由此可知,采用了这种增力方法后,即使该瞬时需要克服的工作阻力很大,但电动机的功率也不需要很大。

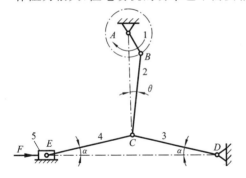

图 8.5 压力机主机构

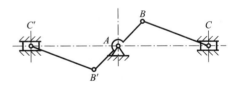

图 8.6 对称布置的连杆机构

3. 采用对称布置的机构

对于高速运转的机构,其作往复运动和平面一般运动的构件,以及偏心的回转构件的惯性力和惯性力矩较大,在选择机构时,应尽可能考虑机构的对称性,以减小运转过程中的动载荷和振动。如图 8.6 所示的摩托车发动机机构,由于两个共曲柄的曲柄滑块机构以 A 为对称点,所以在每一瞬间所有惯性力完全互相抵消,达到惯性力的平衡。

8.2 一般化运动链

8.2.1 一般化原则

将原有机构的运动简图抽象为一般化运动链,其原则如下。

(1) 将非刚性构件转化为刚性构件。
(2) 将非杆形状的构件转化为连杆。
(3) 将高副转化为低副。
(4) 将非转动副转为转动副。
(5) 解除固定杆的约束,机构成为运动链。
(6) 运动链的自由度应保持不变。

最常见的单自由度机构是构件数目 $N=4$ 的机构,如图 8.7(a)～(c)所示,无论是铰链四杆机构、曲柄滑块机构还是正弦机构,都可以转换成为如图 8.7(a)所示的仅含杆和转动副的四杆机构。如果是高副机构,如图 8.7(d)～(e)所示的凸轮机构和齿轮机构,可先进行高副低代,而后转换成仅含杆和转动副的四杆机构,如图 8.7(a)所示。

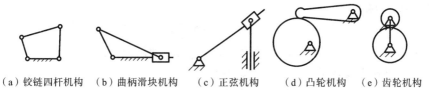

(a) 铰链四杆机构 (b) 曲柄滑块机构 (c) 正弦机构 (d) 凸轮机构 (e) 齿轮机构

图 8.7 常见的四杆机构

同样,各种六杆机构也可以进行如此转换,铰链夹紧机构可以转换成仅含转动副的六杆机构。图 8.8 所示为一常用的铰链夹紧机构的运动简图。在该机构中,1 为机架,2 和 3 分别为液压缸和活塞杆,5 为连杆,4 和 6 为连架杆,其中,6 是执行构件,用于夹紧工件 7。

一般化的原则为:所有非连杆转化为连杆,所有非转动副转化为转动副,而且要求机构的自由度保持不变,各构件与运动副的邻接保持不变,并将固定杆的约束解除,使机构成为一般化运动链。按上述一般化原则,将铰链夹紧机构的运动简图抽象为一般化运动链,将活塞杆 3 和液压缸 2 以标记为 P 的Ⅱ级组 2-3 代替,并释放固定杆,由此所得的铰链夹紧机构的一般化运动链如图 8.9 所示。

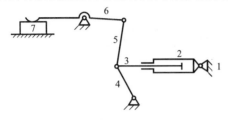
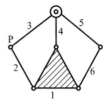

图 8.8　铰链夹紧机构的运动简图　　图 8.9　铰链夹紧机构的一般运动链

8.2.2　单自由度运动链的基本类型

机构是将运动链的一杆固定为机架后给出原动件而得到的。设运动链的总构件数为 N,低副数为 P,则由该运动链可得到的机构自由度 F 为

$$F=3(N-1)-2P \tag{8.1}$$

由此得到

$$P=3N/2-(F+3)/2$$

当 $F=1$（单自由度机构）时：

$$P=3N/2-2$$

铰链四杆机构是 $N=4$,$P=4$,是单环运动链,多环运动链是在单环的基础上每增加 K 个构件和 $K+1$ 个运动副,即增加一个独立环而形成的,故运动链的环数 H 为

$$H=P-N+1 \tag{8.2}$$

由于 P、N 均为整数,故 P 与 N 的组合以及运动链的环数 H 见表 8.3。以下仅讨论单自由度运动链的变异创新设计。

表 8.3　单自由度运动链组合表

构件数(N)	4	6	8	10	…
低副数(P)	4	7	10	13	…
环数(H)	1	2	3	4	…

8.2.3　连杆类配的分类

将机构中固定杆(即机架)的约束解除后,该机构转化为运动链。每一个运动链包含的带有运动副数量不同的各类链杆的组合称为连杆类配。运动链中

连杆类配可以表示为

$$L_A(L_2/L_3/L_4/\cdots/L_n) \tag{8.3}$$

其中,令运动链中的二副元素连杆为 L_2,三副元素连杆为 L_3,四副元素连杆数为 L_4,含有 n 个运动副元素的构件为 n 副元素连杆。如图 8.10 所示为二至五副元素连杆。

（a）二副元素连杆　　（b）三副元素连杆　　（c）四副元素连杆　　（d）五副元素连杆

图 8.10　二至五副元素连杆

连杆类配分为自身连杆类配及相关连杆类配两种。自身连杆类配是原始机构一般化运动链(简称原始运动链)的连杆类配。相关连杆类配按照运动链自由度不变的原则,由原始运动链可以推出与其具有相同连杆数和运动副数的连杆类配,称为相关连杆类配。按此要求,相关连杆类配应满足下面两式：

$$N = L_2 + L_3 + L_4 + \cdots + L_n \tag{8.4}$$

$$2P = 2L_2 + 3L_3 + 4L_4 + \cdots + nL_n \tag{8.5}$$

将以上两式代入式(8.1),有

$$F = L_2 - L_4 - 2L_5 - \cdots - (n-3)L_n - 3 \tag{8.6}$$

式(8.4)与式(8.6)相减得

$$L_3 + 2L_4 + 3L_3 + \cdots + (n-2)L_n = N - (F+3) \tag{8.7}$$

从以上公式可知,当 $N=4$、$P=4$ 时,$L_2=4$,四杆运动链的连杆类配仅有一种。在六杆运动链中,$N=6$、$P=7$,由式(8.4)和式(8.5)可知,该运动链中不能具有五副及五副以上的链杆,则由式(8.4)和式(8.7)有

$$L_2 + L_3 + L_4 = N = 6$$

$$L_3 + 2L_4 = N - (F+3) = 2$$

按此要求,六杆运动链的连杆类配共有两种方案,见表 8.4。

表 8.4　六杆运动链的连杆类配方案

类配方案	L_2	L_3	L_4	$L_2+L_3+L_4$	L_3+2L_4
Ⅰ	4	2	0	6	2
Ⅱ	5	0	1	6	2

六杆运动链连杆类配的方案 Ⅰ 可表示为 $L_A(4/2)$,其图解如图 8.11 所示。
六杆运动链连杆类配的方案 Ⅱ 为 $L_A=(5/0/1)$,其图解如图 8.12 所示,由

图 8.11　六杆运动链连杆类配 $L_A(4/2)$

此组成的运动链如图 8.13 所示,其左面三杆之间无相对运动,实际上形成一个刚体,在该运动链中固定一杆后将成为一个自由度的四杆机构,已不符合六杆运动链的要求,所以六杆运动链连杆类配仅有一种链杆类配方案,即表中方案 Ⅰ 为 $L_A(4/2)$。

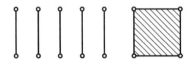

图 8.12　六杆运动链连杆类配 $L_A(5/0/1)$

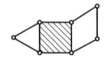

图 8.13　组合方案

8.2.4　六杆、八杆组合运动链

如上所述,六杆运动链的连杆类配仅有一种方案,即四个二副杆和两个三副杆进行组合,按两个三副杆是否直接铰接,它可以形成两种基本组合运动链,如图 8.14(a)和图 8.14(b)所示的分别称为斯蒂芬逊型和瓦特型。如果进一步运用局部收缩法,将三副杆上的其中两个运动副元素重叠后进行组合,还可以得到如图 8.14(c)和图 8.14(d)所示带复合铰链的变异运动链。

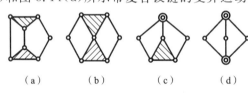

(a)　　　(b)　　　(c)　　　(d)

图 8.14　六杆组合运动链

同理,在八杆运动链中,$N=8$、$P=10$,按式(8.4)和式(8.5)可知,该运动链中不能具有五副及五副以上的链杆,则按式(8.4)和式(8.7)有

$$L_2+L_3+L_4=N=8$$
$$L_3+2L_4=N-(F+3)=8-(1+3)=4$$

八杆运动链的连杆类配方案见表 8.5。

八杆运动链的环数为 3,各类连杆组合的全部异构体(基本组合)运动链如图 8.15 所示,共 16 种。

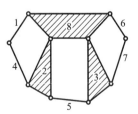

图 8.15　八杆十副运动链

表 8.5　八杆运动链的连杆类配方案

类配方案	L_2	L_3	L_4	$L_2+L_3+L_4$	L_3+2L_4
1	4	4	0	8	4
2	5	2	1	8	4
3	6	0	2	8	4

8.3　运动链图谱分析

在杆型类配方案确定之后,怎样把各种杆型连接起来,组合成各种结构类型的运动链,就是运动链的图谱分析问题。本节将引入拓扑图以及缩图的概念。

8.3.1　缩图的概念

表示运动链的图应该与运动链具有一一对应的关系,即图中的点表示运动链中的杆,图中的线表示运动链中的副。若点与两条线关联,则为二度点,二度点就是运动链中的二副杆;若点与三条线关联,则为三度点,也就是运动链中的三副杆。依此类推,四度点就是运动链中的四副杆,等等。

例如,图 8.16 所示的六杆七副运动链若用图来表示,就是图 8.17 所示的六杆七副图。

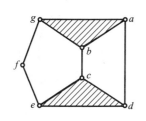　　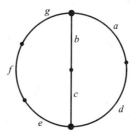

图 8.16　六杆七副运动链　　图 8.17　六杆七副图

若将图 8.15 所示的八杆十副运动链用图来表示,就是图 8.18 所示的八杆

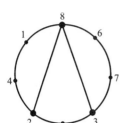

图 8.18 八杆十副图

十副图。

在图 8.18 中,数字 8 的点与 4 条线关联,是四度点,代表运动链中的四副杆;数字 2 与 3 的点分别与 3 条线关联,是三度点,代表运动链中的三副杆;其余的点则均为二度点,代表运动链中的二副杆。

通常,可将图 8.17 与图 8.18 定义为相对应运动链的全图。

8.3.2 图的组合

当已知图中点的类型及数目对图进行组合时,应首先构造缩图,在缩图的基础上再构造全图。缩图可以理解为只含有多度点的图,因点的数目较少,构造过程较为简单。

例如,对六杆七副运动链,因为 $N=6$、$P=7$,由式(8.5)可求得 $L=2$;由式(8.6)可求得 $L_{max}=L_3$;按式(8.4)和式(8.5)进行杆型类配,则只有一种方案,即 $L_3=2$、$L_2=4$。绘制的缩图如图 8.19(a)所示。在缩图的基础上再构造全图,构造全图时需要注意,每个内环路要确保至少有 4 个点。对于六杆七副运动链只有两种结构,如图 8.19(b)和图 8.20(c)所示。

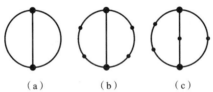

图 8.19 六杆七副图

对于八杆十副运动链的构图,可按表 8.5 所示的方案进行。对于方案 I 的缩图,如图 8.20(a)(Ⅱ形缩图)和图 8.20(b)(Y 形缩图)所示;方案 II 的缩图,如图 8.20(c)(V 形缩图)所示;方案 III 的缩图,如图 8.20(d)(O 形缩图)所示。

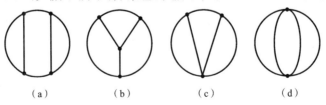

图 8.20 八杆十副

在保证每个内环路至少有 4 个点的条件下进行全图的构造,其中 Ⅱ 形缩图的全图如图 8.21(a)所示,共有 3 种结构;Y 形缩图的全图如图 8.21(b)所示,共有 6 种结构;V 形缩图的全图如图 8.21(c)所示,共有 5 种结构;O 形缩图的全图如图 8.21(d)所示,共有 2 种结构。这样可以获得 16 种八杆十副的结构类型图。

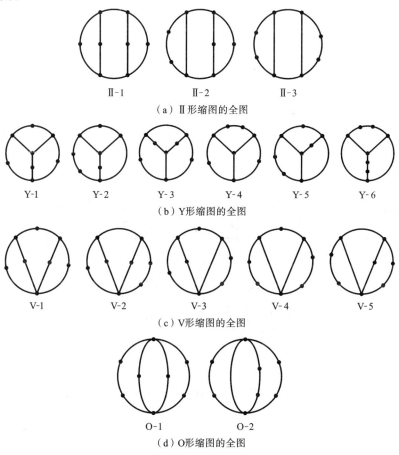

图 8.21　八杆十副缩图的全图

8.3.3　运动链的组合

在图的组合基础上,按照图与运动链之间的对应关系,可以将图直接转换成相对应的运动链结构简图。

图 8.14(a)和(b)所示为两种结构的六杆七副运动链,其中图 8.14(a)所示为司蒂芬森型运动链;图 8.14(b)所示为瓦特型运动链,分别对应图 8.19(c)

和图 8.19(b)的两种全图。

图 8.22 所示为 16 种结构的八杆十副运动链。

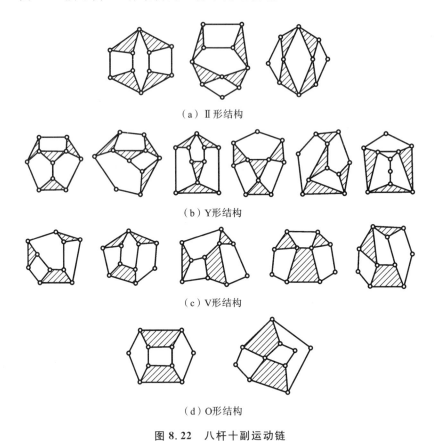

(a) Ⅱ形结构

(b) Y形结构

(c) V形结构

(d) O形结构

图 8.22 八杆十副运动链

8.4 特定化运动链及新机构的再生

8.4.1 设计约束

对各种单自由度的闭式链,可以按照一定规律将其基本结构形式中的杆和铰链之间进行重新排列(布局),使运动链得到多种变异的构型,并在此基础上按照机构的工作特性和具体要求,定出设计约束,根据约束的严或紧,可产生数量不同的变异运动链。

例如,选择不同构件为机架和曲柄,由铰链四杆机构可以得到曲柄摇杆机构、双曲柄机构和双摇杆机构。如对于 8.2.4 节所述 4 种类型的六杆运动链,如果同样选择不同构件为机架进行同构判定,可得到 10 种运动机构,如图 8.23 所示。

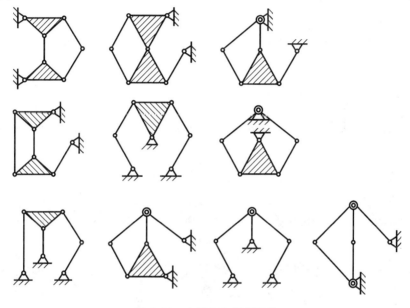

图 8.23　六杆机构机架变换

下面以夹紧机构为例来说明在六杆组合运动链的基础上按照设计约束可得到新机构的方法。按照铰链夹紧机构的工作特性与具体要求,可以定出下列设计约束,作为新机构构型的依据。

(1) 连杆总数 N 和运动副总数 P 均保持不变,即 $N=6$、$P=7$。

(2) 必须含有一个液压缸。

(3) 必须有一个固定杆,即机架。

(4) 液压缸必须与机架连接或本身作为机架。

(5) 活塞杆一端与液压缸组成移动副,其另一端不能与固定杆铰接。

(6) 应有一双副杆作为执行件,它不能与活塞杆铰接,但必须与固定杆铰接。

按铰链夹紧机构的设计约束,可求得由上述四种六杆机构衍生出的各特定化运动链,其步骤如下。

(1) 选固定杆的一端与液压缸铰接或将液压缸本身作为固定杆。
(2) 使活塞杆的一端与液压缸组成移动副,但另一端不能与固定杆相连。
(3) 选一个双副杆作为执行件,它不能与活塞杆相连,但必须与固定杆铰接。

8.4.2 特定化运动链

设以 G 表示机架,E 表示执行件,C 表示活塞杆,P 表示由液压缸与活塞杆组成的移动副,则由六杆组合运动链共衍生出 21 种特定化运动链,如图 8.24 所示。

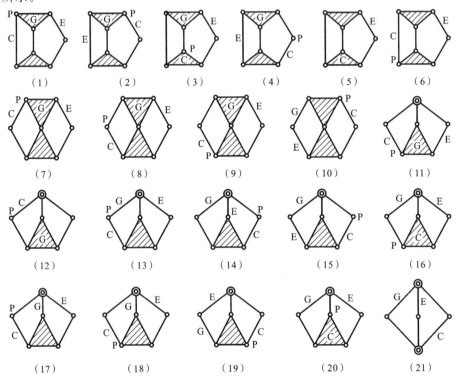

图 8.24 由六杆组合运动链共衍生出的 21 种特定化运动链

8.4.3 新型铰链夹紧机构的再生

再利用一般化原则的逆推程序,可推出 21 种铰链夹紧机构。根据铰链夹紧机构的主要技术性能指标及具体结构条件,通过分析比较,从中可能获得性能更优的方案,创造出新型的铰链夹紧机构。图 8.25 所示为由再生运动链逆推出的 4 种新型铰链夹紧机构的运动简图。

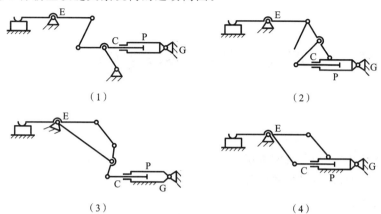

(1) (2)

(3) (4)

图 8.25 由再生运动链逆推出的 4 种新型铰链夹紧机构运动简图

第9章 机械的结构创新

机械创新设计中,经过机构选型、机构演化变异、机构组合和新机构再生以后,还必须进行机械结构设计,才能得到整机装配图及其零件图,供加工的工序设计和装配使用。所以机械结构设计的过程也充满着创新。

机械结构设计的任务是基于原理方案设计和总体设计,确定机械装置的具体结构与参数。这就需要确定结构的组成及其装配关系,确定所有零件的材料、热处理方式、形状、尺寸及其精度。所确定的结构不仅要保证功能实现,而且要保证功能可靠。

机械结构设计的基本要求有:功能要求、使用要求、结构工艺性要求和人机工程学要求。所以,机械的结构创新就会涉及零部件结构方案、零部件性能、机械结构的宜人化、新型零部件结构以及机械整体结构布置等方面的创新。

9.1 零部件结构方案的创新设计

进行机械结构设计时,首先是结构方案设计,亦称多方案列举,即为了实现某一原理方案可以采用多种结构方案。欲得较好的设计方案,思路要广阔,应多多列举能实现原理方案的各种结构。然后就是选优,亦称综合评价决策,即从前述各结构方案中选出最优方案。本节介绍扩展思路制定零部件结构方案的常用创新方法。

9.1.1 形态变换法

变换零部件结构的形态,如形状、位置、数目和尺寸等,可以得到不同的结构方案。因此,常用的方法就是形状变换、位置变换、数目变换和尺寸变换等。

1. 形状变换

改变零件的形状,可以得到不同的结构方案。通常侧重于改变零件工作表面的形状,例如把直齿轮改为斜齿轮;将圆柱面过盈配合连接的轴与轮毂改成无键连接的等,都属于形状变换。

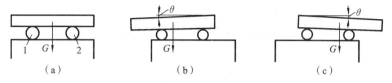

图 9.1 滚珠导轨工作台在移动时的转角

图 9.1 所示为滚珠导轨工作台。工作台处于中间位时,两个滚珠 1、2 因工作台自重而产生弹性变形(见图 9.1(a))。工作台移到左极限位,滚珠 1 因受力增大而变形增加,滚珠 2 因受力减小而变形减少,因此工作台产生左倾斜角 θ(见图 9.1(b))。同理,工作台移到右极限位,会产生右倾斜角 θ(见图 9.1(c))。滚珠的变形使工作台发生倾转,影响了精度。

若将滚珠改为滚柱,因为滚柱的刚度大于滚珠,则可使倾斜角 θ 减小至许可范围。

改变结构零件的轮廓、表面和整体形状、类型和规格可以得到不同的结构方案。如图 9.2 所示的结构中,从图 9.2(a)到图 9.2(c)的高副接触,综合曲率半径依次增大,接触应力依次减小,因此图 9.2(c)所示结构有利于改善球面支承的接触强度和刚度。

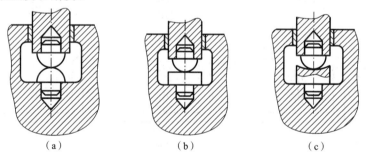

图 9.2 增大接触处的综合曲率半径

如图 9.3(a)所示,陡峭的弯曲需特殊的工具,成本高。另外,曲率半径过小易产生裂纹,在内侧面上还会出现皱折。但改用如图 9.3(b)所示的平缓弯曲结构就要好一些。

2. 位置变换

改变产品结构中基本元素之间的位置可以得到不同的结构方案。

图 9.4 所示为锥齿轮变速器的支点位置变换分析。锥齿轮传动的两轴各有两个支点,每个支点相对于传动零件的位置既可置于左侧也能置于右侧,两

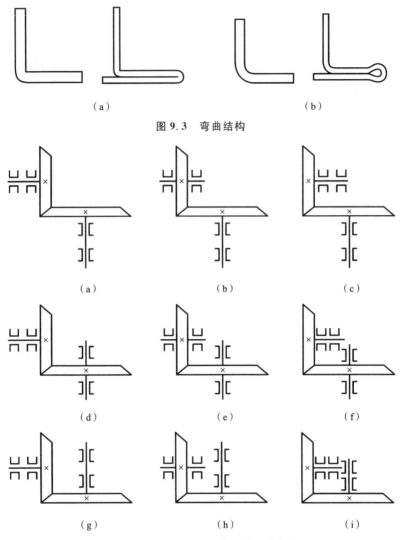

图 9.3 弯曲结构

图 9.4 锥齿轮变速器的结构设计方案

个支点的位置有 3 种组合方式。将两轴的支点位置进行组合可得到 9 种结构方案。

如图 9.5 所示的推杆 2 与摆杆 1 相接触,其中的一个接触面为球面。图 9.5(a)中的球面在推杆 2 上,若如图 9.5(b)所示,将球面改设在摆杆 1 上,就可以使推杆免受横向推力。

如图 9.6(a)所示的 V 形滑动导轨下方为凸形,上方为凹形。若按图 9.6(b)所示的方式反过来做,则可以改善导轨的润滑状况。

第9章 机械的结构创新

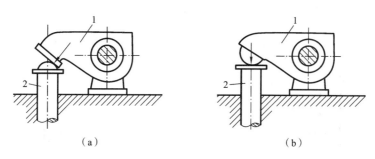

图 9.5　摆杆与推杆的球面位置变换

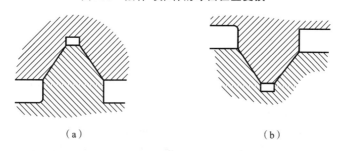

图 9.6　滑动导轨的位置变换

3. 数目变换（数量变元）

改变产品结构中基本元素（线和面），亦即变换零件几何形状的数目（如将平键改为花键），或变换零件的数目，也可以得到不同的结构方案。

螺钉头作用面的数目变化引起的螺钉形态变化，如图 9.7 所示。这能产生多样化的螺钉，它们各自适用于不同的场合。

图 9.7　螺钉头作用面数目的变化

如图 9.8(a)所示的夹具由圆柱形外套 2 和大螺母 3 组成，用于加工圆形套 1 的内孔。圆形套 1 装在圆柱形外套 2 里面，用大螺母 3 压紧进行加工。但大螺母 3 的螺纹大径过大，会因套筒端面的加工误差，导致 A 处接触不好，从而在拧紧螺母时会使轴向压力不足。在镗内孔时，圆形套 1 会因夹紧力不够而可能产生转动。

如图 9.8(b)所示，若变换螺钉的数目和尺寸，用 8 个小双头螺栓 4 固定压紧盖 3，就能使工作情况改善。这样不仅拧紧螺栓时省力，而且夹持得很紧。

•197•

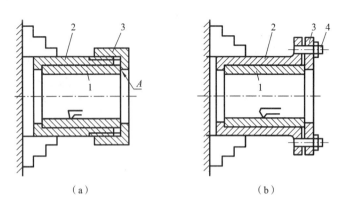

图 9.8 加工圆套内孔之夹具螺钉数目的变换

4. 尺寸变换

零件或其表面的尺寸增减会使零件结构产生形态变化。如图 9.8 所示,就是改变零件尺寸(和数目)而改善工作情况的例子。

尺寸变换包括长度、距离和角度等参数的变化。变换零部件及构件的尺寸能显著影响产品的结构性能。例如:车辆轮胎宽度影响着车辆驱动力;铆接的间距决定着连接的可靠度;汽车车灯间距限制了车灯照射范围。尺寸变换在机械结构创新的计算机模拟中是最为常用的方式,因而得到了广泛应用。

下面以带传动为例说明进行各种变换而得到不同的结构方案。

形状变换:平带、三角带、同步齿形带等。

位置变换:开口带传动、交叉带传动、半交叉带传动。

数目变换:三角带的根数、同步齿形带的齿数。

尺寸变换:三角带的断面型号、同步齿形带的模数等。

上述各种变换不但可以用于零部件结构方案设计,而且可以用于机器的整体方案设计。例如,许多机床的形式就可以看成是通过上述四种变换而得到的。

形状变换:如加工平面、圆柱面或各种曲面的各类机床。

位置变换:如牛头刨床与龙门刨床,就是将刀具运动、工件固定改为工件运动、刀具固定而得到位置变换;车床与镗床、立式钻床与摇臂钻床也是如此。

数目变换:铣削和刨削,就是刀具刃口的数目变换。

尺寸变换:各种尺寸系列的机床。

9.1.2 关系变换法

机械结构中,零件之间的相互关系大致上归纳为三种:静止件与静止件;静止件与运动件;运动件与运动件。

采用螺纹连接、铆接和焊接的两零件之间的关系就属于静止件与静止件关系,也称无相对运动的零件(或称静连接)。轴、轴承和导轨属于静止件与运动件关系。而齿轮、连杆和凸轮属于运动件与运动件关系。

1. 运动形式的变换

零部件的运动方式主要有平移、回转和一般运动。对于同样的工作要求,可以采用不同的运动形式实现,所以能设计出多种不同的结构方案。照相机快门就有回转和平移两种结构。

例如,某工作台要求正向旋转 180°,再反向旋转 180°,然后停止。实现这种运动要求,可用电动机正反转,或用离合器控制传动系统得到正、反向转动的方案。但是由于电动机的惯性和传动系统比较复杂,这两种方案均未得到采用。最终采用的传动机构由串联组合的连杆齿轮机构组成,如图 9.9 所示。曲柄 5 转一圈(360°)时,摇杆 3 在角度 θ 范围内往复摆动一次(θ 为摇杆左右两极限位置之间的夹角)。恰当地选用齿轮的齿数,使 $\theta \times z_1/z_2 = 180°$,即可得到曲柄 5 每转一圈,齿轮 1 正、反向转动各 180°。若在工作台上安装一个开关,定点停止电动机转动,即可用齿轮 1 带动工作台,实现上述运动要求。

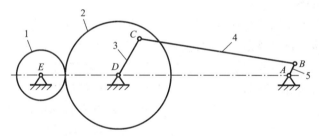

图 9.9 正、反转 180°的工作台传动机构

2. 结合方式的变换

静止件与运动件之间的相互关系也称结合方式。常见的结合方式是相互滑动或相互滚动。如轴承和导轨都有滑动与滚动两种结合方式。当然,还可用空气垫或油膜隔开运动物体表面。磁场也能作为分隔运动零件相对运动表面的手段,如磁浮轴承或气垫导轨等。

3. 锁合的变换

利用不同的原理将两个零件连接起来称为锁合。锁合的变换有两层含义:一是连接方式的变化,如螺纹连接、焊接、铆接、胶接及过盈连接等;二是对于每一种连接方式采用不同的锁合结构(见图 9.10)。通过改变连接方式和锁合结

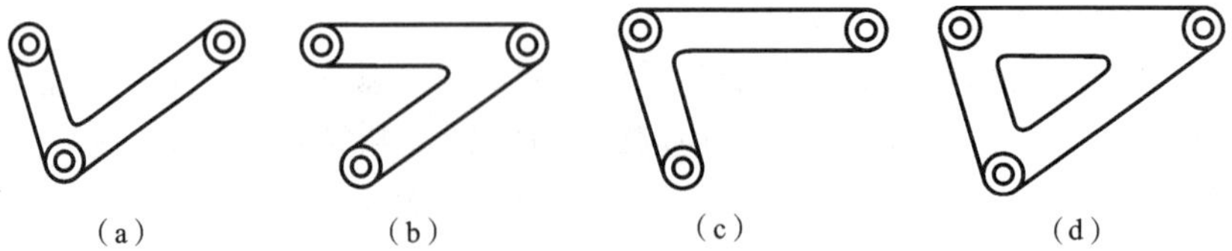

（a） （b） （c） （d）

图 9.10 零件同种连接方式的不同锁合结构

构可创造出不同的结构方案。

力锁合、材料锁合和形状锁合是三种常用的锁合原理。

力锁合是利用零件接合面之间的摩擦力或附加零件产生的摩擦力将两个零件连接起来，如过盈配合连接等。

材料锁合是利用一些连接材料把零件连接起来，如黏结、钎焊等。

形状锁合是利用零件的几何形状进行连接，如花键连接、销钉连接等。

可以按照不同的情况灵活选用不同的变换法，设计出各种新颖的连接结构。

9.1.3 其他变换法

1. 材料的变换

结构设计中使用的材料可分为两种，即力学性能材料和功能材料。

力学性能材料主要是承受载荷和传递运动。在零件设计中，选用不同的工程材料会导致零件尺寸和结构变化，加工工艺也随之变化，进而影响整个产品的结构。因此通过材料的变换，可以构造出不同的结构方案。

功能材料是具有其他物理性能的特殊材料，具有特殊的电、热、声、光、磁学、化学或生物医学功能。其特殊的理化、生物学效应能够实现功能相互转化。功能材料种类繁多，用途广泛，主要用来制造各种功能元器件。

例如，一种温室天窗自控启闭装置，就利用了形状记忆合金控制元件（形状记忆合金弹簧）。当室温升高超过形状记忆合金材料的转变温度时，形状记忆合金弹簧伸长，将天窗打开，与室外通风，降低室温。当室温降到低于转变温度时，形状记忆合金弹簧缩短，将天窗关闭，升高室温。形状记忆合金弹簧可以感知环境温度的变化，并产生机械动作，通过弹簧长度的变化控制天窗的启闭，使温控方式简单可靠。

2. 制造工艺的变换

根据零件的结构，采用不同的制造工艺，就会影响零件和产品的制造成本、质量及性能。这就是制造工艺的变换。V形带轮采用不同的制造工艺时，其不同的结构设计方案如图 9.11 所示。

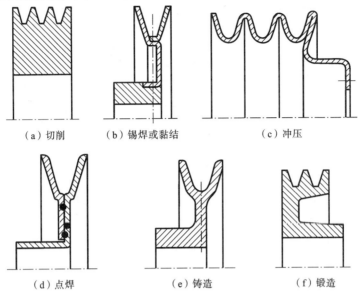

图 9.11 采用不同工艺的带轮结构

3. 理化生物原理的变换

机械结构可以依照理化生物原理来实现所要求的功能,物理原理是其中最为常用的。实现机械传动的物理原理,常用的有:

(1) 利用传动件的几何形状　如齿轮、凸轮、连杆、斜面、链传动等;

(2) 利用传动件间的摩擦力　如带传动、摩擦轮等;

(3) 利用中间物质传动　如利用空气、液体等;

(4) 利用电场或磁场作用　如电磁铁等;

(5) 利用特殊物质在电、热、力等物理参量的作用　常见于测量用的敏感元件,也能用来作为控制元件。

按上述的物理原理,可以设计出多种不同的结构。例如,要实现工作台的上下运动,可以用图 9.12 所示的各种方案。这些方案都是利用了传动件的几何形状,但是适用于不同的情况。

图 9.12(a)所示的方案利用螺旋和斜面推动工作台上升。该方案的特点是推力大,可精细调节,但上升行程很小。图 9.12(b)所示的方案利用凸轮传动,图 9.12(c)所示的方案用连杆传动。两者均可实现快速上下运动,但行程都比较小。凸轮传动易于实现所要求的运动规律,但因属于线接触,不适用于承载大的场合。图 9.12(d)所示为齿轮齿条传动,图 9.12(e)所示为螺旋传动。

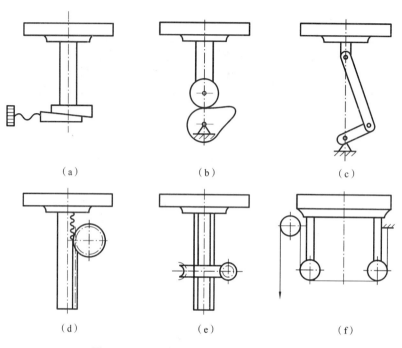

图 9.12 工作台上下运动的各种传动方式

两者都可以传递较大的力,但因齿条与螺旋均要求具有稳定性,故行程不能太大,且螺旋传动中,工作台上升速度较慢。图 9.12(f)所示的方案是用钢丝绳起吊工作台的方案,起重量大,行程也可以很大,但结构庞大,且钢丝绳反复弯曲,寿命较短。

除上述各种方案以外,还可以用液压、气动、电磁铁等不同原理的结构,实现工作台的上下运动。

❂ 9.2 提高零部件性能的创新设计

进行机械结构设计时,必须重视提高机械零部件的性能。只有保证零部件性能才能满足安全使用。为提高零部件性能,尽可能地充分利用材料,将使机器变得轻巧。描述机械零部件性能的指标有很多,本节仅从结构创新的角度,简要分析提高运动部件的运动精度、零部件的强度、刚度和零件结构工艺性等性能的设计原则和方法。

9.2.1 提高部件的运动精度

现代制造装备都是精密机械,必须满足相应的运动精度。机械运动的主要形式是旋转运动和直线运动。轴承旋转运动精度的提高主要取决于轴承,而导轨直线运动精度的提高则主要取决于导轨。

图 9.13 所示为某测试仪器上的气体静压连接双半球式主轴轴系,回转精度达 0.01 μm。凸半球与凹半球的间隙为 0.01～0.015 mm。上、下两个凹半球座 1 各有 18 个孔径为 0.14 mm 的小孔节流器。气腔直径为 4 mm,深为 0.14 mm。供气压力为 304 kPa。轴系配有 162 000 条线的圆光栅 3 和指示光栅 2,用于精密角度测量,分辨率为 0.01″,示值误差为 0.1″。

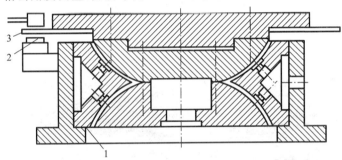

图 9.13 气体静压连接双半球式主轴轴系
1—凹半球座;2—指示光栅;3—圆光栅

图 9.14 所示为日本超精密车床的球面空气静压轴承。前轴承球直径为 70 mm,后轴承圆柱直径为 22 mm。球轴承有 12 个直径为 0.3 mm 的小孔节流器,凸球与凹球座的间隙为 12 μm。圆柱轴承的间隙为 18 μm,其外球面做对中调整用。由于球轴承的加工精度高,自位性好,在主轴转速为 200 r/min 时,径向和轴向跳动分别为 0.03 μm 和 0.01 μm。径向和轴向刚度分别为 25 N/μm 和 80 N/μm。

图 9.15 所示为加工中心常用的可自动换刀的主轴单元。它的刀具夹紧系统由全液体润滑动静压轴承支承,能随着转速的增加,提高轴承精度与刚度。

主轴的直径为 75 mm。最大连续功率为 37.5 kW。转速范围为 0～20 000 r/min。加速时间不超过 1.5 s。主轴输出转矩在 1 000～10 000 r/min 范围内为 50 N·m,在 10 000～20 000 r/min 范围内为 25 N·m。此动静压轴承安装于磨床加工外圆时,表面粗糙度指标可达 $Ra0.012$ μm,加工平面时可

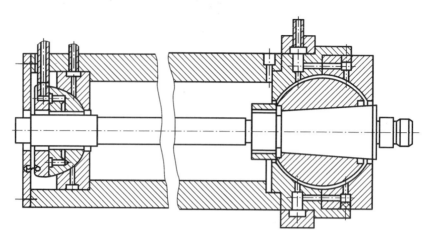

图 9.14 球面空气静压轴承

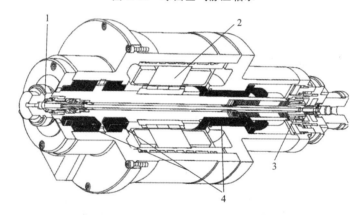

图 9.15 可自动换刀的主轴单元

1—刀具夹紧装置；2—定子；3—钳夹；4—动静压轴承

达 $Ra0.025~\mu m$。

图 9.16 所示为现在使用最多的滚动导轨。其尺寸精度达 $\pm 5 \sim \pm 20~\mu m$。

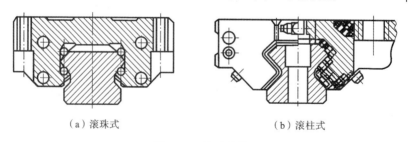

(a) 滚珠式　　　　　　　　(b) 滚柱式

图 9.16 滚动导轨

间隙可达 $-42\sim-26~\mu m$。图 9.17 及图 9.18 所示为直线运动导套副及其直线运动球轴承。

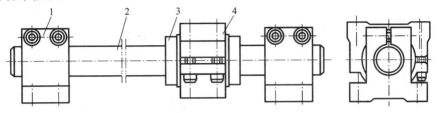

图 9.17　直线运动导套副

1—导轨轴支承座；2—导轨轴；3—直线运动球轴承；4—直线运动球轴承支承座

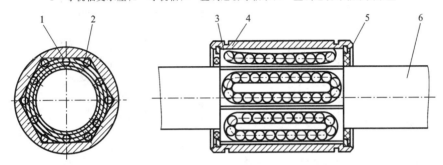

图 9.18　直线运动球轴承

1—负载滚珠；2—回珠；3—保持架；4—外套筒；5—挡圈和橡胶密封垫；6—导轨轴

9.2.2　强度和刚度设计

强度和刚度设计的目的是提高结构的承载能力，即以较小的零部件尺寸和材料体积获得较高强度与刚度。

1. 提高静强度的设计

1）采用合理的截面形状

例如，对于承受弯矩或转矩的轴类零件，若采用空心轴结构，使得空心轴的截面惯性矩和极惯性矩都比实心轴明显增大，则既可减轻零件重量又能提高承载能力，同时也提高零件的刚度。

对于受弯矩作用的梁也是如此，通常采用非圆形截面梁。在材料体积相同的条件下，通过合理地选择截面形状，可以获得较大的承载能力。

2）卸载结构

对于承受较大载荷或复杂载荷的零件，经采取结构措施后，可以将部分载荷分给其他零件承担，以降低关键零件的危险程度。

图 9.19 所示为机床传动箱输入轴与带轮连接。图 9.19(b)所示的带轮压轴力通过滚动轴承经锥形套筒传给箱体,相对于图 9.19(a)所示的非卸载结构,锥形套筒具有更大的抗弯截面系数,且套筒上的弯曲应力为静应力。轴仅承受扭转剪切应力,结构整体的承载能力得到提高,这就是卸载带轮结构。

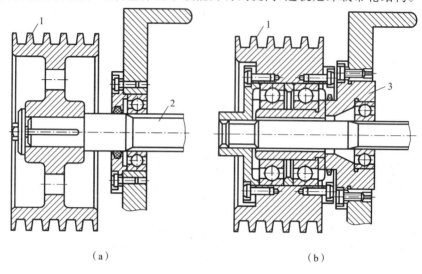

(a)　　　　　　　　　　(b)

图 9.19　带轮轴端卸载结构

1—带轮;2—轴;3—锥形套筒

3) 修正载荷分布

机械结构中,通常都是非均布载荷。必须使结构中载荷最大的位置、危险截面的位置满足强度条件,按最弱处的强度来确定整个结构的承载能力。合理的结构设计,能使载荷的空间分布更均匀,降低最危险处的载荷水平,有效地提高结构整体的承载能力。

图 9.20 所示为一组齿轮的端部结构。这些结构降低了轮齿端部的刚度,能够缓解因齿宽方向的误差与变形而造成的轮齿载荷沿齿宽方向分布不均。

图 9.21 所示为吊车梁结构方案。在图 9.21(a)所示方案中,立柱位于梁的两端。吊装重物位于梁的中部时,梁中部所受弯矩最大。图 9.21(b)所示方案将立柱向中间靠拢,梁的总长不变,但所受弯矩减小,提高了吊车的承载能力。

4) 改进轴系支承方式

对于轴,应合理选择支承间距和设法减小外伸长度,以降低轴和轴承的载荷。图 9.22 所示为锥齿轮系结构。图 9.22(a)中的锥齿轮悬出长度明显可以缩短。图 9.22(b)中按照反向原则改进了轮毂的设计;图 9.22(c)则改用齿

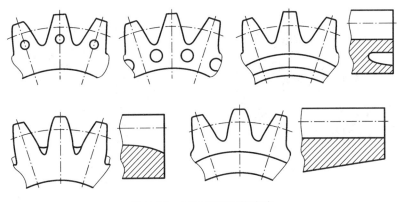

图 9.20 齿轮端部结构方案

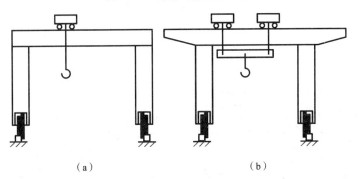

图 9.21 吊车梁结构方案

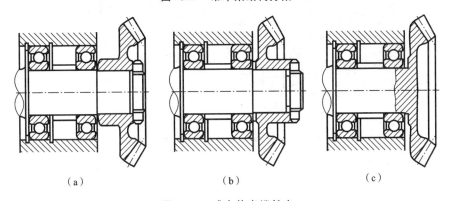

图 9.22 减小伸出端长度

轮轴,使悬臂缩短。

图 9.23 所示为锥齿轮轴系支承。显然,图 9.23(b)中的轴承反装(背靠背)加大了实际支承间距,减小了实际悬臂长度,轴和轴承的承载能力都高于图 9.23(a)中的正装轴承(面对面)。

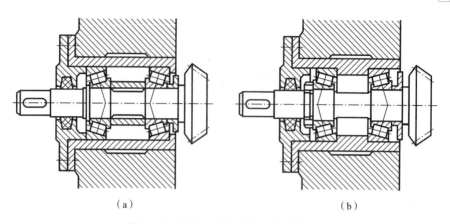

图9.23 轴系支承方式影响悬臂长度

如图9.24所示的小锥齿轮轴系结构在原悬臂端增加了辅助支承,既提高了轴系结构的强度,同时也提高了其刚度。但是要注意这种结构可能引起的几何干涉和装配工艺问题。

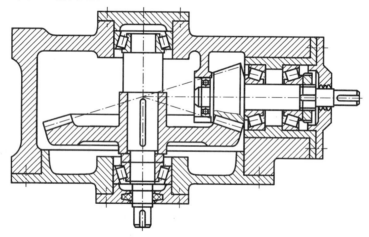

图9.24 采用辅助支承的锥齿轮轴系结构

5)合理利用材料特性

根据受载状态,利用材料特性,合理地设计结构。例如铸铁的抗压性能远优于其抗拉性能,故应使铸铁零件结构的最大压应力大于最大拉应力。如图9.25所示,肋板非对称设置。与图9.25(a)比较,则图9.25(b)所示肋板的最大拉应力小于最大压应力,符合材料的特性,结构更为合理。

对于钢制零构件,使其承受拉伸或压缩载荷会比承受弯曲载荷更有利。因此在设计梁结构时,常用桁架结构来代替简支梁结构。

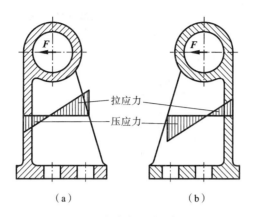

图 9.25 铸铁支架的肋板结构

6）结构强化

预加反向载荷以提高结构承载能力的方式称为结构强化。材料发生弹性预变形的称为弹性强化，发生塑性预变形的则称为塑性强化。

如图 9.26 所示，用高强度螺杆对梁施加预应力，预应力的方向与工作应力方向相反，有利于提高梁的弯曲承载能力。

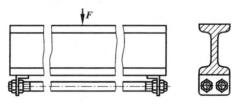

图 9.26 预应力工字梁

以上的设计方法不仅可以提高静强度，同时也能提高疲劳强度和刚度。

2. 提高静刚度的设计

静刚度是动刚度的基础。动刚度是由静刚度、结构与运动参数和阻尼参数的动力放大作用以及其他因素共同决定的。

1）采用桁架结构

桁架结构中的杆件只受拉伸或压缩，所以强度和刚度都较高。表 9.1 所示为桁架结构与悬臂梁的强度、刚度比较。在悬伸长度、杆件直径及载荷相同的条件下，悬臂梁的挠度是桁架结构的 9 000 倍，最大应力是悬臂梁的 550 倍；与桁架结构最大应力相同的悬臂梁直径为桁架杆件直径的 8 倍多，与桁架结构挠度相同的悬臂梁直径为桁架杆件直径的 10 倍。在机械结构中，合理采用桁架结构可以有效地提高结构的强度和刚度。

表 9.1　桁架与悬臂梁的强度、刚度比较

	f_2/f_1	σ_2/σ_1	G_2/G_1
	9×10^3	550	0.35
	2	1	25
	1	0.6	35

2）合理布置支承

轴系结构的支承间距及其悬伸长度会直接影响轴系的刚度。

例如，车床主轴系统，主轴端部的刚度直接影响着切削加工精度。受卡盘结构的限制，轴端悬伸长度会有一最小值。因此，悬伸长度为定值时，主轴轴承的支承间距就是影响主轴刚度的主要因素。

如图 9.27 所示，主轴端部受切削力作用产生的挠度 y 由两项因素构成：一项是由于主轴的弯曲变形引起的主轴端部弯曲挠度 y_s；另一项是由于主轴轴承受力变形引起的主轴端部附加挠度 y_z。

$$y_s = \frac{F^2 a}{3EI}(l+a)$$

$$y_z = \frac{F}{K_A}\left(1+\frac{a}{l}\right)^2 + \frac{F}{K_B}\left(\frac{a}{l}\right)^2$$

$$y = y_s + y_z = \frac{F^2 a}{3EI}(l+a) + \frac{F}{K_A}\left(1+\frac{a}{l}\right)^2 + \frac{F}{K_B}\left(\frac{a}{l}\right)^2$$

$$\frac{dy}{dl} = \frac{Fa^2}{3EI} - \frac{F}{K_A}\left(1+\frac{a}{l}\right)\frac{2a}{l^2} - \frac{F}{K_B}\left(\frac{a}{l}\right)\frac{2a}{l^2}$$

显然，支承间距 l 对主轴端部挠度的影响存在极值点，合理选择支承间距就会使主轴获得最佳刚度。

3）合理布置隔板与肋板

对于板框式结构的大件，添加隔板能够提高结构刚度。隔板的布置需要根据载荷形式，合理确定其位置、数量和方向。

通常，大件各处的变形量都不相同，应注意将隔板布置在变形量较大的位置。隔板本身是薄板，应使其受拉、压或沿刚度较大的方向受弯曲，避免受扭或沿刚度较小的方向受弯曲。

如图 9.28 所示，框架中添加的隔板都沿着抗弯截面系数较大的方向。图

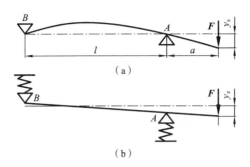

图 9.27 主轴支承间距对刚度的影响

9.28(a)中若按虚线方向布置隔板,则对提高框架刚度的贡献较小。图 9.28(b)中若隔板按虚线方向布置,则隔板会受扭矩。

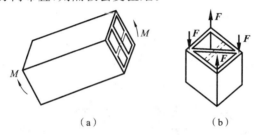

图 9.28 隔板布置方向

3. 提高疲劳强度的设计方法

大量的零件承受交变载荷作用,疲劳失效是这些零件的主要失效方式,对这些零件的设计要考虑交变应力作用的特点,提高抗疲劳强度。

1) 缓解应力集中

结构设计中应尽力避免应力较大处的零件形状急剧变化,以减小应力集中对强度的影响。零件受力变形时,不同位置的变形阻力(刚度)不相同也会引起应力集中。通过降低应力集中处附近的局部刚度可以有效地降低应力集中。

2) 避免应力集中源的聚集

零件各处的结构会存在多种形状改变,这些改变会使零件产生应力集中;多种形状改变出现在同一位置或过于接近,将引起应力集中的加剧。应避免将多个应力集中源设计到同一截面处。

3) 降低应力幅

承受变载荷作用的零件,应力幅对疲劳强度的影响远大于平均应力的影响。

4. 提高接触强度与接触刚度的设计方法

在高副连接中,零件在接触区表层会产生接触应力和接触变形,两者的大小主要取决于接触点的综合曲率半径和接触点的载荷。

1）增大综合曲率半径

根据接触理论,接触应力与综合曲率半径成反比关系。在如图9.2所示的球面接触结构中,将其中一个接触表面改为平面或凹面(见图9.2(b)或(c)),对于提高接触强度和接触刚度都是有益的。在渐开线齿轮传动中,采用正传动设计,可使工作齿廓远离基圆,增大综合曲率半径,提高传动的承载能力。

2）增加接触元素数量

采用多个接触元素可以降低单个接触元素所承受的载荷。在齿轮传动中,设法增大重合度,增加同时参与承载的轮齿数量,可以降低单个轮齿所承受的载荷。同理,在行星轮系设计中,增加行星轮的数量,也可以降低单个轮齿的实际承载。

3）用低副代替高副

在图9.29所示的结构中,用低副(面接触)零件代替高副(点、线接触)零件,可以有效地提高结构的强度与刚度。在高副低代的转变中,为保证自由度不变,必须在结构中增加其他零件。

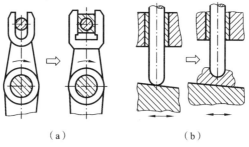

图9.29 低副代替高副

4）采用预紧提高接触刚度

轴承结构如图9.30所示,预紧后,两个轴承共同承担了对轴系施加的轴向

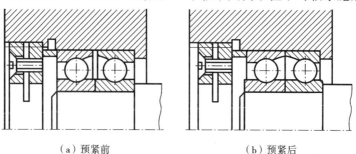

(a) 预紧前　　　　　　　(b) 预紧后

图9.30 轴系的轴向预紧

力。由于滚动轴承刚度的非线性特性,预紧后的滚动轴承刚度得到提高。

预紧能提高刚度,但会增大滚动轴承所承受的载荷。仅用于以轴系刚度及精度为主要设计目标的情况。因为预紧引起的轴承受力对预紧量很敏感,所以在预紧过程中要精确控制预紧量。

9.2.3 工艺性设计

合理的结构设计必须保证工艺过程能够实现,能使零件得到最为经济的制造和装配,并且便于维修和调整。机器的成本主要取决于材料和制造费用,因此工艺性与经济性密切相关。通常应考虑零件形状简单合理、适应生产条件和规模、合理选用毛坯类型、便于切削加工、便于装配和拆卸、易于维护和修理以及人机工程学的要求。

1. 结构工艺性创新时的注意事项

1) 全面思考,逐步分析

结构工艺性要求较多,往往难以考虑周到,应该按照生产该零件的全部过程,逐步分析比较。如按照毛坯制造、热处理、机械加工、表面涂饰、装配调整、试车检验、运输安装、使用维修、报废回收等步骤,逐步地考虑其工艺性。

各阶段的结构工艺性要求可能有矛盾,这时就要全面考虑、决定取舍。例如:为使机加工方便,可以采用分组的方法来装配滚动轴承;用叠加垫片来调配轴系的轴向尺寸,这样做可以降低加工精度,但是增加了装配或调整的时间。又如:导轨材料选择 GCr15 钢淬火,易于热处理而机加工困难;选择 20Gr 钢渗碳淬火,则易于机加工而热处理复杂。

2) 考虑生产和使用条件

生产批量、设备条件和使用维修条件不同时,零部件结构应做出相应的改变。例如,单件生产的机器底座选用焊接件较为经济,而中小批量生产与大批生产则选用铸件。又如,成形设备的最大工作能力是模具设计和确定被加工零件极限尺寸的重要依据。机械制造装备的精度和先进程度,也明显影响着零部件结构。

3) 注意新技术与新工艺

新材料、新工艺、先进制造技术和先进制造装备的引进与创新,也明显影响到零部件的结构。如各类特种加工、数控技术装备和柔性制造系统等新技术,都促使零部件结构设计做出相应变化。

2. 机械切削加工中的零件工艺性

在结构设计中应设法降低机械切削加工的难度,提高加工效率,降低成本。

机械加工前需要有毛坯制造,加工后与装配相衔接,加工过程又与热处理有关。所以机械加工是承前启后的重要工艺过程。

1) 毛坯的选择

(1) 按零件形状和工作要求选择　铸造毛坯用于制造形状复杂的结构,如机架、底座和箱体等。因其模具成本较高,适用于较大批量的生产。锻件的力学性能优于铸件,但锻件的结构形状比铸件简单。锻造后一般要经过机械加工,而模锻件的非配合表面可不经过机械加工。焊接件可用各种型钢焊接而成,最适于制造大型的机架、梁、支架等。

(2) 应在保证功能的前提下,尽量减少机械加工　例如普通减速器的观察孔盖,采用铸件则须厚度大,还需要经过机械加工。改为冲压件,则可一次冲制完成,直接使用。

(3) 生产批量和生产周期影响毛坯的选择　模锻的生产效率高,但是设备及模具费用高,适用于大、中批量的生产。自由锻不需要模具,可以加工尺寸较大的锻件,但是尺寸精度较差,加工余量大,适用于单件小批量生产。铸铁价廉,但若只生产几件,则采用钢材焊接,既可省去木模费用,又可缩短生产周期。

2) 零件的装夹工艺性

为了便于切削加工,首要考虑的问题就是零件在制造与工艺装备上的安装与夹紧。根据具体装备的特点,在进行零件的结构设计时,就必须考虑为装夹过程提供足够大的夹持面。夹持面的形状和位置应能保证零件在切削力作用下具有足够的刚度。

锥形轴如图 9.31 所示,图 9.31(a)所示的结构只有两个圆锥表面,用卡盘无法装夹;在图 9.31(b)所示的结构中增加了一个圆柱表面,这个表面在零件工作时不起作用,只是为实现工艺过程而设置的,故称为工艺表面。

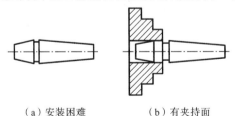

(a) 安装困难　　　(b) 有夹持面

图 9.31　锥形轴的装夹结构

此外,还应尽量减少安装次数,即在一次安装中能加工尽可能多的相关表面。这样不仅能提高加工效率,而且能提高加工精度(一次安装中所加工表面的同轴度、平行度、垂直度等较好)。

如图9.32(a)所示的箱形结构顶面有两个不平行平面,要通过两次装夹才能完成加工;图9.32(b)将其改为两个平行平面,可以一次装夹完成加工;图9.32(c)将两个平面改为平行而且等高,可以将两个平面作为一个几何要素进行加工。

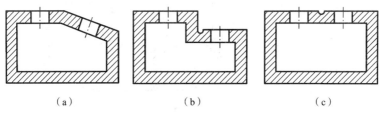

图 9.32　尽量减少装夹次数

3) 零件的装配工艺性

装配质量对产品质量有很大影响,设计中能否全面考虑装配过程的需要也直接影响装配工作的难易程度。

(1) 紧配合面不宜过长　装配过程中,若紧配合工作面过长,则容易擦伤配合表面,增加装配难度。对于孔与轴的配合,通常设计成阶梯孔或阶梯轴来减小紧配合工作面的轴向长度。同理,对平面的配合也采用阶梯式处理来减小配合工作面的装配长度。这样处理既可以降低加工难度,又可以降低装配难度。

(2) 多个紧配合面不宜同时装入　如图9.33(a)所示结构,两个滚动轴承同时装入,很难对正,装配难度较大。若改为图9.33(b)所示结构,就降低了装配难度。

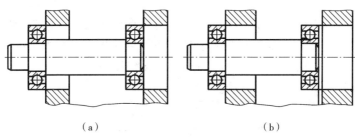

图 9.33　多个紧配合面不宜同时装入

(3) 减少装配差错　如图9.34(a)所示的滑动轴承右侧有一个与箱体连通的注油孔,如果装配中将滑动轴承的方向装错将会使滑动轴承和与之配合的轴得不到润滑。由于装配中有方向要求,装配人员就必须首先辨别装配方向,然后进行装配,这就增加了装配工作的工作量和难度。如改为如图9.34(b)所示的结构,则零件成为对称结构,虽然不会发生装配错误,但是总有一个孔实际并不起润滑作用。如改为如图 9.34(c)所示的结构,增加环状储油区,则使所有的油孔都能发挥润滑作用。

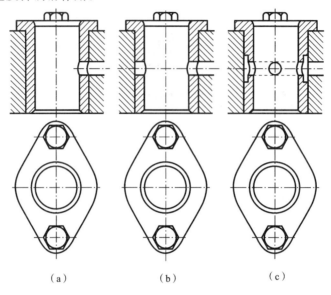

图 9.34 减少装配差错的结构设计

装配自动线或装配机器人,具有很高的工作速度,但是对零件上微小差别的分辨能力很差,这就要求设计上应减少那些具有微小差别的零件种类,或增加容易识别的明显标志,或将相似的零件在可能的情况下消除差别,合并为同一种零件。

例如,图 9.35(a)所示的两个圆柱销的外形尺寸完全相同,只是材料及热处理方式不同,这在装配过程中无论是人还是自动化设备都很难区别,装错的可能性极大。改为图 9.35(b)所示的结构,使相似的零件有明显的差异,则在装配中就易于分辨了。

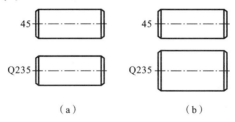

图 9.35 使相似零件具有明显差别

9.3 机械结构的宜人化设计

机械都是在各种环境中供人使用和操纵的。人、机器和周围环境就构成了一个系统。现代制造装备的结构复杂、工作速度高,不能要求操作者无限制地适应机器的要求。机械结构的宜人化设计就是从人-机-环境系统的角度,使机械结构能保证人的安全、适应环境需要、符合人的生理和心理特征、促进人的身心健康、提高人的工作效能。

保证人的安全是指在结构设计上采取措施防止事故的发生。适应环境需要是指从环境因素出发,考虑减少污染、降低噪声、适应环境保护等要求,进行有关环境要求的结构设计。符合操作者的生理和心理特点是结构设计应遵循的基本原则,并可为创新结构提供启示,促进人的身心健康、提高人的工作效能则为结构设计的创新提供了研讨的方向。

9.3.1 保证人的安全

工伤事故的主要原因是机械结构设计本身的缺陷和操作者的失误。设计者应注意防止事故发生。

为防止事故发生,在进行结构设计时可采取以下措施。

1. 保证各零件的强度

这显然是最基本的要求,可以避免由于零件断裂而产生事故。

2. 保证各零件有足够的耐磨性

设计润滑装置,使有相对运动的各零部件运转灵活,防止产生局部磨损。

3. 设计各种防护罩或防护栏等保护装置

应设计隔障将危险区域隔开。主要是根据危险点距地面的高度来确定隔障的高度和隔障到危险点的间距。

4. 设计各种防止翻倒、坠落的缓冲装置

这些装置在设备发生事故时,可以保证人身安全。

5. 分析整机可能发生事故的环节,在产品说明书中阐明定期检修要求

按照机械系统中力流的走向依次检查,找出薄弱环节,根据一定的期限制定明确详细的检修要求,保证不致失效。然后根据人员的活动范围、机器的运转、时间的推移来考虑安全措施,落实到每一个环节中去。如起重设备的钢丝绳端部用螺栓固定时,为防止螺栓松脱,应进行定期检查。

9.3.2 适应环境需要

机械产品从制造到回收,以至再利用的全部生命周期过程中的各个环节都对环境产生着不同的影响。同样,环境也影响着机械产品生命周期的全过程。环境因素包括宏观自然环境因素和具体作业环境因素。

宏观自然环境因素属于环境学的范畴。机械结构创新所涉及的宏观自然环境因素是指和人生存及发展密切相关的人类环境因素。这些宏观自然环境因素和人一直进行着物质、能量及信息的交换与转移,保持着生态系统的平衡。例如大气就是人类环境中的重要因素,提供了人及各种生物生存的必要条件。

具体作业环境因素是指人及所操作的机械和具体作业环境之间的相互影响。其负面影响会对客观自然环境形成局部的、暂时的干扰,对人的安全和健康不利。因此,在机械结构创新过程中,要适应环境需要,促进环境保护。

1. 结构创新应考虑宏观自然环境因素

(1) 设计新型结构,节约自然资源 例如设计节水笼头,使之不用时即停水,以减少水资源浪费。

(2) 简化结构,避免冗余,减少零件数量 例如,由于考虑了面向环境的设计,施乐公司生产的新型复印机的零件数量从几千个减少到 245 个。

(3) 考虑回收后的再利用 零部件回收后的再利用可以是重用也可以是改用,再利用的关键在于零件的可拆卸性和保证该零件的功能及性能。因此,在结构创新时,就应考虑再利用零件的可靠性和结构工艺性。如在设计中采用易于分离的连接结构,设置辅助的拆卸手柄及拆卸工艺孔,等等,避免不可拆连接。

图 9.36 所示为一种易拆卸的管接头。顺时针转动一下手柄,就能使矩形

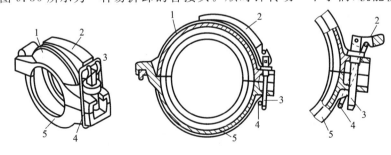

图 9.36 快换式管接头

1,5—管箍;2—手柄;3—小轴;4—矩形环

环倾斜且不再扣住手柄,于是可以从两管箍中拔出小轴,两管箍即可分离。这种管接头工作可靠,刚性好,且不需拆卸工具。

表 9.2 所示为各种可拆卸结构对比。

表 9.2 可拆卸的结构对比

措 施	差	好
采用易拆卸的连接		可拆弹性挡环
减少紧固件的数量		
规格化		
容易接近		盒盖整体移开
减少配合长度		
设置拆卸工艺孔及沟槽		
避免拆卸方向各异		同向拆卸

2. 结构创新应考虑具体作业环境因素

具体作业环境因素指标主要有：机械振动、噪声、旋转运动、温度、照明和射线等。

30～50 Hz 的冲击振动可使人体软组织、关节、骨骼甚至神经受到损害。断续的 105 dB 的噪声可造成耳聋。人处于 2 r/min 的旋转作业环境中，会影响到内耳神经，大于 5r/min 的旋转作业环境则严重影响人的安全。

舒适的作业环境温度为 17.2～23.9 ℃，人能持续工作 1 h 的最高作业环境温度为 49 ℃，超过 50～60 ℃，人体的细胞组织就会受到损伤。适宜的照明方式为间接照明，直接照明则应防止眩光对视觉的影响。一般舒适作业环境的最低照度为 1 080 lx（勒克斯），若进行精密机械工作，则最低照度为 5 380 lx。

有三类射线会对人体造成损害，即电离子射线（α、β、γ 和 X 射线）、非电离子射线（无线电波、微波、红外线）、过量的可见光（7 色光）。人在放射性环境下工作，每年的照射量不允许超过 5 000 mrem（毫生物伦琴当量）。若在短时超过 200 000 mrem，则会危及生命。根据这些限制指标，可将作业环境分为四种类型：最舒适区、舒适区、不舒适区和不能忍受区。

在最舒适区，各项环境因素指标最佳，人在作业中很舒适，效率高。例如严格保证环保要求的高精度实验环境。在舒适区，各项环境因素指标符合要求，对人的健康无损害，在一定时间内工作不疲劳，达到效率要求。如具有环保要求的加工装配作业环境。在不舒适区，如噪声、高温环境，一些环境因素指标达不到要求，长期工作会使人疲劳，甚至影响健康。在不能忍受区，如宇宙空间环境，所有环境因素指标严重偏离，若无防护或隔离，则无法工作，甚至影响生命。

机械结构的宜人化设计属于人机学设计范畴，总是希望能够创造出舒适区的工作环境，若不能完全达到，则应在结构上采取措施，限制超量的环境因素指标。

1）考虑机械结构对环境的影响

图 9.37 所示为一种减振风铲，其振动频率为 20～50 Hz，振幅达 2.7 mm，设计时考虑了人体的共振频率，选用 4 mm 厚的减振橡胶贴在手持部位，并且用橡胶套管与弹簧构成减振机构，弹簧能减弱纵向振动，橡胶套管则减轻了横向振动。

图 9.38 所示为大型汽车的驾驶员座椅。在靠背、臀部、及大腿接触处设置了 10 块装有压力传感器的气垫，可以自动调节压力使之均衡，并可衰减地面不平引起的振动。

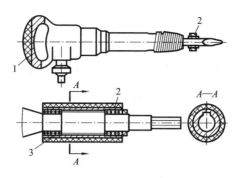

图 9.37 减振的风铲

1—橡胶；2—隔振套管；3—弹簧

图 9.39 所示为汽车驾驶台的面板，在仪表盘外壳上设计了遮挡部分，避免了眩光的照射，提高了认读的准确度。

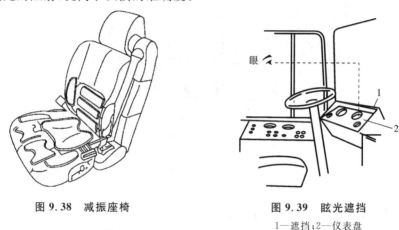

图 9.38 减振座椅　　　　　　图 9.39 眩光遮挡

1—遮挡；2—仪表盘

图 9.40 所示为汽车内热自动排除装置。汽车在夏季长时间露天停车，会使车内过热，故设置了温度传感器。当温度超过设定值时，形状记忆合金伸长，推开风门，排出热气；反之，就会关闭风门。

2）考虑环境对机械结构的影响

不同的环境因素也会导致采用不同的机械结构。例如，在高原缺氧环境下，人的视觉削弱比听觉更快。为判断缺氧的危险状况，报警显示信息就常用听觉信息通道（报警铃）而不用视觉信息通道（信号灯）来传递到人。又如，在太空环境下，人对哥氏（Coriolis）加速度引起的哥氏力就比较敏感，会使宇航员感到不适，甚至影响到神经调节，所以必须考虑增加阻尼，设置平衡其影响的装置。图 9.41 表示出太空站内哥氏力的方向。

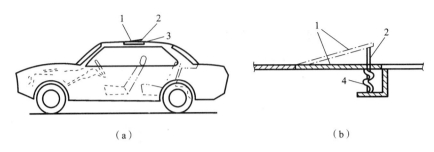

图 9.40 汽车内热自动排除装置

1—调节风门;2—开闭装置;3—排热气口;4—形状记忆合金零件

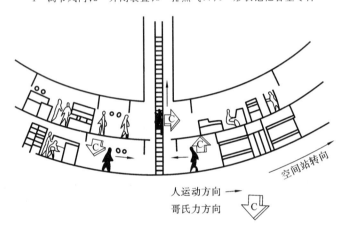

图 9.41 太空站内哥氏力的方向

9.3.3 符合人的生理和心理特征

在人-机-环境系统中,人掌握着机械的控制和操作,人体各部分的尺寸,眼、耳、手、足等功能器官都与机械有着紧密的联系,有的要从机器接受信息,如颜色、声音等,有的要对机械施加影响,如扳动手柄、调节旋钮等。所以结构设计时必须考虑操作者的生理和心理特点,这样做可为创新结构提供启示,从而促进人的身心健康、提高人的工作效能。

1. 机械结构应适合人的生理特征

人体在机械操作中通过肌肉发力将力和运动传给机器,合理的结构设计应使操作者在操作中不易疲劳,保证能够连续正确操作。例如:选择操作姿势,一般优选坐姿,特别是对于动作频率高、精度高、动作幅度小的操作或需要手脚并用的操作;在需要动作范围较大,或操作空间小而无容膝空间时,则选立姿。又如,操纵力的施加方向应该有利于人体发力,其施力方式应避免操作者长时间保持一种姿势,且在必须以不平衡姿势操作时为操作者设置辅助支撑物。

人体运动系统由骨骼、关节和肌肉组成。运动的实质是肌肉收缩牵动骨骼绕关节运动。所以结构设计时要考虑肌肉的多种生理特征,这属于人体力学研讨的问题。从人体力学来考虑结构设计,主要考虑的是合理使用肌力,降低肌肉的实际负荷,尽量避免静态肌肉施力。

所谓合理使用肌力,就是尽量避免身体各部位承受力矩性载荷,并且操作者能经常变换姿势,减轻疲劳。如图 9.42 所示的升降工作台和倾斜工作台。工作台的升降能适应手提取重物的位置,避免弯腰。工作台的倾斜会使重物尽量靠近身体,在这两种情况下力臂都缩短了,从而降低了身体所受力矩性载荷。

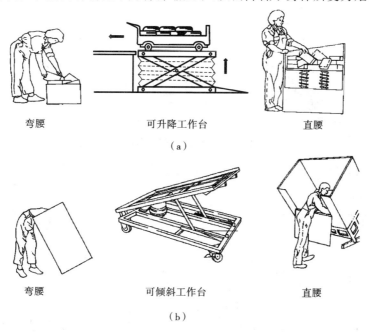

图 9.42 可升降和可倾斜工作台的设计和应用

降低肌肉的实际负荷是考虑分担肌肉的负载。当负荷不能减少时,可使载荷分流到不同部位的肌肉上,减轻疲劳。图 9.43 所示为一种符合载荷分担原理的座椅。坐在这种座椅上时,可以用后背、前胸、小腿、臀部及脚掌来承受载荷。它提供了变换姿势和分担载荷的可能性。

静态肌肉施力会造成人体的不自然姿势,如四肢延伸过度、脊椎过分弯曲、关节偏离正常,都是静态肌肉施力的不自然姿势。在不自然姿势的长期反复作用下,手和躯干会加速疲劳,甚至发生累积损伤性病变。

如图 9.44(a)所示的枪式手柄,施力位置不同,对于手腕的影响也就不同。

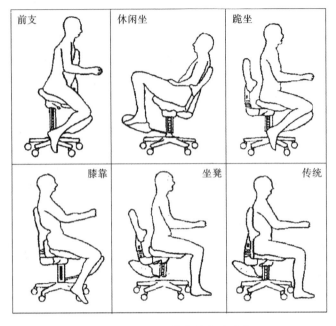

图 9.43 可分担载荷的多姿座椅

又如图 9.44(b)所示,使用直柄工具也应尽量符合手腕的自然姿势。

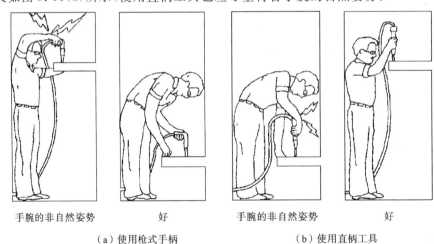

图 9.44 不同施力位置对手腕的影响

图 9.45 所示为两种不同的绘图仪对比,显然,图 9.45(b)所示的可调节连杆式绘图仪使得操作者的坐姿和立姿都处于比较舒适的直立状态,避免了躯体和头部的过分弯曲,减小了颈椎与腰椎的静态施力。

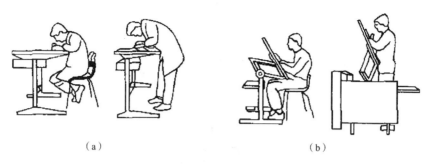

图 9.45 两种绘图仪对比

2. 机械结构应适合人的心理特征

人机系统中,工程心理学涉及的范围很广。这里仅从工业美术设计的角度简述机械结构的宜人化。机械产品的美观会给操作者以快感,不易疲劳,可以减少由于精力疲惫而产生的误操作,还能提高产品的竞争力。工业美术设计主要应考虑的内容包括尺度比例适当、造型美观、色彩谐调以及人眼的视错觉等。

1) 尺度比例适当

例如,显示仪及控制器的布置就需要考虑人体尺度。人体尺度包括手臂长度、手掌大小、手的活动范围、坐姿和采取坐姿时的人体高度、眼睛的位置、眼睛的视角大小及其活动范围等。根据人体尺度布置显示仪及控制器,会使人有一个合理的作业空间,能方便地看到所有显示仪器及接触到的所有控制器。

在设计结构时,使用"黄金分割法"确定各部分的尺寸比例,可以较好地保持整体匀称协调。如图 9.46 所示,每一对下标相邻的尺寸之比都等于 0.618,符合"黄金分割"的要求。设计时首先力求外形轮廓符合这一比例。

但并不是一切机械产品都符合这一关系的,如六角螺母的高度和对角间距离之比,铸铁用的铁水包直径与高度之比,都不符合 0.618 的比值,这是因为它们考虑了其他要求,如强度、容量等。

2) 造型美观

机械的外形是各种基本几何形体的组合,这些几何形体应配合恰当。如图 9.47(a)所示旧式的蜗杆减速器箱体,其形状复杂,铸造、加工、喷漆、清理都比较费力,它的造型给人一种杂乱和不稳定的感觉。图 9.47(b)和图 9.47(c)所示为新式的蜗杆减速器结构,其造型简洁明快,工艺性好,以减速器的不同平面作为安装面,可以得到不同的布置,蜗杆可以相对于蜗轮下置、上置或侧置。

图 9.48 所示为几种较差的造型,图 9.48(a)所示的箱体上有两个盖板,一个是铸造的,一个是薄板冲压的,破坏了造型。如图 9.48(b)所示的造型是因为机器内部形状复杂,所以专门设计了按其内部结构而组成的外罩,很不美观,

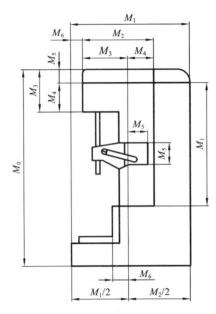

$$M_1/M_0 = M_2/M_1 = M_3/M_2 = M_4/M_3 = M_5/M_4 = M_6/M_5 = 0.618$$

图 9.46　立式钻床的尺寸比例

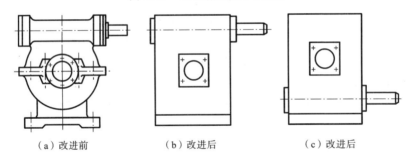

（a）改进前　　　　　（b）改进后　　　　　（c）改进后

图 9.47　蜗杆减速器造型的改进

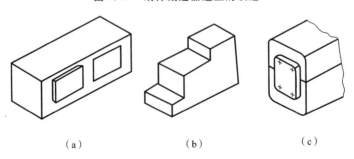

（a）　　　　　　（b）　　　　　　（c）

图 9.48　几个造型较差的实例

应该修改内部机械的设计。如图9.48(c)所示的盖板搭在箱体上下箱各一半，工艺性差，又不美观。

3) 色彩谐调

在机械表面涂漆，除防锈漆以外，还可以通过恰当地选择涂料的色彩以减轻操作者眼睛的疲劳程度，提高劳动生产率，提高对机械设备显示信息的辨读能力，并可以表现出新机床的质量和技术水平。

颜色可分为彩色、中性色和光泽色。彩色有原色（红、黄、蓝）、间色和复色；中性色有黑、白和灰色；光泽色是金、银、铬、铝等有金属光泽的颜色。如图9.49所示，三原色（红、黄、蓝）居于内环，两两相配产生的三间色（橙、绿、紫）居于中环，三间色两两相配产生的三种复色居于外环。

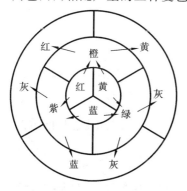

图9.49 原色、间色、复色的关系

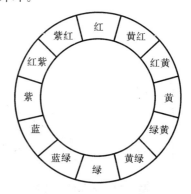

图9.50 色环

彩色的互配是有一定规律的，中性色和光泽色则不受限制，能与任何彩色并列相配，均能取得较好的效果。在颜色对比过分强烈时，可在两种彩色之间加一条中性色或光泽色进行谐调。

如图9.50所示的色环表示颜色的一种理想示意图。色环中，互为180°位置的两种颜色为互补色，这两种颜色对比效果最强烈。要慎重选用互补色，否则产生的效果会使人感到生硬、俗气。色环中，相距60°～90°的两种颜色为调和色，其相互差别小，对比效果弱，给人以柔和的感觉；相距150°～180°（不包含180°）的两种颜色为对比色，其效果在互补色与调和色之间。

选择颜色时，还应注意颜色的冷暖感。红、黄为暖色，蓝、绿为冷色。噪声环境中，人眼对暖色的分辨能力下降，而对冷色的分辨能力上升。

进行机械设计时，还应考虑到各国、各地区的习惯。例如：韩国、印度等国喜欢红、绿、黄等鲜明的颜色；奥地利人喜欢绿色；保加利亚人多数喜欢不鲜艳的绿色，而不喜欢鲜绿色。

4) 人眼的视错觉

某些情况下,由于人眼的视错觉,会感到相同尺寸的物体具有不同的大小。如图 9.51 所示,两线段的长度相等,两圆的直径也相等。但人眼会感觉两线段的长度不相等,两圆的直径也不相等。这就是人眼的视错觉。

正确地利用人眼视错觉会产生好的效果。例如,交通工具的座舱等,相对封闭空间的高度很低,里边的人易产生压抑感,变得沉闷而烦躁,进而造成疲劳。若尽可能使封闭空间内的家具、壁面、设备造型轻巧简洁,采用铝、化纤、塑料、新型涂料等轻质材料以减轻笨重感,适当缩小和减低座椅可使顶棚相对升高,空间相对扩大。

如图 9.52 所示,对于飞机座舱,使顶棚有简洁的折线,并沿两边设置行李架,用以改变飞机座舱内的圆筒形状,会使乘客感到自然而减少不适应的感觉。

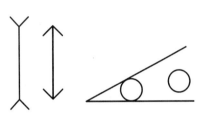

图 9.51 人眼的视错觉

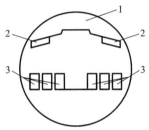

图 9.52 飞机座舱的处理
1—顶棚;2—行李架;3—座位

高空飞行时,光线比在地面时强烈,机舱应采用淡雅的冷色,如天蓝、浅灰、乳白等,上部色淡,下部色深,给人以上轻下重的稳重感。但机舱地板颜色不可太深,否则乘客入舱时,会因光线太暗,感到深不可测,不敢下脚。所以色彩的谐调是很重要的。

9.4 新型零部件结构设计

机械系统中的零部件大多是由运动副、运动构件和固定构件(即机架)组成的,有些部件本身就是机构。它们在机械系统中的功能不同,因而设计的出发点也有所不同。所以新型零部件的结构设计依然要从功能要求出发来分别考虑其结构化过程中的问题。

9.4.1 运动副的结构与进化

限于篇幅,这里仅讨论平面低副的结构设计。

1. 转动副的结构与进化

对转动副结构的基本要求是在保证满足两相对回转件的位置精度、承受压力、减少摩擦损失和保证使用寿命等要求的情况下,来分别考虑其结构化过程中的问题。

通常用轴承来构成转动副。最早出现的轴承是滑动轴承。为了减小摩擦,就出现了滚动轴承。随着对轴承各方面性能要求的不断提高,新型轴承也不断涌现出来。

例如,对于高速轻载液体摩擦润滑的滑动轴承,其轴在轴承中处于小偏心状态,常易出现油膜振荡。为了形成稳定的油膜厚度,防止油膜振荡,应力求使轴工作在较大的偏心状态,这就促进了该轴承的抗振结构创新。

最早使用的普通圆柱形轴承抗振性能很差,人们考虑在适当部位开出沟槽使得油膜的高压区与低压区相通,就可以达到增大轴偏心距的效果。于是就出现了开设沟槽的圆柱形轴承。但是油膜的高压区与低压区相通会降低轴承的承载能力,这是人们所不希望的。

对该轴承进一步的结构创新,基于改变轴承内孔几何形状的思想,促进了椭圆轴承的诞生。椭圆轴承的垂直方向间隙小、水平方向间隙大(见图 9.53),允许较多的润滑油流过轴承,冷却散热效果好,但需注意,它在短轴方向振动小,而在长轴方向振动大。

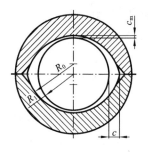

图 9.53 椭圆轴承

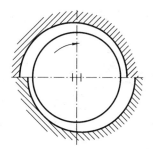

图 9.54 双油楔轴承

椭圆轴承实际上是一种双油楔轴承,上瓦形成的油楔也能产生一定的压力,这相当于给轴增加了载荷,从而提高了运转稳定性。于是根据这种原理得到了回归圆形内孔的双油楔轴承,进而产生了多油楔轴承,如图 9.54、图 9.55

所示。这些轴承虽然抗振性能好,但却只允许轴单向回转。

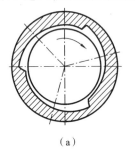 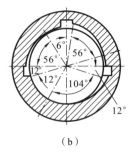 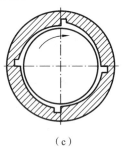

图 9.55 多油楔轴承

对油楔轴承进行结构上的改进后,就出现了油叶轴承,即允许轴双向回转的多油楔轴承,如图 9.56 所示。图 9.56(a)所示为三油叶轴承结构,应用于整体式轴承。图 9.56(b)所示为四油叶轴承结构,应用于剖分式轴承。注意,上述轴承的轴承间隙均不可调整。

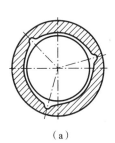 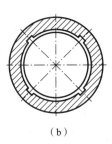　　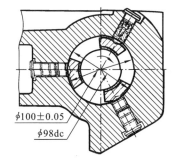

图 9.56 油叶轴承　　　　　图 9.57 三瓦可倾瓦轴承

围绕轴承间隙可调这一课题,人们进而研制了可调间隙的变形式多油楔轴承,它是利用轴瓦或轴套的弹性变形来调整轴承间隙的。由轴套的弹性变形联想到干脆让套浮动,于是又出现了浮动套轴承。浮动套轴承发热小,抗冲击性好。然而其对中性较差。

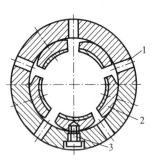

目前,抗振性最好的轴承是可倾瓦块轴承。图 9.57 所示为磨床中使用的三瓦可倾瓦轴承,瓦块支承在球面上,可以调整轴承间隙。如图 9.58 所示为五瓦可倾瓦轴承,瓦块支承在轴承体孔中并用螺钉限位。

图 9.58 五瓦可倾瓦轴承

1—油孔;2—瓦块;3—螺钉

可倾瓦块的支点选择在瓦块中点时,轴可以

正反转;若支点偏置,则仅能允许轴单向回转。当然,可倾瓦块轴承的制造稍嫌复杂。

动压润滑要求形成楔形间隙和比较高的相对滑动速度,因此动压润滑轴承不适用于高精度机床和重载低速机械,而液体静压轴承却能较好地适应这种工作条件,如图9.59所示。

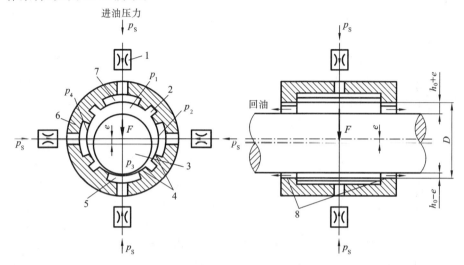

图9.59 液体静压径向轴承原理结构图

1—节流器(4个);2—回油槽;3—主轴;4—径向封油面;5,7—油腔;6—轴承;8—轴向封油面

滚动轴承的出现源于滚动优于滑动的原理。在20世纪中,人们研制了很多形式的滚动轴承。专业轴承公司的建立,使滚动轴承成为一种最有用、高质量和易买到的机械零件。

在转动副的结构设计中尤其应该注意限制构件之间的相对轴向移动。如在滚动轴承组合结构设计中,滚动轴承内圈与轴的固定、轴承外圈与座孔的轴向固定,都是为了保证形成转动副的两构件具有确定的轴向位置。这也是其结构创新的探讨方向。

2. 移动副的结构与进化

对移动副结构的基本要求有:导向和运动精度高、刚度大、对温度变化不敏感、耐磨性高及结构工艺性好。此外,结构设计中还要注意限制两构件的相对转动和间隙的调整。

通常用导轨来构成转动副。最早出现的是滑动摩擦导轨,随着支承原理的进化,先后出现了滚动摩擦导轨、弹性导轨、磁浮导轨和气浮导轨。导轨由凸形和凹形相互配合组成。从导轨的功能和制造工艺考虑,人们研究了很多不同截面及不同截面组合的导轨,现在使用的基本形式有 V 形导轨、矩形导轨、燕尾形导轨和圆形导轨。例如,对于普通滑动导轨,人们在结构上研制出自封闭导轨和自封式导轨以减轻工作台倾覆力矩的影响,保证了导轨面的紧密接触而不分离,而为保证导向面的精度,在非导向面上安装镶条以调整间隙。滑动导轨的结构简单,但摩擦较大。为提高导轨的耐磨性,人们开发出液体静压导轨;继而,又研发了各种塑料软带,用有机黏合剂将软带贴在导轨表面,这就是所谓塑料导轨。

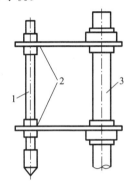

图 9.60　弹性导轨

1—运动杆;2—弹簧片;3—立柱

为了减小摩擦,就出现了滚动导轨,这是支承原理的变革。但无论是滑动导轨还是滚动导轨都是利用零件的形状约束运动件,得到确定直线运动的。

受支承原理变革的启发,人们想到了利用零件的弹性变形来导向,出现了弹性导轨。如图 9.60 所示的弹性导轨,弹簧片厚度一般为 0.2~0.3 mm;弹簧片宽度要足够,以保证其在侧向有足够的刚度。当然,只有在运动杆的移动距离很短(一般在 0.2 mm 以内)时,才可以视为直线运动,因此弹性导轨的使用范围有限,但它的优点是没有摩擦表面,且结构简单。

下面介绍导轨结构创新的两个实例。

1) 单层多自由度导轨

一般来说,每个导轨仅有一个运动自由度,其余五个自由度都受到了约束。当工作台要求实现 X 和 Y 两个方向的移动甚至还要求能绕 Z 轴转动时,就只好在结构上设计成双层甚至三层导轨的叠合,每层导轨各提供一个自由度。

在精密仪器仪表机构中,有时要求的移动范围很小,如 X 向、Y 向移动各 ± 3 mm,绕 Z 轴转动 $\pm 2°$,则可采用单层多自由度导轨来实现。其结构如图 9.61 所示。工作台 1 由滚珠支承在底座 2 上,转动手轮 3 可使工作台沿 X 向移动。同步转动手轮 4 和手轮 5 可使工作台沿 Y 向移动;分别转动手轮 4 或 5 可使工作台绕 Z 轴转动。

这种结构仅用一层导轨即可满足多个自由度的运动要求,使结构简化,加工方便。

2) 具有卸载装置的滑动导轨

如图 9.62 所示,工作台的滑动导轨 1 为主导轨,工作台还附有卸载用的滚动导轨 2。滚动轴承 3 安装在销轴 4 上,由弹簧 5 将滚动轴承 3 紧压在导轨 2 上,滚动轴承受力大小可由螺钉 6 调节,可见滚动导轨分担了滑动导轨的部分载荷。这种结构可使滑动导轨移动灵活,寿命延长。

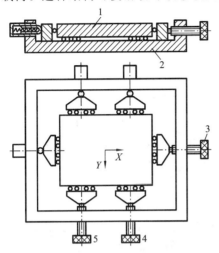

图 9.61 单层多自由度导轨

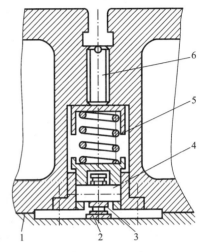

图 9.62 滑动导轨卸载装置

这种设计思路在于:滑动导轨和滚动导轨各有优缺点,若结合使用,采用卸载装置,则可扬长避短,做到优势互补而取得较好的效果。

9.4.2 构件的结构与进化

本章讨论的构件为活动构件。构件大多由若干零件组成,组成同一构件的不同零件之间就需要连接和相对固定。构件的结构设计必须考虑其各组成零件的连接关系、构件与运动副的连接关系以及各组成零件本身的结构设计。构件可以依其功能和加工的需要设计成各种几何形状,这就为构件结构的进化提供了广阔的空间。

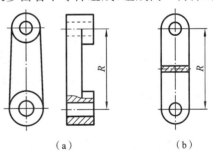

图 9.63 杆状构件

1. 杆状构件

杆状构件的构造简单,加工方便,是最早采用的构件结构形式之一,如图 9.63 所示。尤其是连杆机构中的构件,多数都制成杆状。图 9.64 所示为常见的杆状构件端部与其他构件铰接的结构形式。

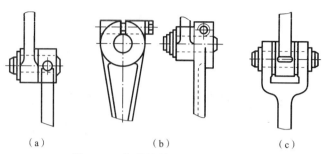

图 9.64 杆状构件端部的结构形式

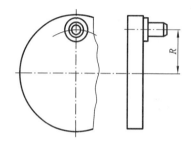

图 9.65 盘状构件

随着机构的演化和变异,在杆长 R 较短时,杆状构件也进化为盘状或曲轴结构形式。如图 9.65 所示的盘状杆件,其本身可能就是一个带轮或齿轮,在圆盘上距中心 R 处装上销轴,以便和其他构件组成转动副,尺寸 R 即为杆长。相对于杆状结构,盘状结构的回转体结构质量分布均匀得多,故更适用于高速。在连杆机构中,盘状结构常用做曲柄或摆杆。如图 9.66 所示为曲轴,显然它在连杆机构中用来作为曲柄构件。

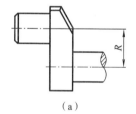 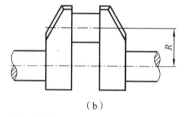

图 9.66 曲轴

在采用连杆机构的现实机械装备中,往往需要改变从动杆件的行程和摆角等运动参数,这就要求能够调节连杆的长度,所以就进化出杆长可调的结构。这是对固定杆长的进化。

调节杆长的方法很多。如图 9.67(a)所示,调节曲柄长度 R 时,可松开螺母 4,在杆 1 的长槽内移动销子 3,然后固紧。如图 9.67(b)所示为利用螺杆来调节曲柄长度,图中曲柄销 3 固连在滑块 2 上,转动螺杆 4,则滑块 2 和曲柄销 3 即在杆 1 的滑槽内上、下移动,从而改变曲柄的长度 R。

图 9.68(a)所示为利用固定螺钉 3 来调节连杆 2 的长度。图 9.68(b)中的连杆 2 做成左、右两半节,每节都有一端带螺纹,但是左、右两段螺纹的旋向相反,并与连接套 3 构成螺旋副,形成快速开合螺纹。转动连接套即可调节连杆

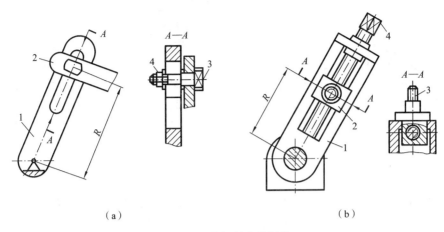

图 9.67 曲柄长度的调节

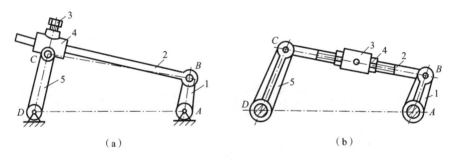

图 9.68 连杆长度的调节

2 的长度。

2. 盘状构件

盘状构件一般有齿轮、蜗轮、链轮、带轮、凸轮、棘轮和槽轮等。盘状构件通过中心毂孔安装于轴上,与轴形成静连接或动连接,基本功能是输出定轴转动。

盘状构件轮缘的结构形式与构件的功能有关;轮辐的结构形式与构件的尺寸大小、材料以及加工工艺等有关,如实心式、腹板式和轮辐式等;轮毂的结构形式要保证其在轴上的轴向定位和周向定位,如整体式、组合式、过盈配合连接式等。

偏心轮结构就是由杆状构件进化为盘状构件的,连杆机构中的曲柄常采用这种结构。如图 9.69 所示的机构,当 $R < r_A + r_B$ 时,曲柄 1 的长度过短,就必须采用如图 9.70 所示的偏心轮结构,偏心距 e 即为曲柄的长度。此外,对于冲床、压力机等工作机械来说,曲柄销 B 所受的冲击载荷很大,为加大曲柄销尺寸,也采用了偏心轮结构。

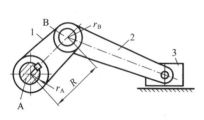
图 9.69　曲柄滑块机构

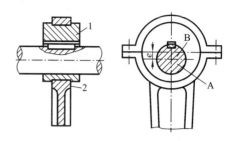
图 9.70　偏心轮

3. 轴类构件

轴的主要功能是支承回转零件,通常的心轴、转轴和传动轴都采用直轴结构。轴的结构设计主要是保证轴上零件的连接、定位以及满足加工、装配工艺性要求。

当盘类构件径向尺寸过小时,就进化为与轴制成一体,这就是集成化思维。凸轮轴、齿轮轴、蜗杆轴和偏心轴就是典型的范例,分别如图 9.71 至图 9.74 所示。

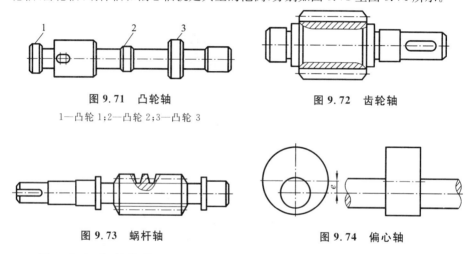

图 9.71　凸轮轴
1—凸轮 1;2—凸轮 2;3—凸轮 3

图 9.72　齿轮轴

图 9.73　蜗杆轴

图 9.74　偏心轴

前已述及,杆状构件的曲柄,在杆长 R 较短时也能进化为曲轴结构,图 9.75 所示为两种形式的曲轴。如图 9.75(a)所示的曲轴结构简单,但因悬臂布置导致强度和刚度较差。当工作载荷和尺寸较大或曲柄位于轴的中间部分时,可用如图 9.75(b)所示的形式,但须以剖分式连杆与曲轴颈连接。

4. 其他构件

构件可以制成各种几何形状。图 9.76 所示为凸轮机构中滚子从动件的各种结构;图 9.77 所示为齿轮式自锁抓取机构中的机械手爪;图 9.78 所示为斜楔杠杆式夹持器。

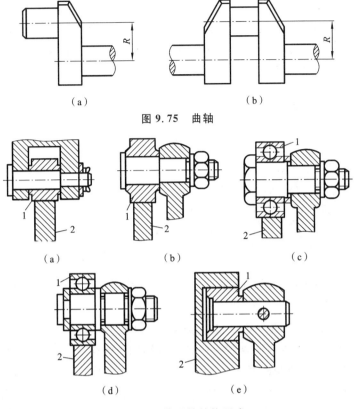

(a)

(b)

图 9.75 曲轴

(a) (b) (c)

(d) (e)

图 9.76 滚子的结构形式

1—滚子；2—凸轮

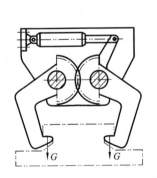

图 9.77 齿轮式自锁性抓取机构

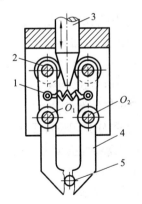

图 9.78 斜楔杠杆式夹持器

1—弹簧；2—滚子；3—斜楔；4—手爪；5—工件

图 9.79 所示为摆缸式活塞泵,图中主动件曲柄 1、活塞杆 3、摆缸 2 和泵体组成曲柄摇块机构。杆 3 可在摆缸 2 的缸体 a 中往复移动,摆缸 2 绕固定轴线 c 转动。当曲柄 1 转动时,缸 2 摆动并轮换地与吸入口 b 和输出口 d 的泵腔连通。其中的摆缸和泵体就设计得比较巧妙。

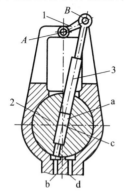

图 9.79 曲柄摇块机构型摆缸式活塞泵

1—曲柄;2—摆缸;3—活塞杆

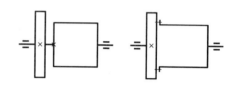

图 9.80 转轴改变为心轴

利用零部件组合的多样性和巧妙性来设计新型结构,能使结构更为合理,易于制造,节约自然资源。这就促进了构件结构的进化。如图 9.80 所示,左图中的轴受到弯矩和扭矩的联合作用,是一根转轴,受载较大。若将齿轮和卷筒组合为同一构件,用螺栓连接,则轴将不受转矩作用,而变为转动心轴,显然结构更合理。

9.4.3 机架的结构与改进措施

在机械系统中,机架用来容纳和支承其他构件。支架、箱体、工作台、床身、底座等均可视为机架。机架一般体积较大且形状复杂,常为铸件或焊接件。机架的设计没有固定的模式,也没有固定的计算公式,需要根据机械的总体结构和设计经验来确定机架的类型。机架的设计和制造质量对整机的质量有很大影响。

1. 机架的分类和设计要求

按照结构形状,机架可分为梁、板、框、箱四种类型,图 9.81 所示为各类典型的机架示意图。

梁形机架的特点是其某一方向尺寸比另两个方向尺寸大得多,因此在分析计算时可以将其简化为梁,如车床床身、各类立柱、横梁、悬伸臂等。如图 9.81 所示的构件 1、3、5 均为梁形机架。板形机架的特点是其某一方向尺寸比另两个方向尺寸小得多,可近似地简化为板件。如钻床工作台及某些机器的较薄底

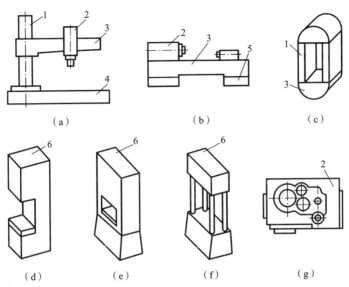

图 9.81 机架按结构形状的分类

座等。如图 9.81 所示的构件 4 为板形机架。框形机架具有框架结构,如轧钢机机架、锻压机机身等。如图 9.81 所示的构件 6 为框形机架。箱形机架是三个方向的尺寸差不多的封闭体,如减速器箱体、泵体、发动机缸体等。如图 9.81 所示的构件 2 为箱形机架。

机架的设计要求有:足够的强度、刚度、运动精度及其精度保持性,较好的工艺性、尺寸稳定性和抗振性,外形美观。此外,还要考虑吊装、安放水平、电器部件安装等问题。总之,就是要满足机架的功能要求。

2. 保证机架功能的结构措施

1) 正确选择截面

构件受压时的变形量与截面积的大小有关;构件受弯、扭时的变形量与截面的抗弯、抗扭惯性矩有关,而惯性矩取决于截面形状。同等重量的钢铁材料制成不同的截面或外形,其刚度会有很大的差别。机架的受力和变形情况很复杂,其抗弯和抗扭刚度差别也很大,因此正确选择截面与外形结构尤为重要。

(1) 空心的截面惯性矩比实心的大,所以无论是圆形、方形,还是矩形,空心截面的刚度都比实心的大,故机架多为中空形状。在截面积相同的情况下,加大截面轮廓尺寸并减小壁厚可提高刚度。

(2) 无论何种截面,沿受力方向上的尺寸大,则抗弯刚度大。圆(环)形截面的抗扭刚度比方形的好,而抗弯刚度比方形的低。矩形截面沿长边方向的抗弯刚度效果显著。

(3) 封闭截面的刚度远远大于开口截面的刚度,特别是抗扭刚度。因此,应尽量采用封闭截面。

2) 合理布置隔板和加强肋

合理布置隔板(或加强肋)可以较好地增大刚度,其效果较增加壁厚更为显著。隔板按布置形式可以分为纵向隔板、横向隔板和斜置隔板。

(1) 纵向隔板应布置在弯曲平面内,如图9.82(a)所示,对提高抗弯刚度有明显效果。

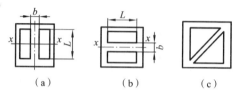

图 9.82 隔板的布置形式

(2) 横向隔板如图9.82(b)所示,当构件受扭转载荷时,横向隔板对增大抗扭刚度有明显效果。

(3) 斜置隔板可以提高抗弯和抗扭刚度,如图9.82(c)所示。

各种隔板的布置形式如图9.83所示。基本由上述三种形式构成。图(a)、图(b)和图(c)都是方格式纵横隔板,其中图(c)比图(b)的铸造性能好,因为图(c)中肋条受力状况好,交叉处金属聚集较少,分布均匀,内应力小。图(d)、图(e)是三角形和菱形肋,不仅刚度较好,工艺也简单。图(f)是六角(蜂窝)形肋,抗扭刚度较好,铸件均匀收缩,内应力小,不易断裂,但其铸造泥芯很多。图(g)、图(h)是米形肋,铸造工艺较复杂,但刚度较好。

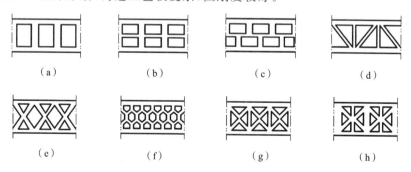

图 9.83 基座肋的布置形式

肋条可采用直肋或人字形肋,如图9.84所示。

3) 合理开孔和加盖

在机架壁上开孔会降低刚度,当开孔面积大于所在壁面积的20%时,抗扭

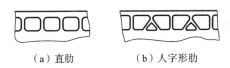

（a）直肋　　　　　（b）人字形肋

图 9.84　肋条的形状

刚度会大幅下降。故孔宽或孔径不宜超过壁宽的 1/4，且应尽量靠近支承件壁的几何中心或中心线。

开口对抗弯刚度影响较小，若加盖并拧紧螺栓，几乎不影响抗弯刚度，且嵌入式盖板比覆盖式盖板效果更好。抗扭刚度在加盖后可恢复到原来的 35%～41%。

4）提高局部刚度

局部刚度是指支承件上与其他零件或地基相连部分的刚度。采取凸缘连接时，其局部刚度取决于凸缘刚度、螺栓刚度及接触刚度；采取导轨连接时，其局部刚度则取决于导轨与基座连接处的刚度。

如图 9.85 所示的螺栓连接，如图 9.85(a)所示的结构简单，但局部刚度差，可改为如图 9.85(b)所示的结构。

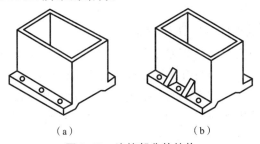

（a）　　　　　　　　　（b）

图 9.85　连接部分的结构

图 9.86(a)所示为龙门刨床床身，为提高 V 形导轨处的局部刚度，可加一纵向肋板，改为如图 9.86(b)所示的结构。

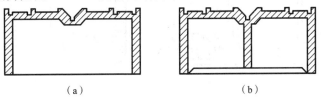

（a）　　　　　　　　　（b）

图 9.86　提高导轨连接处局部刚度

5）增加阻尼以提高抗振性

机架常为铸件或焊接件。在铸造机架中保留砂芯，在焊接机架中填充砂子或混凝土，均可增加阻尼。图 9.87 所示为机床床身有、无封砂结构的两种情况。砂芯的吸振作用使床身阻尼增加，提高了机床的抗振性。不足之处是增加

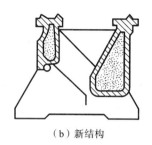

(a)原结构 (b)新结构

图 9.87　床身结构的抗振性

了机床重量。

6) 材料的选择和结构工艺性

机架的材料有铸铁、钢、轻金属和非金属材料,应根据具体机架的功能要求来选择材料。如为了减重,可用铸铝做机架;对于高精度仪器,需要保证尺寸稳定性,可用铸铜做机架。机架的结构工艺性包括铸造、焊接或铆接以及机械加工的工艺性。限于篇幅,此处不再赘述。

9.4.4　零件结构的组合与集成化

零件结构的组合是指把形状复杂的构件拆分为几个部分,先分别制造,然后再装配成整体。巧妙的组合能够很好地解决结构设计中的难题。

如图 9.88(a)所示的复杂模具属于整体式结构,其制造困难,成本高,难以保证质量。如果采用如图 9.88(b)所示的组合式构件,分开来制造,则可以简化模具,提高加工质量。

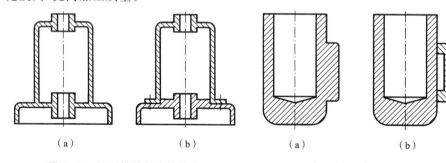

(a)　　　　(b)　　　　　　(a)　　　　(b)

图 9.88　便于模具制造的结构　　图 9.89　便于锻造的结构

图 9.89(a)所示的结构是整体式非对称结构件,设计改为组合式结构件后,就把原来的非对称结构变为图 9.89(b)的对称结构。对称结构锻造方便,采用对称结构可降低制造成本。

零件结构的集成化来源于功能集成的思想,是结构创新的重要途径之一。

功能集成可以是在零件原有功能基础上增添新功能,也可将不同功能的零件在结构上合并。集成化设计的优点是:降低产品开发和制造成本;提高系统性能和可靠性;减少重量,节约资源;减少零件数量,简化装配关系。其缺点是制造工艺较复杂。

图 9.90 所示为带轮与飞轮的集成功能零件,按带传动要求设计轮缘的带槽与直径,按飞轮转动惯量要求设计轮缘宽度及结构形状。

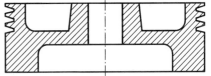

图 9.90 带轮与飞轮集成

图 9.91 所示是头部具有很高防松能力的三合一螺钉。

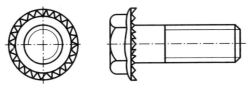

图 9.91 法兰面螺钉头

图 9.92 所示为三种自攻螺钉结构,图(a)所示是将螺纹与丝锥的功能集成,图(b)和图(c)所示则将螺纹与钻头的功能集成,使螺纹连接结构的钻孔、连接和安装更为方便。

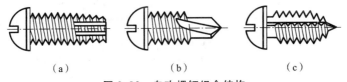

图 9.92 自攻螺钉组合结构

图 9.93 所示为将轴、轴承和齿轮集成的轴系结构。这种结构设计大大减轻了轴系的质量,并提高了系统可靠性。

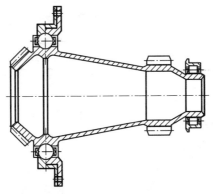

图 9.93 轴、轴承和齿轮集成

9.5 机械整体结构布置创新

机械整体结构也称整机总体结构。整机总体结构的功能主要是保证整机主功能的完美实现,设计时还要保证整机结构的装配调试方便。机械整体结构布置创新的主要任务是在总体设计的基础上,将原理方案结构化,对结构设计进行评价,找出设计的薄弱环节,进一步改进设计。下面以现代机床结构功能的变化和自行车的结构演变为例来阐述。

9.5.1 现代机床结构功能的变化

现代机床与传统机床在结构功能上有很大不同。现分为三类列表比较如下。

1. 与进给运动有关的结构功能(见表 9.3)

表 9.3 与进给运动有关的结构功能

项 目	传统机床(普通机床)	现代机床(数控机床)
进给运动控制方式	集中控制(以普通铣床为例); 机械结构复杂、传动链长; 一个进给电动机集中驱动三个轴,电器控制简单	分散控制(以数控铣床为例); 机械结构简单、传动链短; 三个伺服电动机分别驱动三个进给轴,电器控制复杂
进给运动位置调定	操作者手动调定; 操作者通过测量工件尺寸并与加工图样要求进行比较,然后进行位置调定	数控系统自动调定; 数控系统按图样要求率先编制好的程序自动进行位置调定,操作者不参与位置调定
进给运动部件结构的动态特性	没有高的要求	有很高的要求,尤其是连续控制数控机床动态特性是重要指标; 要求进给导轨动、静摩擦系数接近,传动丝杆的摩擦因数要小,传动部件的动、静刚度要大
进给运动传动链的间隙	一般不控制	要严格控制; 机械结构上应有消除间隙装置,一旦产生传动间隙(包括变形产生的失动量)应由控制系统补偿

续表

项目	传统机床(普通机床)	现代机床(数控机床)
其他	一般无特殊要求	要控制热变形对位置调定的影响,高速进给丝杆中空通冷却液降温; 要求位置调定的重复一致性好,长时间连续工作稳定性好

2. 与生产效率有关的结构功能(见表 9.4)

表 9.4 与生产效率有关的结构功能

项目	传统机床(普通机床)	现代机床(数控机床)
刀具交换	操作者手动换刀	自动换刀; 机床具有储存刀具的刀库和自动换刀装置
工件装卸	操作者人工装卸	加工中心机床具有工件自动交换的装置
切削参数 加工速率	人工操作机床无法选择高的切削参数	自动加工,可以选择高的切削参数、高的主轴转速(超过 10 000 r/min)、高的进给速度(超过 50 m/min)

3. 与环境和安全有关的结构功能(见表 9.5)

表 9.5 与环境和安全有关的结构功能

项目	传统机床(普通机床)	现代机床(数控机床)
排屑	人工排屑	自动排屑; 机床结构设计考虑排屑方便,附加自动排屑的自动排屑器
防护	开式防护	全封闭式防护; 防护装置已成为机床整体设计的重要内容之一

4. 并联机床

并联机床实质上是机器人技术与机床结构技术结合的产物,其原型是并联机器人操作机,这种机构原来作为飞行模拟器用于训练飞行员,飞行模拟器机舱由 6 个液压缸支承和驱动,可以使机舱获得任何需要的位姿。如图 9.94 所示。

并联机床与传统机床不同,传统的机床是串联机构式结构,有笨重的床身和主轴,移动部件质量大,系统刚度低,不适用于运动速度高且加工零件尺寸大的场合。为克服以上不足,引进计算机技术,将硬件(包括机械部件)的复杂性,向软件(含计算机系统和应用软件)转移,进而得到了构造简单、具有智能、知识

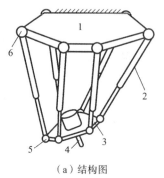 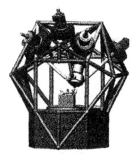

（a）结构图　　　　　　（b）外形图

图 9.94　并联机床

1—固定平台；2—驱动杆或单支路；3—活动平台；4—刀具；5—下球铰；6—上球铰

含量更高的并联机床。

并联机床的发明是对近代机床近两百余年固有设计模式的冲击与挑战，并联机床的高精度、低运动质量、高动态性能以及构造简单、制造容易的优越性和广泛的应用前景，已为越来越多的人所重视。并联机床只是由几根支杆将上、下两平台连接而形成，这几根支杆都可以独立地自由伸缩，它们分别用球铰和胡克铰与上、下平台连接，这样上平台与下平台就可进行独立运动。即并联机床具有多个自由度，在三维空间可以实现任意方向的移动和绕任何方向、位置的轴线转动。并联机构作为机构的一个重要分支，具有刚度大、精度高、易于控制和结构紧凑等优点，适用于空间受限或操作空间小而负荷量却很大的场合。

与实现等同功能的传统五坐标数控机床相比，并联机床具有如下优点。

（1）采用并联闭环静定或非静定杆系结构，且在准静态情况下，传动构件均可视为受拉压载荷的二力杆，故传动机构的单位质量具有很高的承载能力。

（2）运动部件惯性大幅降低，有效地改善了伺服控制器的动态品质，允许动平台获得很高的进给速度和加速度，特别适于各种高速数控作业。

（3）便于可重组和模块化设计，且可构成形式多样的布局和自由度组合。在动平台上安装刀具可进行多坐标铣、钻、磨、抛光，以及异型刀具刃磨等加工。装备机械手腕、高能束源或CCD摄像机等末端执行器，还可完成精密装配、特种加工与测量等作业，环境适应性强。

（4）并联机床具有"硬件"简单，"软件"复杂的特点，是一种技术附加值很高的机电一体化产品。

9.5.2　自行车的结构演变

自行车从它的雏形发展到现在，经历了漫长的过程，而创造在这个过程中扮演了重要的角色。自行车最初源于法国人西夫拉克的创意：在路窄人多时，能否将马车的构造由四个车轮变成前、后两个车轮？经过反复试验，1791年第一辆能够代步的"木马轮"小车被创造出来，如图9.95所示。这辆小车有两个木质车轮，中间的横梁上安装着鞍座，靠骑车人双脚用力蹬地，小车只能直行，不能拐弯。后来，在前轮上加了一个控制方向的车把，如图9.96所示。

图9.95 木马式车　　　　　　　图9.96 可控制方向的木马式车

以后，又在前轮上安装能转动的脚蹬，鞍座也移到前轮上方，如图9.97所示。骑这种形式的车时，除非骑车的技术特别高超，否则抓不稳车把，就会从车子上掉下来。

于是在后轮车轴安装曲柄，用连杆把曲柄和前面的脚蹬连接起来，且前、后轮都为铁制，前轮大、后轮小，脚蹬时车子就会自行向前跑动。双脚终于离开了地面，以交替踩动变为轮子的滚动，大大地提高了行车速度。由此，该车而得到"自行车"的雅名，并于1867年在巴黎博览会上被展出。1869年，雷诺觉得法国的自行车太笨重，采用钢丝辐条来拉紧车圈作为车轮，利用细钢棒来制成车架，车子的前轮大、后轮小，使自行车因减重而变得轻巧。1874年，英国人罗松别出心裁地在自行车上装上了链条和链轮，用后轮的转动来推动车子前进，如图9.98所示。这样，真正与现代自行车模样相似的自行车诞生了，此时的自行车依旧是前轮大、后轮小，看起来不够协调，不稳定。

图9.97 前轮安装脚蹬的车　　　　图9.98 自行车

1886年，英国人斯塔利从机械学、运动学的角度设计出了新的自行车样式，为自行车装上了前叉和车闸，使前、后轮的大小相同，以保持平衡，并用钢管制成了菱形车架,还首次使用了橡胶车轮。斯塔利设计的车型与今天的自行车已基本一致。1888年,爱尔兰的兽医从医治牛胃气膨胀中得到启示,把浇水用的橡胶管弯成圆环,打足气后装在车轮上,前去参加自行车赛,居然名列前茅。充气轮胎是自行车发展史上一个划时代的创举,因增加自行车的弹性而减缓了路面颠簸产生的振动,同时减小了车轮与路面的摩擦力,大大地提高了行车速度。这样,就从根本上改变了自行车的骑行性能,完善了自行车的使用功能。

现在,自行车的发展已经相当完善,但是人们的灵感依然层出不穷,发明了弹簧蓄能动力自行车、多功能独轮健身自行车等。各种新奇自行车如图9.99所示。

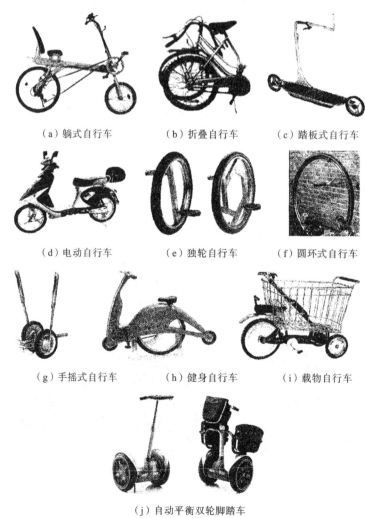

(a) 躺式自行车　　(b) 折叠自行车　　(c) 踏板式自行车

(d) 电动自行车　　(e) 独轮自行车　　(f) 圆环式自行车

(g) 手摇式自行车　　(h) 健身自行车　　(i) 载物自行车

(j) 自动平衡双轮脚踏车

图 9.99　新奇自行车

第9章 机械的结构创新

从自行车发展史可知,机械产品的创新设计要满足人的现实需要,即首先满足使用要求,然后尽量满足舒适感要求。即使在结构和功能上有大的突破,但若不能给出优良的使用性能,那也注定只能是概念产品,无法在市场中立足。

例如,学校车棚内停放自行车太多时,常因车把手相互挡住而不易推出,且盗车者只要破坏车锁就可将自行车骑走。所以,现实需要就是要求自行车在开锁后易于推出,而锁住后不易推行。

如图9.100所示,自行车的折叠式把手能巧妙地解决这一问题。停车时将车把手按下,有效节省自行车所占的空间,易于将车取出;停车按下车把手的同时会锁住前轮。在没开锁前或强行破坏锁具的情况下,车把手均无法撑开,也就极难推行,更不易骑走。这样就起到有效防盗的作用。

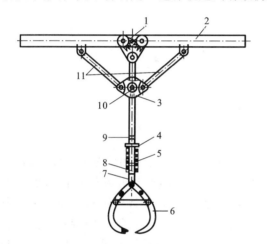

(a) 自行车骑行时的车把手　　　　(b) 自行车锁上时的车把手

图9.100　自行车的折叠式把手

1—不完全齿;2—车把手;3—滑块;4—托板;5—弹簧;6—前轮锁定机构;
7—模型头;8—连接头;9—车锁定位槽;10—锁具;11—连杆

第10章 逆向工程、仿生机械与反求设计

10.1 逆向工程简介

10.1.1 逆向工程的基本概念

传统的设计过程是在市场调研的基础上,根据功能和用途来设计产品,得到图样或者CAD模型,按照技术要求来制造产品,此类开发模式称为预定模式,这就是目前制造业广泛使用的正向工程,也称正设计。正向工程是对一个事物真相事先并不知道,通过设计,制造出符合一定技术要求的产品。为此,首先要根据市场需求,提出目标和技术要求,进行功能设计并最终形成产品。概括地说,正向工程是由未知到已知、由想象到现实的过程,其工作过程如图10.1所示。

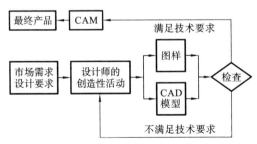

图 10.1 正向工程过程

作为研究对象,产品实物是面向消费市场的设计成果,也是最容易获取的研究对象。同时,在产品开发和制造过程中,最初的产品设计并不是由计算机

辅助设计模型描述的,设计和制造者面对的是实物样件。目前,这种从实物样件获取产品数学模型并制造得到新产品的相关技术,即逆向工程技术,已成为CAD/CAM系统中的一个研究及应用的热点,并已发展成为一个相对独立的领域。

逆向工程(reverse engineering)也称反求工程、反向工程等,它是一种以先进产品设备的实物、样件、软件(包括图样、程序、技术文件等)或影像(包含图片、照片等)作为研究对象,应用现代设计方法学、系统工程学、计算机辅助技术的理论和方法进行系统分析和研究、探索掌握其关键技术,进而开发同类的或更先进的产品技术,是针对消化、吸收先进技术采取的一系列分析方法和应用技术的综合。作为消化、吸收先进技术再创新的一种手段,在20世纪90年代初,逆向工程技术开始引起各国工业界和学术界的高度重视,特别是随着现代计算机技术和测试技术的发展,利用CAD/CAM技术、先进制造技术来实现实物的逆向设计,已成为逆向工程技术应用的主要内容。其工作过程如图10.2所示。

图10.2 逆向设计过程

逆向工程并非正向工程的简单逆过程。如果说正向工程的关键是要解答"怎么做",即设计任务提出后,怎样实现和达到预定目标,则逆向工程的关键是要解答"为什么要这么做",即已知目标后,要探索和掌握这种目标的设计者是如何一步一步实现的,反求别人脑袋里是怎么想、怎么做的,要理解设计意图,掌握所有技术关键和设计理论与方法。从这个意义上说,正设计是主动的创造,而逆向工程是先被动后主动的创造,并非是正向工程的简单逆过程。

10.1.2 逆向工程的研究内容

逆向工程包含对产品的研究与发展、生产制造过程、管理和市场组成的完整系统的分析和研究。主要包括以下几个方面。

1. 探索原产品设计的指导思想

掌握原产品设计的指导思想是分析整个产品设计的前提。如微型汽车的消费群体是普通百姓,其设计指导思想是在满足一般功能的前提下,尽可能降低成本,所以结构上通常是较简化的。

2. 探索原产品原理方案的设计

各种产品都是按指定的使用要求设计的,而满足同样要求的产品,可能有多种不同的形式,所以产品的功能目标是产品设计的核心问题。产品的功能概括而论是能量、物料信号的转换。例如通常,动力机构的功能通常是能量转换,工作机通常是物料转换,仪器仪表通常是信号转换。不同的功能目标,可引出不同的原理方案。设计一个夹紧装置时,把功能目标定在机械手段上则可能设计出斜楔夹紧、螺旋夹紧、偏心夹紧、定心夹紧、联动夹紧等原理方案,如把功能目标扩大则可设计出液动、气动、电磁夹紧等原理方案。探索原产品原理方案的设计,可以了解功能目标的确定原则,这对产品的改进设计有极大帮助。

3. 研究产品的结构设计

产品中零部件的具体结构是实现产品功能目标的保证,与产品的性能、工作能力、经济性、寿命和可靠性有着密切关系。

4. 确定产品的零部件形体尺寸

分解产品实物,由外至内、由部件至零件通过测绘与计算确定零部件形体尺寸,并用图样及技术文件方式表达出来。它是反求设计中工作量很大的一部分工作。为更好地进行形体尺寸的分析与测绘,应总结箱体类、轴类、盘套类、齿轮、弹簧、曲线曲面及其他特殊形体的测量方法,并合理标注尺寸。

5. 确定产品中零件的精度

确定零件的精度(即公差设计)是反求设计中的难点之一。通过测量,只能得到零件的加工尺寸,而不能获得几何精度的分配。精度是衡量反求对象性能的重要指标,是评价反求设计产品质量的主要技术参数之一。科学合理地进行精度分配,对提高产品的装配精度和力学性能至关重要。

6. 确定产品中零件的材料

通过零件的外观比较、重量测量、力学性能测定、化学分析、光谱分析、金相分析等试验方法,对材料的物理性能、化学成分、热处理等情况进行全面鉴定。在此基础上,遵循立足国内的方针,考虑资源及成本,选择合用的国产材料,或参照同类产品的材料牌号,选择满足力学性能及化学性能要求的国产材料代用。

7. 确定产品的工作性能

针对产品的工作特点及其主要性能进行试验测定、反计算和深入地分析,了解产品的设计准则和设计规范,并提出改进措施。

8. 确定产品的造型

对产品的外形构型、色彩设计等进行分析。运用工业美学、产品造型原理、人机工程学原理等理论对产品的外形构型、色彩设计等进行分析,以提高产品的外观质量和舒适程度。

9. 确定产品的维护与管理

分析产品的维护和管理方式,了解重要零部件及易损零部件,有助于维修及设计的改进和创新。

10.1.3 逆向工程的设计程序

逆向工程的设计过程首先是明确设计任务,然后进行反求分析,在此基础上进行反求设计,最后进行施工设计及试验试制。它与一般产品设计的区别,主要是反求分析和反求设计。

1. 反求分析

反求分析是指对反求对象从功能、原理方案、零部件结构尺寸、材料性能、加工装配工艺等进行全面深入的了解,明确其关键功能和关键技术,对设计中的特点和不足之处作出必要的评估。针对反求对象的不同形式——实物、软件或影像,可采用不同的手段和方法。对于实物反求,可利用实测手段获取所需的参数和性能,尤其是掌握各种性能、材料、尺寸的测定及试验方法,这是关键;对于根据已有的图样、技术资料文件、产品样本等的软件反求,可直接分析了解有关产品的外形、零部件材料、尺寸参数和结构,但对工艺、实用性能则必须进行适当的计算和模拟试验;对于根据已有的照片、图片、影视画面等影像资料的反求,需仔细观察、分析和推理,了解其功能原理和结构特点,可用透视法与解析法求出主要尺寸间的相对关系,再用类比法求出几个绝对尺寸,进而推算出其他部分的绝对尺寸。此外,材料的分析必须联系到零件的功能和加工工艺,应通过试验试制才能解决。

2. 反求设计

反求设计是在反求分析的基础上进行设计,称为"二次设计"。详见10.5.1节。

10.1.4 逆向工程的应用领域

逆向工程(反求工程)是近年来发展起来的消化、吸收和提高先进技术的一系列分析方法和应用技术的组合,其主要目的是为了改善技术水平、提高生产率、增强经济竞争力。世界各国在经济技术发展中,应用反求工程消化吸收先进技术经验,给人们以有益的启示。据统计,我国70%以上的技术源于国外,反求工程作为掌握技术的一种手段,可使产品研制周期缩短40%以上,极大地提高生产率。因此研究反求工程技术,对我国国民经济的发展和科学技术水平的提高,具有重大的意义。

随着科技的发展,逆向工程技术除了应用于机械制造领域外,因为不涉及复杂的动力学分析、材料加工、热处理等技术难题,也开始广泛应用于其他产品的设计开发(如手机外壳、鼠标外壳等)、医学、航空航天、考古等行业的图像处理和模型复制。其应用领域大致可分为以下几种情况。

(1) 在没有设计图样或者设计图样不完整以及没有CAD模型的情况下,在对零件原型进行测量的基础上形成零件的设计图样或CAD模型,并以此为依据利用快速成形技术复制出一个相同的零件原型。

(2) 当要设计需要通过实验测试才能定型的工件模型时,通常采用逆向工程的方法。比如航天航空领域,为了满足产品对空气动力学等要求,首先要求在初始设计模型的基础上经过各种性能测试(如风洞实验等)建立符合要求的产品模型,这类零件一般具有复杂的自由曲面外形,最终的实验模型将成为设计这类零件及反求其模具的依据。

(3) 在美学设计特别重要的领域(如汽车外形设计)广泛采用真实比例的木制或泥塑模型来评估设计的美学效果,而不采用在计算机屏幕上缩小比例的物体投视图来评估,此时需用逆向工程的设计方法。

(4) 修复破损的艺术品或缺乏供应的损坏零件等,如艺术学、考古文物的模型修复和复制。此时不需要对整个零件原型进行复制,而是借助逆向工程技术抽取零件原型的设计思想,指导新的设计。这是由实物逆向推理出设计思想的一种渐近过程。

10.1.5 逆向工程的关键技术

1. 实物原型的数字化技术

实物样件的数字化是通过特定的测量设备和测量方法,获取零件表面离散点的几何坐标数据的过程。随着传感技术、控制技术、制造技术等相关技术的发展,出现了各种各样的数字化技术。

2. 数据点云的预处理技术

获得的数字化数据一般不能直接用于曲面重构,因为:① 对于接触式测量,由于测头半径的影响,必须对数据点云进行半径补偿;② 在测量过程中,不可避免会带进噪声、误差等,必须去除这些点;③ 对于海量点云数据,对其进行精简也是必要的。数据点云的预处理技术主要包括半径补偿、数据插补、数据平滑、点云数据精简、不同坐标点云的归一化等。

3. 三维重构方法

复杂曲面的CAD重构是逆向工程研究的重点。而对复杂曲面产品来说,其实体模型可由曲面模型经过一定的计算演变而来,因此曲面重构是复杂产品逆向工程的关键。曲面重构方法有多种,如多项式插值法、双三次 Bspline 法、Coons 法、三边 Bezier 曲面法、BP 神经网络法等。

4. 曲线/曲面光顺技术

在基于实物数字化的逆向工程中,由于缺乏必要的特征信息,以及存在数字化误差,光顺操作在产品外形设计中尤为重要。根据每次调整的型值点的数值不同,曲线/曲面的光顺方法和手段主要分为整体修改和局部修改。光顺效果取决于所使用方法的原理准则。光顺方法有最小二乘法、能量法、回弹法、基于小波的光顺技术等。

5. 逆向工程的误差分析与品质分析

现阶段逆向工程所构造的 CAD 模型,多为几何形状重构,谈不上满足一定要求的"精度设计"和"精度制造",这极大地限制了逆向工程的应用范围。为说明这一点,首先引入逆向工程所独有的三个参数的概念:重构参数、实物原型参数和原始设计参数。

逆向工程设计阶段的结果是重构的 CAD 三维模型,这种 CAD 模型自然具有各种参数(主要是几何形状参数),这些参数是逆向工程依据测量点数据经拟合运算得到的,体现在重构的 CAD 模型上,故称其为重构参数。逆向工程的处理对象是零件或原型,它本身具有固定的形状和参数,这种体现在零件或原型上的参数称为实物原型参数。零件或原型在被制造时,要依据图样上所标注的参数,这种体现在制造零件或原型的设计图样上的参数称为原始设计参数,这是制造原型的原始参数。

重构参数是逆向工程得到的参数,是可知的;而逆向工程并不直接测量实物原型参数,故实物原型参数是未知的;原始设计参数自然也是未知的。目前的逆向工程均用已知的重构后的模型参数作为制造产品的原始参数,亦即用重构参数去制造产品。但重构参数与原始设计参数之间存在误差,设该误差为重构误差 $\Delta_{构}$;在重构过程中,不可避免地会产生误差,记其为计算误差 $\Delta_{计}$;在对零件或原型进行测量时,会产生测量误差 $\Delta_{测}$;零件或原型本身也带有误差,一种是制造原型时会产生的制造误差 $\Delta_{制}$;另一种是原型在使用中的磨损和破损误差 $\Delta_{损}$。重构误差由这四种误差所组成,一般取各项误差的均方根作为重构误差,则有

$$\Delta_{构} = \sqrt{\Delta_{计}^2 + \Delta_{测}^2 + \Delta_{制}^2 + \Delta_{损}^2} \tag{10.1}$$

单从仿制原型这一方面出发,反求工程制造的产品,是被置于原型的工作环境下,代替原型工作。原型是用原始设计参数制造的,产品是用重构参数制

造的。由以上分析可知,这两个参数之间存在重构误差$\Delta_{构}$。因此,用重构参数作为原始参数去制造产品并将其置于原型的环境下工作,在某些情况下会达不到要求,这就是说,由于重构误差的存在,会出现废品。为了提高精度,目前的逆向工程技术采取了许多措施,如提高测量精度、提高拟合计算精度等,但这些措施只是使重构参数尽可能接近原型参数,仍无法得到原始设计参数。提高逆向精度仍然是一个待完善的课题。

品质分析主要是分析曲面的光顺性。尽管可以通过曲面的曲率变化来评价光顺效果,但并无具体的曲率值做依据,多数场合还是以人的眼光来进行判断,没有量化的指标,因此品质分析属于非量化评价。曲面品质分析方法主要有高斯曲率、截面曲率、切矢、双向曲率和法矢量分析方法等。利用这些分析方法,通过着色渲染来观察曲面/曲率的变化来评估曲面的质量。除上述常用方法外,还有如反射线法、高光线法、等照度法和焦点曲面法等,这些作为品质评价常用方法的补充,已经在实际中得到了应用。

10.1.6 逆向工程技术发展的方向

经过二十多年的研究,基于计算机辅助技术的实物逆向工程技术方法、工作流程已在产品开发设计中取得广泛的应用,对应于逆向工程的各个流程也已有专业的生产商和软件开发商。但逆向工程技术仍在发展中,还存在许多问题有待解决。逆向工程技术的研究和应用存在以下几个方面的问题。

1. 技术方面

(1) 对物体外形的测量仍存在误差和遗漏。测量过程仍是一种无指导的行为,需要基于实物几何特点进行路径规划,寻求达到最佳路径的目标。

(2) 复杂曲面重建技术,尤其多个曲面拼合而成的组合曲面,由于其表面特征识别的难度较大,影响了后续数据分割和造型处理。尽管三角曲面插值可以解决异形(边界畸形、内部特征畸形)曲面的处理,但三角曲面模型和四边曲面模型兼容问题仍有待改善。

(3) 曲面光顺主要是针对曲面片,没有一个整体曲面光顺的方法。虽然目前的 CAD 系统都具有调整曲面控制顶点的曲面修形功能,但较难操作。另外,曲面光顺和精度保证仍是对立的矛盾。在模型的评价方面,依靠最小距离进行模型评价是一种简单方法,但该方法并非最佳方法。

(4) 在目前多种专用的逆向工程软件中,软件的数据处理技术、造型技术仍不完善。模型质量的高低仍直接受操作者的经验和水平的影响。

(5) 在数字化设备与造型软件的集成上,进展缓慢。专用的逆向工程软件和其他计算机辅助技术的结合已受到重视,一些国际著名的 CAD 软件公司开发了与自己的 CAD 平台集成的专用逆向工程软件模块,但不同系统间的数据传输还需要采取通用数据格式的方式。

2. 工具方面

首先需要有足够的资金选配出合适的逆向工程设备(包括硬件和软件)。对具体的流程,使用者只能选配一种方式的设备和软件,由于不同的设备、软件以及不同的测量方式适用于不同的测量范围,使技术的通用性受到一定限制。

3. 操作人员方面

逆向工程技术的应用仍是一项专业性很强的工作,各个过程都需要有专业知识,需要经验丰富的工程师,特别是对三维模型重建人员有更高的要求,除需要了解产品特点、制造方法和熟练使用 CAD 软件、逆向工程造型软件外,还应熟悉上游的测量设备,甚至必须参与测量过程,了解数据特点,还应了解下游的制造过程等。

10.2 机械仿生原理与仿生机械实例

10.2.1 仿生学简介

地球上有 150 多万种动物和 50 多万种植物,它们为了生存,都有各自的特定结构及功能。如螳螂凭着两只复眼和颈部的本体感受器,可在 0.05 s 的一瞬间捕获掠过其眼前的昆虫,使现代电子追踪系统相形见绌;海豚因体型和皮肤的特殊结构,游泳速度超过现代最快的舰艇。

基于模仿生物而兴起的仿生学是人类发明创造灵感的不竭源泉。回顾科学技术发展的历史,不难发现影响人类文明进程的许多重大发明都源于仿生思维。例如,早在大禹时期,我国古代劳动人民观察鱼在水中用尾巴的摇摆而游动、转弯,他们就在船尾上架置木桨,通过反复地观察、模仿和实践,逐渐改成橹和舵,掌握了使船增速和转弯的手段;春秋战国时期,鲁班上山砍柴被茅叶边齿割破了手指,在自然的启示下,他发明了世界上第一把木工锯。

仿生学(Bionics)是研究自然或生物系统的结构、性状、原理、行为以及相互作用,从而为工程技术提供新的设计思想、工作原理和系统构成的技术科学。仿生学的研究以生物系统的结构、性状、行为以及相互作用的原理为基础,建立研究模型、设计新的结构或系统、制造新的技术设备等。它是生命科学、数学和工程技术学等众多学科相互渗透结合的一门边缘学科和交叉学科。仿生学为科学技术创新提供了新思路、新原理和新理论。

仿生的过程是向自然学习的过程,通过汲取自然界优化的精华为科学研究和生产实践服务。它绝不是简单的模仿,而是通过将仿生技术与工程应用实际相结合而实现科学技术创新。发达的计算机技术、各种先进功能的测试仪器和高水平测试技术,为仿效生物的形态和功能提供了可能,仿生技术逐步沿着由低级向高级、由形似向神似的方向发展。例如,学习和模仿蝙蝠在黑暗中能辨识方向的回声定位系统产生了雷达;研究并模仿鲨鱼皮的非光滑结构产生了可用于航海和航空工具表面的仿生非光滑减阻技术,并设计了仿鲨鱼皮泳装,当进行合理的结构参数设计时,可大幅度降低运动阻力;基于动物肺部和植物叶呼吸原理设计出了仿生电池;根据蜂巢、蛋壳等结构仿制出建筑材料及结构,可获得质量轻、强度高的良好效果。

近年来,发达国家都强化了对仿生学研究的支持。20 世纪 90 年代起,美国、英国、日本、德国、俄罗斯、韩国、澳大利亚等国相继投入大量资金来支持仿生学研究。其中,美国在航空航天相关的仿生轻质材料、与微系统相关的仿生制造技术、水中运输器具仿生(流体)减阻技术、人工智能皮肤、有控制的生物系统等方面取得了明显的成效和进展。英国 Bath 大学和 Reading 大学的仿生技术研究中心在仿生学基础研究方面获得了很大的成果。1993 年日本成立了先进交叉学科国家研究院(NAIR),其宗旨是有效地进行单一学科不能完成而必须运用交叉学科研究的技术,NAIR 强调对未来工业技术的探索,仿生技术是其建立初期三个主要基础研究领域之一。德国以大学为基地,与工业界合作紧密,研究自适应电子技术、纳米技术、富勒碳材料、光子学、仿生材料、生物传感器等,其仿生学研究侧重于民用,目前在自清洁表面技术方面处于领先地位,如仿生表面陶瓷、建筑物涂层等已获得广泛应用。俄罗斯在开展生物体结构、材料和行为机理的分类研究,旨在整合生物体结构、材料和行为机理,作为解决科学技术问题的强大工具,在国际仿生学领域有较大影响。

我国在仿生学方面的研究也有了很大的进步。以吉林大学为例,其研究学者通过研究典型土壤动物,如蜣螂、蚯蚓、穿山甲等,揭示其脱土减粘降阻机理,发展起的仿生防粘和仿生减阻技术,为农业机械和工程机械等触土部件的减粘防阻研究与高效节能设计提供了借鉴和参考。

10.2.2 仿生设计学

仿生设计学,亦称设计仿生学(Design Bionics),它是在仿生学和设计学的基础上发展起来的一门新兴边缘学科。仿生设计学的研究范围非常广泛,研究内容丰富多彩。

仿生设计学与旧有的仿生学成果应用不同,它是以自然界万事万物的"形"、"色"、"音"、"功能"和"结构"等为研究对象,有选择地在设计过程中应用这些特征原理进行设计,同时结合仿生学的研究成果,为设计提供新的思想、新的原理、新的方法和新的途径。在某种意义上,仿生设计学可以说是仿生学的延续和发展,是仿生学研究成果在人类生存方式中的反映。

仿生设计学作为人类社会生产活动与自然界的契合点,使人类社会与自然达到了高度的统一,正逐渐成为设计发展过程中新的亮点。自古以来,自然界就是人类各种科学技术原理及重大发明的源泉。生物界有着种类繁多的动、植物及物质存在,它们在漫长的进化过程中,为了求得生存与发展,逐渐具备了适应自然界变化的本领。人类生活在自然界中,与周围的生物为邻,这些生物所具备的各种各样的奇异本领,吸引着人们去想象和模仿。人类运用其观察、思维和设计能力,开始了对生物的模仿,并通过创造性的劳动,制造出简单的工具,增强了自己适应自然环境的本领和能力。

1. 仿生设计学的研究内容

仿生设计学是仿生学与设计学互相交叉渗透结合而成的一门的边缘学科,其研究范围非常广泛,研究内容丰富多彩,特别是由于仿生学和设计学涉及自然科学和社会科学的许多学科,因此也就很难对仿生设计学的研究内容进行划分。基于对所模拟生物系统在设计中的不同应用分类,仿生设计学的研究内容如下。

(1) 形态仿生设计学研究的是生物体(包括动物、植物、微生物、人类)和自然界物质存在(如日、月、风、云、山、川、雷、电等)的外部形态及其象征寓意,以及如何通过相应的艺术处理手法将之应用于设计之中。

(2) 功能仿生设计学主要研究生物体和自然界物质存在的功能原理,并用这些原理去改进现有的或建造新的技术系统,以促进产品的更新换代或新产品的开发。

(3) 视觉仿生设计学研究生物体的视觉器官对图像的识别、对视觉信号的分析与处理,以及相应的视觉流程,它广泛应用于产品设计、视觉传达设计和环境设计之中。

（4）结构仿生设计学主要研究生物体和自然界物质存在的内部结构原理在设计中的应用问题，适用于产品设计和建筑设计。目前研究最多的是植物的茎、叶以及动物形体、肌肉、骨骼的结构等。

从国内外仿生设计学的发展情况来看，形态仿生设计学和功能仿生设计学是目前研究的重点，下面简要对这两个研究方向进行介绍。

1）生物形态与工程结构仿生

如上所述，经过了亿万年的进化，生物的形态是最优的。形形色色的生物结构中，有许多巧妙利用力学原理的实例。

自然界有许多高大的树木，其挺直的树干不但支撑着本身的重量，而且还能抵抗大风及强烈的地震。这除了得益于它的粗大树干外，还靠其庞大根系的支持。一些巨大的建筑物便模仿大树的形态来进行设计，把高楼大厦建立在牢固可靠的地基上，如图10.3所示的葡萄牙里斯本东方火车站。

图10.3　葡萄牙里斯本东方火车站

亿万年的进化使植物的果实多呈圆形，圆的外形使它们在较小的空间占用最大的体积来存贮营养，同时使它们对外界的压力如风力等有较大的抵抗力。如此类似，动物也具有对自然力的适应性，如蛋壳、乌龟壳和贝壳等，都巧妙利用了一定的力学原理。握住一个鸡蛋，即使加力挤压，也很难把它弄破，其原因是由于蛋壳的拱形结构与其表面的弹性膜一起构成了预应力结构，这种结构在工程上称为薄壳结构。自然界中巧妙的薄壳结构具有各种不同形状的弯曲表面，不仅外形美观，还能够承受相当大的压力。在建筑工程上，人们已广泛采用这种结构，如大楼的圆形屋顶、模仿贝类外形制造的商场顶盖等，如图10.4所示的巴黎国家工业与技术中心陈列馆。

动物界中，辛勤的蜜蜂被称为昆虫世界里的建筑工程师。它们用蜂蜡建筑极规则的等边六角形蜂巢，无论从美观和实用角度来考虑，都是十分完美的。它不仅以最少的材料获得了最大的利用空间，而且还以单薄的结构获得了最大的强度。在蜂巢的启发下，人们仿制出了建筑上用的蜂窝结构材料，具有质量小、强度和刚度高、绝热和隔音性能良好的优点，如图10.5所示的斯洛文尼亚仿蜂巢建筑。同时，这一结构的应用，已远远超出建筑界，它已应用于飞机的机

第10章　逆向工程、仿生机械与反求设计

图10.4　巴黎国家工业与技术中心陈列馆

图10.5　斯洛文尼亚仿蜂巢建筑

翼,宇宙航天的火箭,甚至于我们日常的现代化生活家具中。

2) 生物形态与运动仿生

现代的各种交通工具,如汽车、飞机、舰船等,均需要一定的工作条件,若在崇山峻岭或沼泽中则无法工作。但自然界中有各种各样的动物,在长期残酷的生存斗争中,它们的运动器官和体形都进化得特别适合在某种恶劣环境下运动,并有着惊人的速度。如,许多昆虫的后腿特别发达,跳跃的本领异常高超。据目前研究所知,叩头虫和蚤类为动物界跳跃的冠、亚军,它们的跳跃高度一般为其体长的几十倍,而且无须助跑即可产生极高的加速度。

动物界中的跳跃能手还有生活在非洲及澳大利亚大草原上的羚羊和袋鼠。带轮的汽车在沙漠上行走时会异常困难,但羚羊和袋鼠却得心应手。现已研制出一种"跳跃机",在坎坷不平的田野或沙漠地区均可通行无阻,它没有轮子,是靠四条腿有节奏的、相互协调的起落来前进的。

世界上还有许多地方,人即使拥有强壮有力的腿也无法行进,如南、北极的茫茫雪原,杂草丛生的、泥泞的沼泽地区等。南极的企鹅给了人类极大的启示,企鹅在紧急情况时即扑倒在地,把肚子贴在雪的表面上,蹬动双脚滑雪,便可飞速向前(速度可达 30 km/h)。受它的启发,人们已研制出一种越野汽车,可在雪地与泥泞地带快速前进,速度可达 50 km/h。

人类在水上航行的历史十分悠久,但活动能力却非常有限,远远不如人类在空中飞行和陆地上行走方面所取得的成就。许多鱼类的速度可轻而易举地超过目前世界上最先进的舰艇,其原因也是来自于大自然无所不在的进化改革,是亿万年来鱼儿为了适应水中生活,便于追逐食物和逃避敌害的进化结果。鱼类的速度得益于其理想的流线型体形,这种体形能使它们受到的摩擦阻力和形状阻力的共同作用尽可能小;研究还发现,鱼在水中运动时,由于尾部的摆动,产生一种弯曲波,使鱼的运动速度大为提高;另外,有些鱼的身体表面还附有一种黏液,这种黏液也能降低鱼在水中运动的摩擦阻力。目前,有许多新型船只是按照鲸和海豚的体形轮廓及其身体各部比例而建造的,其航速较普通船

图 10.6　仿海豚型快艇

只大为提高,如图 10.6 所示。

随着航空知识和对飞行生物有关知识的增加,人们在长期的飞行实践中,对飞机的机身、机翼和发动机进行了不断的改进,并达到了较高水平。尽管如此,动物在千万年的自然淘汰和进化过程中所掌握的飞行本领,仍值得人类学习和借鉴。现代飞机的起飞和降落都需要很长的跑道,即使是直升机也要像篮球场一样大小的空地,作为起飞和降落的基础,但飞行动物均不需任何空地和跑道,能在刹那间腾空而起、展翅高飞。目前飞机的燃料消耗非常大,一架波音 747 飞机在运输 50 t 货物时,要消耗 100 t 汽油,是所载货物重量的两倍,但鸟类在长途飞行中却能充分利用空气的浮力,有时滑翔,有时振翅飞行,非常节省动力。如果按照鸟类动力消耗的情况来计算,目前的轻便飞机飞行 32 km 仅需 0.5 L 的汽油,但实际上却需消耗 4 L。

因此,对飞行生物飞行本领的研究还需要仿生学家作出进一步的努力,从它们身上可以发现一些尚未被人类掌握的空气动力学规律,这对于研制及改进飞行器是非常有益的。

2. 仿生设计学的特点

作为一门新兴的边缘交叉学科,仿生设计学具有某些设计学和仿生学的特点,但它又有别于这两门学科。具体说来,仿生设计学具有如下特点。

1) 艺术性及科学性

仿生设计学是现代设计学的一个分支、一个补充。同其他设计学科一样,仿生设计学也具有它们的共同特性——艺术性。鉴于仿生设计学是以一定的设计原理为基础、以一定的仿生学理论和研究成果为依据,因此具有很强的科学性。

2) 商业性

仿生设计学为设计服务、为消费者服务,同时优秀的仿生设计作品也可刺激消费、引导消费、创造消费。

3) 无限可逆性

以仿生设计学为理论依据的仿生设计作品都可以在自然界中找到设计的原型,该作品在设计、投产、销售过程中所遇到的各种问题又可以促进仿生设计学的研究与发展。仿生学的研究对象是无限的,仿生设计学的研究对象亦是无限的;同理,仿生设计的原型也是无限的。

4) 学科知识的综合性

要熟悉和运用仿生设计学，必须具备一定的数学、生物学、电子学、物理学、控制论、信息论、人机学、心理学、材料学、机械学、动力学、工程学、经济学、色彩学、美学等相关学科的基本知识。

5) 学科的交叉性

要深入研究和了解仿生设计学，必须在设计学的基础上，既了解生物学、社会科学的基础知识，又对当前仿生学的研究成果有清晰的认识。它是产生于几个学科交叉点上的一种新型交叉学科。

3. 仿生设计学的研究方法

仿生设计学的研究方法主要为"模型分析法"，其研究步骤如下。

1) 创造生物模型和技术模型

首先从自然中选取研究对象，然后依此对象建立各种实体模型或虚拟模型，用各种技术手段（包括材料、工艺、计算机等）对它们进行研究，得出定量的数学依据；通过对生物体和模型定性的、定量的分析，把生物体的形态、结构转化为可以利用在技术领域的抽象功能，并考虑用不同的物质材料和工艺手段创造新的形态和结构。

(1) 从功能出发、研究生物体结构形态——制造生物模型　找到研究对象的生物原理，通过对生物的感知，形成对生物体的感性认识。从功能出发，研究生物的结构形态，在感性认识的基础上，除去无关因素，并加以简化，提出一个生物模型。对照生物原型进行定性的分析，用模型模拟生物结构原理。其目的是研究生物体本身的结构原理。

(2) 从结构形态出发，达到抽象功能——制造技术模型　根据对生物体的分析，作出定量的数学模型，用各种技术手段（包括材料、工艺等）制造出可以在产品上进行实验的技术模型。牢牢掌握量的尺度，从具体的形态和结构中，抽象出功能原理。其目的是研究和发展技术模型本身。

2) 可行性分析与研究

建立好模型后，开始对它们进行各种可行性的分析与研究。

(1) 功能性分析　找到研究对象的生物原理，通过对生物的感知，形成对生物体的感性认识。从功能出发，对照生物原型进行定性的分析。

(2) 外部形态分析　对生物体的外部形态分析既可以是抽象的，也可以是具体的。在此过程中重点考虑的是人机工学、寓意、材料与加工工艺等方面的问题。

(3) 色彩分析　进行色彩的分析同时，也要对生物的生活环境进行分析，要研究为什么是这种色彩,在这一环境下这种色彩有什么功能等问题。

(4) 结构分析　研究生物的结构形态,在感性认识的基础上,除去无关因素,并加以简化,通过分析,找出其在设计中值得借鉴和利用的地方。

(5) 运动规律分析　利用现有的高科技手段,对生物体的运动规律进行研究,找出其运动的原理,有针对性地解决设计工程中的问题。

4. 仿生设计的发展与展望

到了现代,科学高度发展但环境破坏、生态失衡、能源枯竭,人类意识到重新认识自然,探讨与自然更加和谐的生存方式的高度紧迫性,也认识到仿生设计学对人类未来发展的重要性。此后,仿生技术取得了飞跃式发展,并获得了广泛的应用。目前,仿生设计学在对生物体几何尺寸及其外形的模仿同时,还通过研究生物系统的结构、功能、能量转换、信息传递等各种优异特征,并把它运用到技术系统中,改善已有的工程设备,并创造出新的工艺、自动化装置、特种技术元件等;同时仿生设计学为创造新的科学技术装备、建筑结构和新工艺提供原理、设计思想或规划蓝图,也为现代设计的发展提供了新的方向,并充当了人类社会与自然界沟通信息的纽带。例如,对植物光合作用的研究,将为延长人类的寿命、治疗疾病提供一条崭新的医学发展途径;信天翁是一种海鸟,它具有淡化海水的器官——去盐器,对其去盐器的结构及其工作原理的研究,可以启发人们去改善旧的或创造出新的海水淡化装置;白蚁能把吃下去的木质转化为脂肪和蛋白质,对其机理的研究,将会对人工合成这些物质有所启发。

同时仿生设计也可对人类的生命和健康产生巨大的影响。例如,人们可以通过仿生技术,设计、制造出人造器官。专家预测,在 20 世纪中后期,除脑以外人的所有器官都可以用人工器官代替:通过模拟血液的功能,可以制造、传递养料及废物,并能与氧气及二氧化碳自动结合并分离的液态碳氢化合物人工血;通过模拟肾功能,用多孔纤维增透膜制成血液过滤器,也就是人工肾;通过模拟肝脏,根据活性炭或离子交换树脂吸附过滤有毒物质,制成人工肝解毒器;通过模拟心脏功能,用血液和单向导通驱动装置,组成人工心脏自动循环器。随着对宇宙的开发、认识,人类又将不但认识宇宙中新形式的生命,而且将获得崭新的设计创意,创造出地球上前所未有的新装置。

10.2.3　仿生机械

仿生机械(bio-simulation machinery)是模仿生物的形态、结构和控制原理,设计、制造出的功能更集中、效率更高并具有生物特征的机械。研究仿生机械的学科称为仿生机械学,它是 20 世纪 60 年代末期由生物学、生物力学、医学、机械工程、控制论和电子技术等学科相互渗透、结合而形成的一门边缘学科。

1. 仿生机械简史

15世纪意大利的达·芬奇认为人类可以模仿鸟类飞行,并绘制了扑翼机图,其复原图如图10.7所示。到了19世纪,各种自然科学有了较大的发展,人们利用空气动力学原理制成了几种不同类型的单翼机和双翼滑翔机,并在1903年,由美国的莱特兄弟发明了飞机。然而,在很长一段时间内,人们对于生物与机器之间到底有什么共同之处还缺乏认识,因而只限于形体上的模仿。直到20世纪中叶,由于原子能利用、航天、海洋开发和军事技术的需要,要求机械装备应具有适应性和高度的可靠性,而以往的各种机械装置远远不能满足要求,迫切需要寻找全新的技术发展途径和设计理论。随着近代生物学的发展,人们发现生物在能量转换、控制调节、信息处理、辨别方位、导航和探测等方面有着以往技术所不可比拟的长处,同时在自然科学中又出现了控制论。控制论是研究机器和生物体中控制和通信的科学,它奠定了机器与生物可以类比的理论基础。

图10.7 达·芬奇设计的扑翼机复原图

1960年9月由美国机械工程学会主办,召开了第一届仿生学讨论会,并提出了"生物原型是新技术的关键"的论题,从而确立了仿生学学科,以后又形成许多仿生学的分支学科。1970年日本人工手研究会主办召开了第一届生物机构讨论会,从而确立了生物力学和生物机构学两个学科,在这个基础上形成了仿生机械学。

2. 仿生机械的研究领域

仿生机械研究的主要领域有生物力学、控制体和机器人。生物力学研究生命的力学现象和规律,包括生物材料力学、生物流体力学、生物机械力学;控制体和机器人是根据从生物了解到的知识而建造的工程技术系统。用人脑控制的称为控制体(如肌电假手、装具等),用计算机控制的称为机器人。仿生机械学的主要研究课题有拟人型机械手、步行机、假肢,以及模仿鸟类、昆虫和鱼类等生物的各种机械。

3. 仿生机械与机器人技术

仿生机器人是仿生机械学中的一个最为典型的应用实例,其发展现状基本上代表了仿生机械学的发展水平。机器人这一名词最早出现于19世纪,但直到20世纪50年代后期,机器人才走出了科学幻想,进入了科学技术领域。那时,在市场上出现了两种机器人,一种名为"万能自动机",另一种名为"通用搬运机械",并构成了今天机器人发展的基型。

一般说来,可以从两个角度来对机器人进行定义。从工程的角度出发,认为它属于一种自动机械,具有对环境的通用性和实用性,操作程序简便,而且可以实现独立的、随意的运动。若从仿生学的角度看,则认为它是具有近似人类相当部分功能的机械,它能执行与人类似的动作,且具有类似人的某种智能,如记忆、再现、逻辑运算、学习、判断、感知等。

机器人由硬件和软件两大部分组成。为了使机器人能够从事复杂的工作,执行与人相似的一些动作,必须使它的机构和功能都具有很大的灵活性。同时,还要有能对其运动器官进行巧妙控制的软件,两者互相配合,协调运行。

目前,机器人的研究领域相当广泛。可以从仿生学的角度对人和动物肢体的运动学和动力学进行研究,使机器人具有类似生物运动的机构;也可以从生理学的角度对生物体的视觉、触觉和听觉系统进行研究,并做出其物理模型,以便研制机器人的理想信息处理系统;还可以采用电子计算机,进行机器人智能信息处理和肢体运动控制的研究等。

日本和美国在仿生机器人的研究领域起步早、发展快,取得了较好的成果。例如:日本东京大学在1972年研究出世界上第一个蛇形机器人,速度可达40 cm/s;日本本田技术研究所于1996年研制出世界上第一台仿人步行机器人,可行走,转弯,上、下楼梯和跨越一定高度的障碍;美国卡内基梅隆大学1999年研制出仿袋鼠机器人,采用纤维合成物作为弓腿,机器人被动跳跃时的能量仅损失20%～30%,最大奔跑速度超过1 m/s。

我国对仿生机器人的研究始于20世纪90年代,经过十多年的研究,在仿生机器人方面也取得了很多成果,研制出了相关的机器人样机,而且有些仿生机器人在某些方面达到了国际先进水平。例如:北京理工大学于2002年研制出拟人机器人,它具有自律性,可实现独立行走和打太极拳等表演功能;北京航空航天大学和中国科学院自动化所于2004年研制出我国第一条可用于实际用途的仿生机器鱼,其身长1.23 m,采用GPS导航,其最高时速可达1.5 m/s,能在水下持续工作2～3 h;南京航空航天大学2004年研制出我国第一架能在空中悬浮飞行的空中仿生机器人——扑翼飞行器;哈尔滨工业大学于 2001 年研制出仿人多指灵巧手,它具有 12 个自由度和 96 个传感器,可完成战场探雷、排雷以及检修核工业设备等危险作业。

4. 仿生机器人的研究领域

1) 运动机理仿生

运动仿生的关键在于对运动机理的建模,这是研发仿生机器人的前提。在具体研究过程中,应首先根据研究对象的具体技术需求,有选择地研究某些生物的结构与运动机理,借助于高速摄影或录像设备,结合解剖学、生理学和力学等学科的相关知识,建立所需运动的生物模型;然后,在此基础上进行数学分析和抽象,提取出内部的关联函数,建立仿生数学模型;最后,利用各种机械、电子、化学等的方法与手段,根据抽象出的数学模型加工出仿生的软、硬件模型。生物原型是仿生机器人的研究基础,软、硬件模型是仿生机器人的研究目的,而数学模型则是两者之间必不可少的桥梁。只有借助于数学模型才能从本质上深刻地认识生物的运动机理,从而不仅模仿自然界中已经存在的两足、四足、六足以及多足行走方式,同时还可以创造出自然界中所不存在的一足、三足等行走模式以及足式与轮式配合运动等。

（1）无肢生物爬行仿生　无肢运动是一种不同于传统的轮式或有足行走的独特的运动方式。目前所实现的无肢运动主要是仿蛇机器人,具有结构合理、控制灵活、性能可靠、可扩展性强等优点。美国的蛇形机器人代表了当今世界的先进水平。

（2）两足生物行走仿生　两足型行走系统是步行方式中自动化程度最高、最为复杂的动态系统。世界上第一台两足步行机器人是日本在 1971 年试制的 Wap3,其最大步幅为 15 mm,周期为 45 s。但直到 1996 年日本本田技术研究所才制造出世界上第一台仿人步行机器人 P2,1997 年本田推出 P3,2000 年推出 ASIMO,索尼也相继推出机器人 SDR23X 和 SDR24X。

（3）四足等多足生物行走仿生　与两足步行机器人相比,四足、六足(见图 10.8)等多足机器人静态稳定性好,又容易实现动态步行,因而特别受到包括中国在内的近二十多个国家的学者的青睐。日本 Tmsuk 公司开发的四足机器人首次实现了可移动重心的行走方式。

（4）跳跃运动仿生　跳跃运动仿生主要

图 10.8　六足仿生机器人

是模仿袋鼠和青蛙。美国卡内基梅隆大学的模仿袋鼠的弓腿跳跃机器人,重2.5 kg,腿长 25 cm,采用 1 000 N·M/g 的单向玻璃纤维合成物做弓腿,被动跳越时能量损失只有 20%~30%,最高奔跑速度略高于 1 m/s。日本 Tamiya 公司开发了一种袋鼠机器人,全长 18 cm,低速时借助前、后腿步行,高速时借助后退和尾部保持平衡,可通过改变尾部的摆动来实现转向。

(5) 地下生物运动仿生 江西理工大学(原南方冶金学院)模仿蚯蚓研制了气动潜地机器人,它由冲击钻头和一系列充气气囊节环构成,潜行深度为 10 m,速度为 5 m/min,配以先进的无线测控系统,具有较好的柔软性和导向性,能在大部分土壤里潜行,但还不能穿透坚硬的岩石。

图 10.9 仿金枪鱼机器人

(6) 水中生物运动(游泳)仿生 海洋动物的推进方式具有高效率、低噪声、高速度、高机动性等优点,成为人们研制新型高速、低噪声、机动灵活的柔体潜水器的模仿对象。突出代表有美国的机器金枪鱼(见图 10.9)和日本的鱼形机器人。机器金枪鱼由振动的金属箔驱动外壳的变形,模仿金枪鱼摆动推进;日本东海大学的机器鱼利用人工前鳍来实现前进及转弯等相关动作,相对于机器金枪鱼而言摆动较小。

(7) 空中生物运动(飞行)仿生 目前对飞行运动进行仿生研究的国家主要是美国。加州大学伯克利分校制造了机器人苍蝇,如图 10.10 所示,其翼展为 30 mm,质量为 300 mg,依靠三套不同的复杂机械装置来进行拍打翅膀、旋转操作,每秒振翅 200 次;哈佛大学研制出了一款体型小巧的机器苍蝇(见图 10.11),可用于隐蔽地侦察有毒物质,其质量只有 60 mg。

  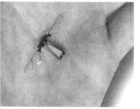

图 10.10 仿苍蝇型机器人　　　图 10.11 仿苍蝇型侦查机器人

2) 控制机理仿生

控制仿生是仿生机器人研发的基础。要适应复杂多变的工作环境,仿生机器人必须具备强大的导航、定位、控制等能力;要实现多个机器人间的无隙配合,仿生机器人必须具备良好的群体协调控制能力;要解决复杂的任务,完成自身的协调、完善以及进化,仿生机器人必须具备精确的、开放的系统控制能力。如何设计核心控制模块与网络以完成自适应、群控制、类进化等这一系列问题,已经成为仿生机器人研发过程中的首要难题。

自主控制系统主要用于未知环境中,系统有限人为介入或根本无人介入操作的情形,它应具有与人类似的感知功能和完善的信息结构,以便能处理知识学习,并能与基于知识的控制系统进行通信。嵌套式分组控制系统有助于知识的组织和基于知识的感知与控制的实现。

3) 信息感知仿生

感知仿生是仿生机器人研发的核心。为了适应未知的工作环境,代替人完成危险、单调和困难的工作任务,机器人必须具备包括视觉、听觉、嗅觉、接近觉(见图 10.12)、触觉等多种感觉在内的强大的感知能力。单纯地感测信号并不复杂,重要的是理解信号所包含的有价值的信息。因此,必须全面运用各时域、频域的分析方法和智能处理工

图 10.12 带有气体感受器的机器人

具,充分融合各传感器的信息,相互补充,才能从复杂的环境噪声中迅速地提取出所关心的正确的敏感信息,并克服信息冗余与冲突,提高反应的迅速性和确保决策的科学性。

4) 能量代谢仿生

能量仿生是仿生机器人研发的关键。生物的能量转换效率最高可达 100%,肌肉把化学能转变为机械能的效率也接近 50%,这远远超过目前各种工程机械。肌肉还可自我维护、长期使用。因此,要缩短能量转换过程、提高能量转换效率、建立易于维护的代谢系统,就必须重新回到生物原型,研究模仿生物直接把化学能转换成机械能的能量转换过程。

5) 材料合成仿生

材料仿生是仿生机器人研发的重要部分。许多仿生材料具有无机材料所不可比拟的特性,如良好的生物相容性和力学相容性,并且有些生物在合成材料时技能高超、方法简单。所以,研究目的一方面在于学习生物的合成材料方法,生产出高性能的材料,另一方面是为了制造有机元器件。因此仿生机器人的建立与最终实现并不仅仅依赖于机、电、液、光等无机元器件,还应结合和利用仿生材料所制造的有机元器件。

仿生机械学的研究和运用仅仅迈出了第一步,但从所取得的成果看,利用生物界的许多有益构思来发展技术是可取的。机械智能化必将是机构工程的

发展方向之一,智能机械是人类千百年来的愿望,人们对这方面的研究必定坚持不懈地进行下去。人们不仅要研究生物系统在进化过程中逐渐形成的那些结构和机能,更要着重揭示其组织结构的原理,评定其机能关系、适应方法、存活方法和自我更新方法等。因为只有这些方法才能使生物系统在复杂的生存环境中具有高度的适应性和生命力,把生物系统中可能应用的优越结构和物理学的特性结合使用,人类就可能得到在某些性能上比自然界形成的体系更为完善的仿生机械。

10.2.4 仿生机械实例

仿生设计拓展了创意思考的源泉,通过仿生设计,机械可以在形态、功能、结构等方面得到提升,其应用范围也颇为广泛。下面介绍一些典型的仿生机械。

1. 不会漏气的仿蜂巢轮胎

Resilient 技术公司和威斯康星州大学麦·迪逊分校聚合体工程学中心的开发人员设计了模仿蜂巢结构的轮胎,如图 10.13 所示。这种仿生轮胎由一系列六角形构成,拥有极高的坚固度,同时可让载荷均匀分布以实现平滑行驶。这种轮胎不存在漏气问题,因此也不需要充气。轮胎具备较高的承重能力,可抵御临时爆炸装置袭击,并且能够在遇袭后仍以 80 km/h 的速度行驶。

图 10.13 仿蜂巢轮胎

2. 仿翠鸟嘴的新干线

日本的工程师们成功地制造出了新一代新干线列车,其运行速度超过 320 km/h,但是列车高速行驶时产生的噪声超过了环境标准,这是由于列车高速通过狭窄的车道时会产生音爆效应。为了解决这个问题,工程师们从翠鸟的嘴巴上得到了灵感,这种鸟类在冲向水中捕鱼时只会溅起很少的水花,这主要是由于翠鸟拥有一个流线形的长长鸟嘴,其直径逐渐增加,可让水流顺畅向后流动。通过仿生学设计,工程师们对子弹车头进行重新改造,制造出了 500 系列列车(见图 10.14),实践证明这种列车的车速比起原有设计提升了 10%,电力消耗降低了 15%,而噪声水平也有了显著下降。

3. 仿大象鼻的机器人手臂

机器人总是受到当时计算机发展水平的限制。不过,随着计算机技术的持续发展,可以实现越来越复杂的机器人的动作计算。如下这种设计或许可以让

图 10.14 翠鸟与新干线列车

机器人拥有更灵活、更柔韧的动作：一个根据大象鼻子的特点设计出来的新型仿生机器处理系统——仿生操作助手，如图 10.15 所示。仿生操作助手由德国工程公司费斯托公司研制，它可以平稳地搬运重负载，其原理在于它的每一节椎骨可以通过气囊的压缩和充气进行扩展和收缩。

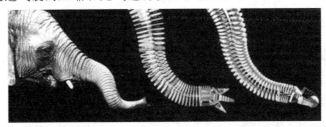

图 10.15 仿大象鼻子的机器人手臂

4. 仿雨燕的微型飞机

由荷兰代尔夫特理工大学研制，名为"RoboSwift"的微型飞机（见图 10.16）是根据雨燕的生物学特征设计的，在其上装上侦察相机可以用来研究其他鸟类，甚至对人类活动进行侦察。该机器雨燕能像普通雨燕那样改变翅膀的形状，高速灵活地飞行，其携带 3 个微型摄像机，通过电子马达可以驱动它跟随真鸟群飞行 20 min，在不打扰野鸟群的情况下对野鸟进行科学观察，或盘旋在空中进行对地侦察。

图 10.16 仿雨燕微型飞机

5. 仿壁虎的黏性机器人

美国斯坦福大学研制了一种"黏性机器人"，如图 10.17 所示，其设计灵感就源自壁虎。这个仿壁虎机器人作为一种体积小、行动灵活的新型智能机器人，有可能在不久的将来广泛应用于搜索、救援、反恐，以及科学实验和科学考察。机器人壁虎能在各种建筑物的墙面、地下和墙缝中垂直上下迅速攀爬，或者在天花板上倒挂行走,对光滑的玻璃、粗糙或者粘有粉尘的墙面以及各种金属材料表面都能够适应,能够自动辨识障碍物并规避绕行,动作灵活逼真,其灵活性和运动速度可媲美自然界的壁虎。

6. 仿蚱蜢跳跃机器人

由瑞士洛桑联邦理工学院智能系统实验室研究人员发明的仿生蚱蜢跳跃机器人(见图 10.18),其应用了与蚱蜢同样的生物力学设计原理,机器人拥有同蚱蜢一样的跳跃性能。就身长和体重而言,其跳跃距离比现存任何跳跃式机器人都要远出 10 倍以上。

图 10.17 仿壁虎的黏性机器人

图 10.18 仿蚱蜢跳跃机器人

7. 仿生机器蛇

机器蛇是一种新型的仿生机器人,如图 10.19(a)所示。与传统的轮式或两足步行式机器人不同,它实现了像蛇一样的"无肢运动",是机器人运动方式的一个突破。它具有结构合理、控制灵活、性能可靠、可扩展性强等优点,在许多领域具有广泛的应用前景,如在有辐射、有粉尘、有毒及战场环境下执行侦察任务,在地震、塌方及火灾后的废墟中找寻伤员,在狭小和危险条件下探测和疏通管道。以色列的这款"机器蛇"长约 2 m(见图 10.19(b)),其外观和动作与真

(a)　　　　　　　　　　(b)

图 10.19 仿生机器蛇

蛇别无二致,因此能够方便地用来进行军事伪装,它能通过穿越洞穴、隧道、裂缝和建筑物秘密地到达目的地,同时发送图片和声音给士兵,士兵通过一台由计算机控制的装置接收其发回的信息,同时"机器蛇"还可以携带爆炸物到指定地点。

8. 仿水黾水面行走机器人

研究发现,昆虫之所以能够在水面上迅速行走,是靠水下微小漩涡形成的推力,而并非是像过去人们想象的那样完全依靠水的表面张力。受到水黾能在水面行走的启发,美国卡内基·梅隆大学研制出首个具备水面行走能力的微型机器人,如图10.20所示。

图 10.20　仿水黾水面行走机器人

10.3 机械反求设计

反求工程技术的研究对象多种多样,所包含的内容也比较多,从工程技术角度分析,反求设计的研究对象一般分为以下三大类。

(1) 实物类　主要是指先进产品设备的实物本身。
(2) 软件类　包括先进产品设备的图样、程序、技术文件等。
(3) 影像类　包括先进产品设备的图片、照片及影像资料等。

10.3.1 实物反求设计

实物反求设计是指在已有产品实物的条件下,对产品的功能原理、设计参数、尺寸、材料、结构、装配工艺、包装使用等进行分析研究,研制开发出与原型产品相同或相似的新产品。这是一个从认识产品到再现产品或创造性开发产品的过程。实物反求设计需要全面分析大量同类产品,以便取长补短,进行综合。在反求过程中,要触类旁通、举一反三,迸发出各种创造性的新设计思想。

1. 实物反求设计的一般过程

图10.21所示为实物反求的一般过程。

2. 实物反求设计的特点

相对于其他反求设计法,实物反求设计有以下特点。

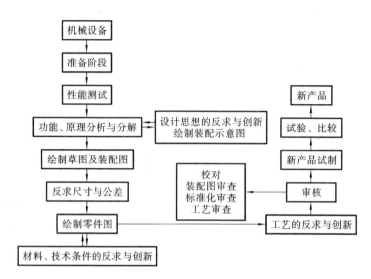

图 10.21　实物反求设计一般流程图

（1）具有直观、形象的实物，有利于形象思维。

（2）可对产品的功能、性能、材料等直接进行试验及分析，以获得详细的设计参数。

（3）可对产品的尺寸直接进行测绘，以获得重要的尺寸参数。

（4）可缩短设计周期，提高产品的生产起点与速度。

（5）引进的产品就是新产品的检验标准，有利于调高新产品开发的质量。

10.3.2　软件反求设计

在技术引进过程中，常把产品实物、成套设备或成套设备生产线等的引进称为硬件引进，而把产品设计、研制、生产及使用有关的技术图样、产品样本、产品标准、产品规范、设计说明书、制造验收技术条件、使用说明书、维修手册等技术文件的引进成为软件引进。硬件引进是以应用或扩大生产能力为主要目的，并在此基础上进行仿造、改造或创新设计新产品。软件引进则是以增强本国的设计、制造、研制能力为主要目的，它能促使技术进步和生产力发展。软件引进模式比硬件引进模式更经济，但需具备现代化的技术条件和高水平的科技人员。

1. 软件反求设计的一般过程

软件反求设计的工作阶段，一般分为反求产品规划、原理方案反求、结构方案反求、反求产品的施工设计等阶段。软件反求设计主要是根据引进的技术软件合理地进行逻辑思维的过程,其反求设计的一般过程如下。

(1) 论证软件反求设计的必要性　对引进的技术软件进行反求设计要花费大量时间、人力、财力、物力。反求设计之前,要充分论证引进对象的技术先进性、可操作性、市场预测等项内容,否则会导致经济损失。

(2) 论证软件反求设计成功的可能性　并非所有的引进技术软件都能反求成功,因此,要进行论证,避免走弯路。

(3) 分析原理方案的可行性、技术条件的合理性。

(4) 分析零部件设计的正确性、可加工性。

(5) 分析整机的操作、维修的安全性和便利性。

(6) 分析整机综合性能的优劣。

2. 软件反求设计的特点

软件反求设计的目的,是为了对引进的技术软件进行破译以探求其技术奥秘,再经过消化、吸收、创新达到大力发展本国生产技术的目的。软件反求设计主要具有抽象性、科学性、智力性、综合性和创造性。

(1) 软件反求设计的抽象性　由于引进的技术软件不是实物性产品,其可见性较差。因此,软件反求设计的过程主要是处理抽象信息的过程。

(2) 软件反求设计的科学性　从引进的技术软件中提取信息,经过科学的转换、分析与反求、去伪存真,由低级到高级,逐步破译出反求对象的技术奥秘,从而获取接近客观的真值。因此,软件反求设计具有高度的科学性。

(3) 软件反求设计的智力性　由于软件反求设计过程主要是人的思维过程,是用逻辑思维分析引进的技术资料,最后返回到设计出新产品的形象思维。由抽象思维到形象思维的不断反复,全靠人的脑力进行。因此,软件反求设计具有高度的智力性。

(4) 软件反求设计的综合性　由于软件反求设计要综合运用优化理论、相似理论、模糊理论、决策理论、预测理论、计算机技术等多学科的知识。因此,软件反求设计需集中各种专门人员共同工作,才能完成任务。

(5) 软件反求设计的创造性　软件反求设计是在引进的技术软件基础上的产品反设计,不是原产品设计过程的重复,而是一种发明创造、科技创新的过程,是加快发展国民经济的重要手段。

10.3.3　影像反求设计

既无实物、又无技术软件,仅有产品照片、图片、广告介绍、参观印象和影视画面等,设计信息量甚少,基于这些信息来构思、想象开发新产品,称为影像反求,这是反求设计中难度最大的并最富有创新性的设计。影像反求设计本身就是创新过程,目前还未形成成熟的技术。

在影像反求设计中,对图片等资料进行分析的技术是最关键的技术,包括透视变换原理与技术、阴影、色彩与三维信息技术等。随着计算机技术的飞速发展,图像扫描技术与扫描结果的信息处理技术已逐渐完善。通过色彩可辨别出橡胶、塑料、皮革等非金属材料的种类,也可辨别出铸件与焊接件,还可辨别出钢、铝、铜、金等有色金属材料。通过外形可辨别其传动形式和设备的部分内部结构。根据拍照距离可辨别其尺寸。当然,图像处理技术不能解决强度、刚度、传动比等反映机器特征的详细问题,更进一步的问题还需要技术人员去解决。

影像反求设计过程一般可分为以下几个步骤:① 收集影像资料;② 根据影像资料进行原理方案分析,结构分析;③ 原理方案的反求设计与评估;④ 技术性能与经济性的评估。

影像反求设计技术目前还不成熟,一般要利用透视变换和透视投影,形成不同透视图,依据外形、尺寸、比例和专业知识,琢磨其功能和性能,进而分析其内部可能的结构,要求设计人员具有较丰富的设计实践经验。在进行影像反求时,可从以下几个方面来考虑。

(1) 可从影像资料得到一些新产品设计概念,并进行创新设计。例如某研究所从国外一些给水设备的照片,看到喷灌给水的前景,并受照片上有关产品的启发,开发出经济实用、性能良好的喷灌给水栓系列产品。

(2) 结合影像信息,可根据产品的工作要求分析其功能和原理方案。如从执行系统的动作和原动机情况分析传动系统的功能和组成机构。例如,国外某杂志介绍一种结构小巧的"省力扳手",可增力十几倍,这种扳手适用于妇女、少年给汽车换胎、拧螺母,根据其照片中输出、输入轴同轴及圆盘形外廓,分析它采用了行星轮系,以大传动比减速增矩,在此基础上设计的省力扳手效果很好。

(3) 根据影像信息、外部已知信息、参照功能和工作原理进行推理,分析产品的结构和材料。比如可通过判断材料种类,通过传动系统的外形判断传动类型。

(4) 为了较准确地得到产品形体的尺寸,需要根据影像信息,采用透视图原理求出各尺寸之间的比例,然后用参照物对比法确定其中某些尺寸,通过比例求得物体的全部尺寸,参照物可为已知尺寸的人、物或景。如某产品旁边有操作工人,根据人平均身高约1.7 m,可按比例求得设备其他尺寸。

(5) 可借助计算机图像处理技术来处理影像信息,可利用摄像机将照片中的图像信息输入计算机,经过处理得到三维CAD实体模型及其相关尺寸。

10.4　机械实物反求方法

根据反求对象的不同,机械实物反求可分为以下三种情况。

1. 整机反求

反求对象是整台机器或设备。如一台发动机、一辆汽车、一架飞机、一台机床、成套设备中的某一设备等。

2. 部件反求

反求对象是组成机器的部件。这类部件是由一组协同工作的零件所组成的独立装配的组合体。如机床的主轴箱、刀架等,发动机的连杆活塞组、机油泵等。反求部件一般是产品中的重点或关键部件,也是各国进行技术控制的部件。如空调中的压缩机就是产品的关键部件。

3. 零件反求

反求对象是组成机器的基本制造单元。如发动机中的曲轴、凸轮轴,机床主轴箱中的齿轮轴等零件。反求的零件一般也是产品中的关键零件。

通常,实物反求的对象大多是比较先进的设备与产品,包括从国外引进的先进设备与产品及国内的先进设备与产品。

10.4.1　实物反求的准备过程

1. 决策准备

(1) 收集及分析资料　广泛收集国内外同类产品的设计、使用、试验、研究和生产技术等方面的资料,通过分析比较,了解同类产品及其主要部件的结构、性能参数、技术水平、生产水平和发展趋势。同时还应对国内企业(或本企业)进行调查,了解生产条件、生产设备状况、技术水平、工艺水平、管理水平及原有产品等方面的情况,以确定是否具备引进及进行反求设计的条件。

(2) 进行可行性分析研究　写出可行性研究报告。

(3) 进行项目评价工作　其主要内容包括:反求工程设计的项目分析、产品水平、市场预测、技术发展的可能性、经济效益等。

2. 思想和组织准备

由于反求设计是复杂、细致、多学科且工作量很大的一项工作,因此需要各方面人才,并且一定要有周密、全面的安排和部署。

3. 技术准备

主要是收集有关反求对象的资料并加以消化,通常有以下两方面的资料。

(1) 收集反求对象的原始资料　主要包括:① 产品说明书(使用说明书或构造说明书);② 维修手册;③ 维护手册;④ 各类产品样本;⑤ 维修配件目录;⑥ 产品年鉴;⑦ 广告;⑧ 产品性能标签;⑨ 产品证明书。

对于从国外引进的样机、样件,若能得到维修手册,将给测绘带来很大帮助。

(2) 收集有关分解、测量、制图等方面的方法、资料和标准　主要包括:① 机器的分解与装配方法;② 零部件尺寸及公差的测量方法;③ 制图及校核方法;④ 标准资料;⑤ 齿轮、花键、弹簧等典型零件的测量方法;⑥ 外购件、外协件的说明书及有关资料;⑦ 与样机相近的同类产品的有关资料。

其中,标准资料是在测绘过程中一种十分重要的参考资料,通过它可对各国产品的品种、规格、质量和技术水平有较深入的了解。

10.4.2　实物的功能分析和性能分析

1. 实物的功能分析

产品的用途或所具有的特定工作能力称为产品的功能,也可以说功能就是产品所具有的转化能量、物料、信号的特性。实物的功能分析通常是将其总功能分成若干简单的功能元,即将产品所需完成的工艺动作过程进行分解,用若干个执行机构来完成分解所得的执行动作,再进行组合,即可获得产品运动方案的多种解。在实物的功能分析过程中,可明确其各部分的作用和设计原理,对原设计有较深入的理解,为实物反求打下坚实的基础。

2. 实物的性能测试

在对样机进行分解前,需对其进行详细的性能测试,通常有运转性能、整机性能、寿命、可靠性测试等,测试项目可视具体情况而定。一般来说,在进行性能测试时,最好把实际测试与理论计算结合起来,即除进行实际测试外,还要对关键零部件从理论上进行分析计算,为自行设计积累资料。

10.4.3　零件技术条件的反求

零件技术条件的确定,直接影响零件的制造、部件的装配和整机的工作性能。

1. 尺寸公差的确定

在反求设计中,零件的公差是不能测量的,故尺寸公差只能通过反求设计来解决。实测值是可通过测绘得出的,基本尺寸可计算出来,因此二者的差值是可以求的,再由二者的差值查阅公差表,并根据基本尺寸选择精度,按二者差值小于或等于所对应公差的一半的原则,最后确定出公差的精度等级和对应的公差值。

2. 几何公差的确定

零件的几何形状及位置精度对机械产品性能有很大的影响,一般零件都要求在零件图上标出几何公差,几何公差的选用和确定可参考国标 GB/T 1184—2008。它规定了标准的公差值和系数,为几何公差值的选用和确定提供了条件。具体选用时应考虑以下诸因素。

(1) 确定同一要素上的几何公差值时,形状公差值应小于位置公差值。如要求平行的两个表面,其平面度公差值应小于平行度公差值。

(2) 圆柱类零件的形状公差值(轴线的直线度除外),一般情况下应小于其尺寸公差值。

(3) 形状公差值与尺寸公差值相适应。

(4) 形状公差值与表面粗糙度值相适应。

(5) 选择几何公差时,应对各种加工方法出现的误差范围有一个大概的了解,以便根据零件加工及装夹情况提出不同的几何公差要求。

(6) 参照验证过的实例,采用与现场生产的同类型产品图样或测绘样图进行对比的方法来选择几何公差。

3. 表面粗糙度值的确定

通常机械零件的表面粗糙度值可用粗糙度仪较准确地测量出来,再根据零件的功能、实测值、加工方法,参照国家标准,选择出合理的表面粗糙度。

4. 零件材料的确定

零件材料的选择直接影响到零件的强度、刚度、寿命、可靠性等指标,故材料的选择是机械创新设计的重要问题。

(1) 材料的成分分析　材料的成分分析是指确定材料中的化学成分。对材料的整体、局部、表面进行定性分析或定量分析时,常用的方法有火花鉴别法、音质鉴别法、原子发射光谱分析法、红外光谱分析法、化学成分分析法、微探针分析法等。

(2) 材料的组织结构分析　材料的组织结构是指材料的宏观组织结构和微观组织结构。进行材料的宏观组织结构分析时,可用放大镜观察材料的晶粒大小、淬火硬层的分布、缩孔缺陷等情况。利用显微镜可观察材料的微观组织结构。

（3）材料的工艺分析　材料的工艺分析是指材料的成形方法。最常见的工艺有铸造、锻造、挤压、焊接、机加工以及热处理等。

5. 热处理及表面处理的确定

在零件热处理等技术要求时，一般应设法对实物有关这方面的原始技术条件（如硬度等）进行识别测定，在获得实测资料的基础上，参照下述三原则，合理选择。

（1）零件的热处理要求是与零件的材料密切相关的。

（2）对零件是否提出热处理要求，主要考虑零件的作用和对零件的设计要求。

（3）对零件是否提出化学热处理和表面热处理的要求，主要根据零件的功用和使用条件对零件的要求而定，如渗碳、镀铬等。

10.4.4　关键零件的反求设计

实物易于仿造，但其中必有一些关键零件，也就是生产商要控制的技术。这些关键零件既是反求的重点，也是难点。在进行实物反求设计时，要找出这些关键零件。不同的机械设备，其关键零件也不同，要根据具体情况确定关键零件。如发动机中的活塞和凸轮轴、汽车主减速器中的锥齿轮等都是反求设计中的关键零件。对机械中的关键零件的反求成功，技术上就有突破，就会有创新。一般情况下，进行关键零件的反求都需要较深的专门知识和技术。

10.4.5　机构系统的反求设计

机构系统的反求设计通常是根据已有的设备画出其机构系统的运动简图，对其进行运动分析、动力分析及性能分析，再根据分析结果改进机构系统的运动简图。它是反求设计中的重要创新手段。

进行机构系统的反求设计时，要注意产品的设计策略反求。主要包括以下几个方面：

（1）功能不变，降低成本；

（2）成本不变，增加功能；

（3）增加一些成本以换取更多的功能；

（4）减少一些功能使成本更多地降低；

(5) 增加功能,降低成本。

前四种策略应用较普遍,而最后一种策略是最理想的,但困难最大。它必须依赖新技术、新材料、新工艺等方面的突破才能有所作为。例如,大规模集成电路的研制成功,使计算机产品的功能越来越大,但其价格却在下降。

10.5 反求与创新实例

10.5.1 反求与创新(二次设计)

在分析反求已有产品的基础上进行设计,称为再设计或二次设计。进行二次设计与一般创新设计相同。在各个设计阶段进行多方案分析,尽量利用先进的设计理论和方法,探索新原理、新机构、新结构、新材料,力争在原有设计的基础上有所突破、有所前进,开发出更具竞争力的创新产品。

二次设计包括拟仿设计、变异设计和开发设计三种类型。

(1) 拟仿设计基本上是模仿原设计,无大变动,有时在材料国产化和标准件国标化方面作些改变,属最低水平。

(2) 变异设计就是在现有产品基础上对参数、机构、结构、材料等改进设计,或进行产品的系列化设计。

(3) 开发设计是在分析原有产品的基础上,抓住其功能本质,从原理方案开始进行创新设计。

10.5.2 实物反求设计实例

倒车灯开关装在汽车变速箱上,当变速器挂入倒车挡时,开关闭合,接通电路,点亮倒车灯。南京汽车电器厂根据产品配套要求进行倒车灯开关设计,有从日本引进的实物产品。

1. 原产品分析

原产品的结构如图 10.22 所示,其开关工作原理是:当把变速杆拨到倒挡位置时,倒车灯开关中的顶杆 1 被压下,力经密封圈 4、铜顶柱 3、小弹簧 6、顶圈 7、接触片 10 传到回位弹簧 11,当顶杆 1 的行程在 1 mm 以内时,铜顶柱 3 推动小弹簧 6 产生变形,弹簧力通过顶圈 7 作用在接触片 10 上,但此时回位弹簧 11

因预加载荷作用,其弹簧力大于小弹簧6的弹簧力,故触点9保持闭合;只有当顶杆1继续受压,其行程大于1mm,小弹簧6产生的弹簧力大于回位弹簧11的预紧弹簧力时,接触片10才被推开,触点9分开。释放压力后在回位弹簧11的作用下,顶杆1复位,触点9闭合。

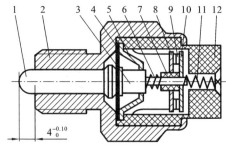

图 10.22　倒车灯开关原产品结构图

1—顶杆;2—外壳;3—铜顶柱;4—密封圈;5—铜碗;6—小弹簧;7—顶圈;
8—导电片;9—触点;10—接触片;11—回位弹簧;12—底座

从倒车灯开关工作原理得知,实现基本开闭功能的关键零件是两个弹簧,而弹簧的变形和力参数难以保证,而弹簧预紧力的大小由顶圈7的厚薄来控制,造成质量不稳定,装配工艺性差,倒车灯开关性能很难控制。为此,在进行反求设计时需改进开关结构。

2. 反求设计

1) 设计目标

(1) 不改变产品外形尺寸和安装尺寸,保证配套产品的要求。

(2) 保证产品的开关功能,提高可靠性。希望装配后不需调整即能满足产品技术要求。开闭动作的寿命大于 10^4 次,且开关顶杆仍能自动复位而无轴向窜动。

(3) 降低成本,提高经济效益。

2) 功能分析

采用功能分析方法,对产品主要功能进行分析研究,按功能系统分解出各个功能部(零)件,根据产品技术要求或有关资料,对产品性能、结构、功能、特性等进行消化、吸收,掌握设计中需解决的关键问题。由功能分析可知,倒车灯开关中的通断电路是其基本功能,另外,保证复位和密封防油是实现其基本功能所必不可少的辅助功能。在进行反求设计时,必须保证这些功能的实现,各零件功能分析如表10.1所示,从中不难发现其中的小弹簧和回位弹簧是实现通断电路和保证复位功能的关键零件。

第10章 逆向工程、仿生机械与反求设计

表 10.1 倒车灯开关零件功能分析表

功能 零件名称	通断电路			保证复位			密封防油		
	关键件	执行件	辅助件	关键件	执行件	辅助件	关键件	执行件	辅助件
顶杆		√							
外壳		√			√			√	
铜顶柱			√		√				
密封圈			√		√		√		
钢碗			√						
小弹簧	√				√				
顶圈		√			√				
导电片		√							
触点		√							
接触片		√							
回位弹簧	√				√				
底座		√			√		√		

3）方案的评价和选优

为满足倒车灯开关的设计目标，必须解决原产品质量不稳定和装配工艺性差的问题，故应重新确定结构方案。一般可拟出三种不同的结构方案，组织技术、质检、生产、财务等部门的专业技术人员，对三个方案进行评价，挑选出最佳方案。

图 10.23 所示为经过综合评价后选出的最佳方案，其特点是：当顶杆 1 不受力或受力较小、行程小于 1 mm 时，接触片 9 在回位弹簧 10 的作用下，触点 8 保持闭合；当顶杆 1 受力压下大于 1 mm 时，利用顶柱 3 的台肩面推开接触片 9，触点 8 分开。这种结构通过零件装配尺寸链，实现按行程要求完成电路通断的基本功能，与原来那种依靠弹簧的变形量，且两弹簧的变形要满足顶杆的行程要求，以保证基本功能实现的结构完全不同。显然，该方案的结构在质量可靠性和装配工艺性方面要比原产品好。

4）技术经济评价

设计完成后，应评价改进后产品的生产能力、实用性和经济性，对其结构和零件加工也要进行经济分析。表 10.2 是对改进后产品进行经济分析并与原产品相比较后得出的。

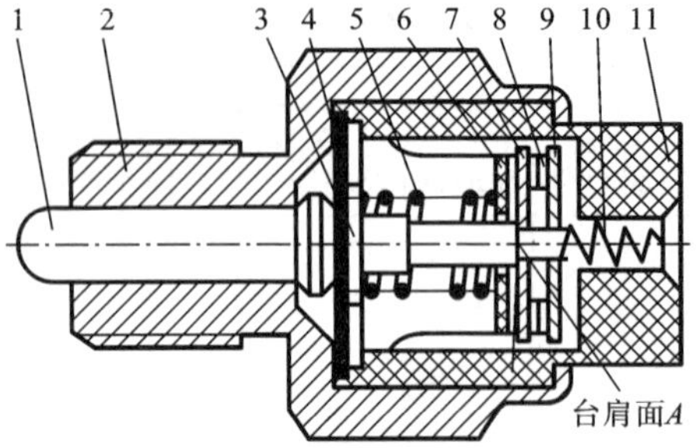

图 10.23　改进后倒车灯开关结构图

1—顶杆；2—外壳；3—顶柱；4—密封圈；5—弹簧；6—垫片；
7—导电片；8—触点；9—接触片；10—回位弹簧；11—底座

表 10.2　技术经济评价

名　　称	原产品	改建后	备　　注
产品零件数	12	11	取消钢碗,大弹簧同时起支承作用
顶柱材料	铜	Q235 钢	节省铜材,材料及加工费降低
弹簧	小弹簧	大弹簧	成本略有增加,质量可靠性提高,寿命提高
不同零件	顶圈(尼龙注塑成形)	垫片(环氧布板、冲压件)	加工成本降低
装配工艺性	差	好	提高装配功效 2 倍

从表中可见,改进后产品的经济性要优于原产品。

10.5.3　图像资料的反求设计实例

20 世纪 80 年代,国内某大学与工厂合作,根据国外拉丝模抛光机产品说明书上的图片进行反求设计。反求时,先对产品图片进行投影处理,其拉丝模抛光机的外形和分解透视图如图 10.24 所示。产品说明书中给出了相关的运动参数:拉丝模的回转速度为 850 r/min,抛光丝的往复移动速度为 100~1 000 m/min。据此反求出箱体内的传动系统如图 10.25 所示。拉丝模的回转运动通过异步电动机和一级带传动来实现。传动比按电动机速度与拉丝模的回转速度的比值选择。抛光丝的往复移动通过曲柄滑块机构和带传动的串联来实现,选择直流调速电动机调速。这样反求设计的拉丝模抛光机不仅在性能上达到了国外同类产品的水平,其价格也仅为进口价格的三分之一。

第10章 逆向工程、仿生机械与反求设计

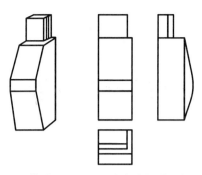

(a)外形图　　　(b)分解透视图

图 10.24　拉丝模抛光机的外形

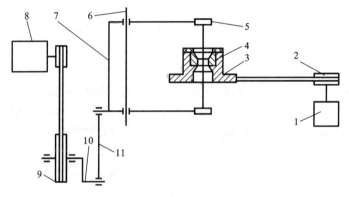

图 10.25　拉丝模抛光机的传动系统

1—异步电动机；2——级带传动；3—工件定位板；4—工件；5—抛光丝夹头；6—导轨；
7—往复架；8—直流调速电动机；9—二级带传动设备；10—曲柄；11—连杆

第11章 机械创新与专利保护

11.1 概述

近年来我国专利申请量呈现出迅猛增长的态势,至 2010 年 11 月底,我国受理的国内申请人专利申请量已达到 585.2 万件,国内申请人专利授权量为 331.9 万件,国外申请人在华专利申请量 102.7 万件,专利申请量位居世界第一。从专利的技术领域来看,所有领域都显示增长趋势,其中电气、机械、设备、能源、数字通信、计算机技术、测量仪器和制药方面的专利申请量在 2010 年排在前列;我国在国外的专利申请水平仍然较低,但呈稳步增长趋势。目前,我国只有 5.6% 的发明通过在国外提交全球专利申请实现了保护,远不及美国和日本。美国在国外保护其 48.8% 的国内专利,而日本则在全球范围内保护其 38.7% 的专利。

进行机械创新设计,一方面要将自己创新设计的成果通过法律加以保护,另一方面又要防止有意无意侵犯到他人的创造发明。为了保护发明创造,鼓励发明创造,有利于发明创造的推广应用,促进科学技术进步和创新,适应国家经济建设的需要,国家于 1984 年制定了《中华人民共和国专利法》,后又经过 1992 年、2000 年和 2008 年三次修正,于 2008 年颁布了《中华人民共和国专利法》,用法律的形式规定了授予专利权的条件,专利的申请、审查和批准程序,专利权的期限、终止和无效,专利实施的强制许可,专利权的保护等内容。

专利包括发明专利(patent)、实用新型专利(utility model)和外观设计专利(industry design)。申请发明和实用新型专利的发明创造应当具备新颖性、创造性和实用性。申请发明和实用新型专利应当提交专利申请请求书、专利说明书、说明书摘要和权利要求书等文件,请专利代理机构代理申请的还要提交委托书。

11.2 专利权的客体

专利权的客体就是专利法保护的对象,也就是依照专利法授予专利权的发明创造。我国《专利法》规定:"本法所称的发明创造是指发明、实用新型和外观设计。"专利法所称发明,是指对产品、方法或者其改进所提出的新的技术方案。专利法所称实用新型,是指对产品的形状、构造或者其结合所提出的适于实用的新的技术方案。专利法所称外观设计,是指对产品的形状、图案或者其结合以及色彩与形状、图案的结合所作出的富有美感并适于工业应用的新设计。

发明分为产品或设备发明和方法发明。方法是指:聚合、发酵、分离、成形、传送、纺织品的处理、能量的传送和转换、建筑、食品的制备、测试、操作机器的方法和工作方式,以及信息的处理和传递。如:制造彩色胶片、特种钢的方法;合成树脂的方法;珍珠的人工培养、杂交水稻的培育方法;地膜覆盖的种植方法;人工牛黄、胰岛素人工的合成方法;产品是指:化合物、组合物、织物、制造的物品。设备是指:化学或物理工艺设备、各种工具、各种机器、各种执行操作的装置。产品与设备的区别在于产品仅指某一方法的结果,而不管产品的功能如何;而设备是与某种用途或目的联系在一起的,例如煤气发生器、切割设备等。

《专利法》规定:"对违反国家法律、社会公德或者妨害公共利益的发明创造,不授予专利权;发明创造本身的目的与国家法律相违背的,不能被授予专利权。"例如,用于赌博的设备、机器或工具,吸毒的器具,伪造国家货币、票据、公文证件、印章、文物的设备等都属于违反国家法律的发明创造,不能被授予专利权。

发明创造本身的目的并没有违反国家法律,但是由于被滥用而违反国家法律的,则不属此列。例如,以医疗为目的的各种毒药、麻醉品、镇静剂、兴奋剂和以娱乐为目的的棋牌等。

《专利法实施细则》规定,《专利法》所称违反国家法律的发明创造,不包括仅其实施为国家法律所禁止的发明创造。其含义是,如果仅仅是发明创造产品的生产、销售或使用受到国家法律的限制或约束,则该产品本身及其制造方法并不属于违反国家法律的发明创造。例如,以国防为目的的各种武器的生产、销售及使用虽然受到国家法律的限制,但这些武器本身及其制造方法仍然属于可给予专利保护的客体。

不授予专利权的客体还包括如下内容。

(1) 科学发现　发现仅仅揭露自然界原来存在但不为人们认识的东西,如物质、现象、变化过程及其特性和规律等。发明则是指设计和制造了前所未有的东西。如果将发现付诸应用,制造出一种产品,开发出一种方法,或者提出一种新用途,则为可以授予专利的发明。1874年就合成了DDT,但直到65年后才发现它具有很高的杀虫效果。"具有DDT有效成分的杀虫剂"或"撒DDT杀虫的方法"属于用途发明,因为对已知物质开发出新的用途。

(2) 智力活动的规则和方法　是指人们思维、推理、分析和判断的规则和方法。发明创造完成以后的实施过程中仍有赖于人的智力活动。

① 数学方法是对人的思维的指导,没有人的思维就无法实施这种数学方法。

② 利用汉语拼音确定汉字排列顺序的方法,是一种人为规定的方法,只需要理解、熟记该方法,就能将字盘中的汉字迅速找出,实现快速打字、排字。该方法并未设计字盘任何结构上的变化,实施时仍需要人的思维,不能授予专利权。

③ 图书分类法、会计记账方法、球类比赛规则以及各种语言的语法、汉语词典的编排方法、生产管理方法、训练方法等均不能授予专利。

④ 计算机程序,是计算机软件的一部分,乃是为了得到某种结果可以由计算机执行的代码化指令序列,或者可以被自动转换成代码化指令序列的符号化指令序列或符号化语句序列。

计算机程序总是离开不了算法,而算法则被认为是一种数学公式,属于智力活动规则和方法,不能认为是技术发明。如果仅仅是记录在载体上的计算机程序,就其本身而言,不论以何种形式出现,都属于智力活动规则的方法,不能授予专利权,但可以申请软件登记,取得著作权保护。一件含有计算机程序的发明专利申请是为了解决技术问题,利用技术手段,构成一个完整的技术方案,并能产生技术效果,对现有技术作出了贡献,可以授予专利权。例如,使用一个计算机程序来控制某一自动化技术处理过程、测量或者测试过程的发明专利申请的主题,可以授予专利。

(3) 疾病的诊断和治疗方法　疾病的诊断和治疗方法是以有生命的人体或动物体为实施对象,无法在产业上制造或者使用,所以不属于专利法上的发明。

疾病的诊断方法是指为发现、识别、研究和确定疾病的状况、原因而采取的各种方法,如中医的诊脉法,西医的X光诊断法、超声诊断法等。疾病的治疗方法是指为消除病态、恢复健康而采取的各种方法,如中医的针灸、气功,西医的电疗、磁疗,以及进行外科手术等方法;为美容而进行的手术方法,也不是专利法上的发明。为疾病的诊断和治疗而使用的仪器、器械、装置以及化学物质和组合物质等,可以列在专利范围之内。

(4) 动物和植物品种　另由《中华人民共和国植物新品种保护条例》规定。

(5) 用原子核变换方法获得的物质　原子核变换方法是指使一个或几个原子核经分裂或者聚合,形成一个或几个新原子核的过程,例如,完成核聚变反应的磁镜阱法、封闭阱法,以及实现核裂变的各种方法等,这些变换方法是不能被授予专利权的。但是,为实现原子核变换而增加粒子能量的粒子加速方法(如电子行波加速法、电子驻波加速法、电子对撞法、电子环形加速法等),不属于原子核变换方法,而属于可被授予发明专利权的客体。用原子核变换方法所获得的物质主要是指用加速器、反应堆,以及其他核反应装置生产、制造的各种放射性同位素。原子核变换方法以及用该方法所获得的物质关系到国家的经济、国防、科研和公共生活的重大利益,不宜为单位或私人垄断,几乎所有的国家都对用原子核变换方法获得的物质不授予专利。

(6) 下列产品不能授予实用新型专利:

① 没有固定形状的产品,如液体、气体、粉状物、粒状物、合金、混合物以及玻璃、陶瓷等,不能被授予实用新型专利;但允许产品中的某个技术特征为无确定形状的物质,如气态、液态、粉末状、颗粒状物质,只要其在该产品中受该产品结构特征的限制即可。例如,对温度计的形状构造所提出的技术方案中允许写入无确定形状的酒精。产品的形状可以是在某种特定情况下所具有的确定的空间形状。例如,具有新颖形状的冰杯、降落伞等。又如,一种用于钢带运输和存放的钢带包装壳,由内钢圈、外钢圈、捆扎带、外护板以及防水复合纸等构成,其各部分按技术方案所提示的相互关系将钢带包装起来后形成确定的空间形状,这样的空间形状不具有任意性,则钢带包装壳可以获得实用新型专利的保护。

② 以生物的或者自然形成的形状作为产品的形状特征。例如,以植物盆景中植物生长所形成的形状作为产品的形状特征;以自然形成的假山形状作为产品的形状特征等;以摆放、堆积等方法获得的非确定的形状作为产品的形状特征。

③ 仅仅改变了成分的原材料产品。如板材、棒材等,其板状、棒状并未对现有技术作出贡献,不能作为产品的特定形状特征。但是,通过改变其形状使其能够取得不同于以往产品的特殊作用或效果时,可以获得实用新型专利保护。

④ 物质的分子结构、组分不属于实用新型专利给予保护的产品的构造。因此,如果食品、饮料、调味品和药品的改进仅涉及其化学成分、组分、含量的变化,而不涉及产品的结构,则不属于实用新型专利的保护客体。

⑤ 如果实用新型要求保护的产品相对于现有技术来说只是材料的分子结构或组分不同,也不属于实用新型专利保护的客体。例如,以塑料替换玻璃的同样形状的水杯,仅改变焊条药皮成分的电焊条均不能授予实用新型专利权。

⑥ 产品的形状以及表面的图案、色彩、文字、符号、图表或者其结合的新设计，没有解决技术问题的，不属于实用新型专利保护的客体。例如，以十二生肖形状为装饰的开罐刀，建筑平面设计图，仅以表面图案设计为区别特征的棋类、牌类，如古诗扑克、化学扑克等。

11.3 授予专利权的条件

《专利法》规定授予专利权的发明和实用新型，应当具备新颖性、创造性和实用性。

11.3.1 新颖性

《专利法》规定，新颖性是指在申请日以前没有同样的发明或者实用新型在国内外出版物上公开发表过、在国内公开使用过或者以其他方式为公众所知，也没有同样的发明或者实用新型由他人向国务院专利行政部门提出过申请并且记载在申请日以后公布的专利申请文件中。《专利法》规定，申请专利的发明创造在申请日以前六个月内，有下列情形之一的，不丧失新颖性。

(1) 在中国政府主办或者承认的国际展览会上首次展出的　依据《实施细则》，中国政府承认的国际展览会，是指国际展览会公约规定的在国际展览局注册或者由其认可的国际展览会。

(2) 在规定的学术会议或者技术会议上首次发表的　《实施细则》所称学术会议或者技术会议，是指国务院有关主管部门或者全国性学术团体组织召开的学术会议或者技术会议。

(3) 他人未经申请人同意而泄露其内容的　例如：由于谈判、技术转让、寻找技术试验及其他目的，将发明创造内容告知第三人，该第三人不遵守明示或默示保密信约，将该发明创造内容泄露出来；单位职工未经授权在新产品上市前将有关新技术泄露给他人或第三人用欺骗或间谍手段得到该内容而泄露。

11.3.2 创造性

《专利法》规定：创造性是指同申请日以前已有的技术相比，该发明具有突出的实质性特点和显著的进步，该实用新型具有实质性特点和进步。判断是否属于现有技术时,不考虑"抵触申请"(一件"在后申请"的申请日之前,有另一个人就同样的发明内容已经向专利局提交了一件"在先申请"并且尚未公开),因为"在先申请"不属于现有技术。突出的实质性特点是指对于本领域技术人员而言,该发明不是显而易见的。显著的进步是指与最接近的现有技术相比,能够产生有益的技术效果。

11.3.3 实用性

《专利法》规定:实用性是指该发明或者实用新型能够制造或者使用,并且能够产生积极效果。能够制造或使用是指对产品发明而言,能够在产业中制造出来,并且能够解决技术问题;对方法发明而言,能够在产业中使用,并解决技术问题。积极效果意为产生正面有益效果,即只要不会导致技术明显倒退或整体变劣即可。以下情形不具备实用性。

(1) 无再现性　再现性是指所属技术领域的技术人员,根据公开的技术内容,能够重复实施专利申请中为解决技术问题所采用的技术方案。这种重复实施不得依赖任何随机的因素,并且实施结果应该是相同的。申请发明或者实用新型专利的产品的成品率低与不具有再现性是有本质区别的。前者是能够重复实施,只是在实施过程中未能确保某些技术条件(如环境洁净度、温度等)而导致成品率低;后者则是在确保发明或者实用新型专利申请所需全部技术条件下,所属技术领域的技术人员仍不可能重复实现该技术方案所要求达到的结果。

(2) 违背自然规律　具有实用性的发明或者实用新型专利申请应当符合自然规律。违背自然规律的发明或者实用新型专利申请是不能实施的,因此,不具备实用性。那些违背能量守恒定律的发明或者实用新型专利申请的主题,如永动机,必然是不具备实用性的。

(3) 利用独一无二的自然条件的产品　具备实用性的发明或者实用新型专利申请不得是由自然条件限定的独一无二的产品。利用特定的自然条件建造的产品自始至终都是不可移动的唯一产品,即不具备实用性。应当注意的是,不能因为上述利用独一无二的自然条件的产品不具备实用性,而认为其构件本身也不具备实用性。

(4) 人体或者动物的非治疗目的的外科手术方法　外科手术方法包括治疗目的或非治疗目的的手术方法。以治疗为目的的外科手术方法属于不授予专利权的客体;对于非治疗目的的外科手术方法,由于是以有生命的人或动物为实施对象,无法在产业上使用,因此不具备实用性。例如,为美容而实施的外科手术方法，或者采用外科手术从活牛身体上摘取牛黄的方法，以及为辅助诊断而采用的外科手术方法，如实施冠状造影之前采用的外科手术方法等。

（5）无积极效果　具备实用性的发明或者实用新型专利申请的技术方案应当能够产生预期的积极效果。明显无益、脱离社会需要、严重污染环境、严重浪费能源或者资源、损害人身体健康的发明或者实用新型专利申请的技术方案不具备实用性。

（6）测量人体在极限情况下的生理参数的方法　测量人体在极限情况下的生理参数需要将被测者置于极限环境中，这会对人的生命构成威胁，并且不同的人所可以耐受的极限条件是不同的，需要有经验的测试人员根据被测者的情况来确定其耐受的极限条件，因此这类方法无法在产业上使用，不具备实用性。如：通过逐渐降低人或动物的体温，以测量人或动物对寒冷耐受程度的测量方法；利用降低吸入气体中氧气分压的方法逐级增加冠状动脉的负荷，并通过动脉血压的动态变化观察冠状动脉的代偿反应，以测量冠状动脉代谢机能的非侵入性的检查方法等。

11.4　专利权的内容

专利权的内容包括专利申请权、专利实施或专利许可实施权，以及使用专利标识权。执行本单位的任务或者主要是利用本单位的物质技术条件所完成的发明创造为职务发明创造。职务发明创造申请专利的权利属于该单位；申请被批准后，该单位为专利权人。非职务发明创造，申请专利的权利属于发明人或者设计人；申请被批准后，该发明人或者设计人为专利权人。对发明人或者设计人的非职务发明创造专利申请，任何单位或者个人不得压制。专利申请权和专利权可以转让。专利权人有权在其专利产品或者该产品的包装上标明专利标记和专利号。发明和实用新型专利权被授予后，除《专利法》规定的强制许可外，任何单位或者个人未经专利权人许可，都不得实施其专利，即不得为生产经营目的制造、使用、许诺销售、销售、进口其专利产品，或者使用其专利方法以及使用、许诺销售和销售、进口依照该专利方法直接获得的产品。外观设计专利权被授予后，任何单位或者个人未经专利权人许可，都不得实施其专利，即不得为生产经营目的制造、销售、进口其外观设计专利产品。任何单位或者个人实施他人专利的，应当与专利权人订立书面实施许可合同，向专利权人支付专利使用费。

专利权是由国务院专利行政部门依照法律规定,根据法定程序赋予专利权人的一种专有权利。它是无形财产权的一种,与有形财产相比,具有以下主要特征。

(1) 具有独占性　所谓独占性亦称垄断性或专有性。专利权是由政府主管部门根据发明人或申请人的申请,认为其发明成果符合专利法规定的条件,而授予申请人或其合法受让人的一种专有权。它专属权利人所有,专利权人对其权利的客体(即发明创造)享有占有、使用、收益和处分的权利。

(2) 具有时间性　所谓专利权的时间性,即指专利权具有一定的时间限制,也就是法律规定的保护期限。各国的专利法对于专利权的有效保护期均有各自的规定,而且计算保护期限的起始时间也各不相同。我国《专利法》规定:"发明专利权的期限为20年,实用新型和外观设计专利权的期限为10年,均自申请日起计算。"

(3) 具有地域性　所谓地域性,就是对专利权的空间限制。它是指一个国家或一个地区所授予和保护的专利权仅在该国或地区的范围内有效,对其他国家和地区不发生法律效力,其专利权是不被确认与保护的。如果专利权人希望在其他国家享有专利权,那么,必须依照其他国家的法律另行提出专利申请。除非加入国际条约及双边协定另有规定之外,任何国家都不承认其他国家或者国际性知识产权机构所授予的专利权。

被许可人无权允许合同规定以外的任何单位或者个人实施该专利。专利许可合同类型:

① 独占许可(exclusive license);
② 排他许可(sole license);
③ 普通许可(license);
④ 交叉许可(cross license);
⑤ 分许可(sub-license)。

发明或者实用新型专利权的保护范围以其权利要求的内容为准,说明书及附图可以用于解释权利要求。

11.5　专利文件的撰写方法

申请发明或者实用新型专利的申请文件应当包括:专利请求书、说明书(说明书有附图的,应当提交说明书附图)、权利要求书、摘要(必要时应当有摘要附图),各一式两份。申请外观设计专利的,申请文件应当包括:外观设计专利请求书、图片或者照片,各一式两份。要求保护色彩的,还应当提交彩色图片或者照片一式两份。提交图片的,两份均应为图片,提交照片的,两份均应为照片,不得将图片或照片混用。如对图片或照片需要说明的,应当提交外观设计简要说明,一式两份。委托专利代理机构申请的需要提供有专利权人签章的委托代理协议。

申请文件的填写和撰写有特定的要求,申请人可以自行填写和撰写,也可以委托专利代理机构代为办理。尽管委托专利代理是非强制性的,但是考虑到精心撰写申请文件的重要性,以及审批程序的法律严谨性,对经验不多的申请人来说,委托专利代理是值得提倡的。

11.5.1 专利文件的准备和提交

向专利局申请专利或办理其他手续的,可以将申请文件或其他文件直接递交或寄交给专利局受理处或上述任何一个专利局代办处,发明或者实用新型专利申请文件应按下列顺序排列:请求书、说明书摘要、摘要附图、权利要求书、说明书、说明书附图和其他文件。外观设计专利申请文件应按照请求书、图片或照片、简要说明顺序排列。申请文件各部分都应当分别用阿拉伯数字顺序编号。在提交文件时应注意下列事项。

(1) 向专利局提交申请文件或办理各种手续　申请文件的纸张质量应相当于复印机用纸的质量。纸面不得有无用的文字、记号、框、线等。各种文件一律采用 A4 尺寸(210 mm×297 mm)的纸张。纸张应当纵向使用,只使用一面。文字应当自左向右排列,纸张左边和上边应各留 25 mm 空白,右边和下边应当各留 15 mm 空白,以便于出版和审查时使用。申请文件各部分的第一页应当使用国家知识产权局统一制定的表格,申请文件均应一式两份,手续性文件可以一式一份;表格可以从网上下载,网址是 www.sipo.gov.cn,也可以到国家知识产权局受理大厅索取或以信函方式索取(信函寄至:国家知识产权局专利局初审及流程管理部发文处)。申请文件各部分一律使用汉字。外国人名、地名和科技术语如没有统一中文译文,应当在中文后的括号内注明英文或原文。申请人提供的附件或证明是外文的,应当附有中文译文,申请文件包括请求书在内,都应当用宋体、仿宋体或楷体打字或印刷,字迹呈黑色,字高应当在 3.5~4.5 mm 之间,行距应当在 2.5~3.5 mm 之间。要求提交一式两份文件的,其中一份为原件,另一份应采用复印件,并保证两份文件内容一致。申请文件中有图的,应当用墨水和绘图工具绘制,或者用绘图软件绘制,线条应当均匀清晰,不得涂改。不得使用工程蓝图。

(2) 申请的件数　一件发明或者实用新型的新专利申请文件应当限于一项发明或者实用新型。属于一个总的发明构思的两项以上的发明或者实用新型,可以作为一件申请提出。一件外观设计专利申请应当限于一种产品所使用的一项外观设计。用于同一类别并且成套出售或者使用的产品两项以上的外观设计,可以作为一件申请提出。

(3) 底稿留存　向专利局提交的各种文件申请人都应当留存底稿,以保证申请审批过程中文件填写的一致性,并可以此作为答复审查意见时的参照。

(4) 邮寄方式　申请文件是邮寄的,应当用挂号信函。无法用挂号信邮寄的,可以用特快专递邮寄,不得用包裹邮寄申请文件。挂号信函上除写明专利局或者专利局代办处的详细地址(包括邮政编码)外,还应当标有"申请文件"及"国家知识产权局专利局受理处收"或"国家知识产权局专利局××代办处收"的字样。申请文件最好不要通过快递公司递交,通过快递公司递交申请文件,以专利局受理处以及各专利局代办处实际收到日为申请日。一封挂号信函内应当只装同一件申请的文件。邮寄后,申请人应当妥善保管好挂号收据存根。

(5) 专利局在受理专利申请时不接收样品、样本或模型　在审查程序中,申请人应审查员要求提交样品或模型时,若在专利局受理窗口当面提交,应当出示审查意见通知书;邮寄的应当在邮件上写明"应审查员×××(姓名)要求提交模型"的字样。

(6) 及时通知变更情况　申请人或专利权人的地址有变动,应及时向专利局提出著录项目变更;申请人与专利事务所解除代理关系,还应到专利局办理变更手续。

11.5.2　权利要求书的撰写

权利要求书应当说明发明或者实用新型的技术特征,清楚、简要地表述请求保护的范围。权利要求书应当以说明书为依据,说明发明或实用新型的技术特征,限定专利申请的保护范围。在专利权授予后,权利要求书是确定发明或者实用新型专利权范围的根据,也是判断他人是否侵权的根据,有直接的法律效力。权利要求分为独立权利要求和从属权利要求。独立权利要求应当从整体上反映发明或者实用新型的主要技术内容,它是记载构成发明或者实用新型的必要技术特征的权利要求。从属权利要求是引用一项或多项权利要求的权利要求,它是一种包括另一项(或几项)权利要求的全部技术特征,又含有进一步加以限制的技术特征的权利要求。进行权利要求的撰写必须十分严格、准确、具有高度的法律保护和技术方面的技巧。权利要求书有几项权利要求的，应当用阿拉伯数字顺序编号。权利要求书中使用的科技术语应当与说明书中使用的科技术语一致，可以有化学式或者数学式，但是不得有插图。除绝对必要的外，不得使用"如说明书……部分所述"或者"如图……所示"的用语。权利要求中的技术特征可以引用说明书附图中相应的标记，该标记应当放在相应的技术特征后并置于括号内，便于理解权利要求，附图标记不得解释为对权利要求的限制。权利要求书使用规范的语言，如："所述的××××××，其特征在于"，同一个权利请求项中间不得使用句号，一般是通过下载与所申报的专利相近的已授权专利作为范本进行撰写。

11.5.3 说明书的撰写

发明或者实用新型专利申请的说明书应当写明发明或者实用新型的名称，该名称应当与请求书中的名称一致。说明书应当包括下列内容：

（1）技术领域　写明要求保护的技术方案所属的技术领域；

（2）背景技术　写明对发明或者实用新型的理解、检索、审查有用的背景技术，有可能的，并引证反映这些背景技术的文件；

（3）发明内容　写明发明或者实用新型所要解决的技术问题以及解决其技术问题而采用的技术方案，并对照现有技术写明发明或者实用新型的有益效果；

（4）附图说明　说明书有附图的，对各幅附图作简略说明；

（5）具体实施方式　详细写明申请人认为实现发明或者实用新型的优选方式；必要时，举例说明；有附图的，对照附图。

发明或者实用新型专利申请人应当按照前款规定的方式和顺序撰写说明书，并在说明书每一部分前面写明标题，除非其发明或者实用新型的性质用其他方式或者顺序撰写能节约说明书的篇幅并使他人能够准确理解其发明或者实用新型。

发明或者实用新型说明书应当用词规范、语句清楚，并不得使用"如权利要求……所述的……"一类的引用语，也不得使用商业性宣传用语。

发明专利申请包含一个或者多个核苷酸或者氨基酸序列的，说明书应当包括符合国务院专利行政部门规定的序列表。申请人应当将该序列表作为说明书的一个单独部分提交，并按照国务院专利行政部门的规定提交该序列表的计算机可读形式的副本。

11.5.4 说明书附图的绘制

根据中华人民共和国知识产权局 2008 年修订的专利《审查指南》规定，说明书附图应当用制图工具和黑色墨水绘制，线条应当均匀清晰、足够深，并不得着色和涂改。

剖面图中的剖面线不得妨碍附图标记线和主线条的清楚识别。

几幅附图可以绘制在一张图纸上。一幅总体图可以绘制在几张图纸上，但应保证每一张纸上的图都是独立的，而且当全部图样组合起来构成一幅完整总体图时又不互相影响其清晰程度。附图的周围不得有框线。

附图总数在两幅以上的，应当使用阿拉伯数字顺序编号，并在编号前冠以"图"字，例如图 1、图 2 等。附图应当尽量垂直绘制在图纸上，彼此明显地分开。当零件横向尺寸明显大于竖向尺寸必须水平布置时，应当将附图的顶部置于图纸的左边。一页纸上有两幅以上的附图，且有一幅已经水平布置时，该页上其他附图也应当水平布置。

附图标记应当使用阿拉伯数字编号。同一零件出现在不同的图中时应当使用相同的附图标记，一件专利申请的各文件（如说明书及其附图、权利要求书、摘要等）中应当使用同一附图标记表示同一零件，但并不要求每一幅图中的附图标记编号连续。

附图的大小要适当，应当能清晰地分辨出图中每一个细节，并适合于用照相制版、静电复印、缩微等方式大量复制。

同一附图中应当采用相同比例绘制，为使其中某一组成部分清楚显示，可以另外增加一幅局部放大图。附图中除必要的词语外，不应当含有其他注释。附图中的词语应当使用中文，必要时，可以在其后的括号里注明原文。

流程图、框图应当视为附图，并应当在其框内给出必要的文字和符号。特殊情况下，可以使用照片贴在图纸上作为附图。例如，在显示金相结构或者组织细胞时。

11.5.5 说明书摘要的撰写

根据《专利法实施细则》，说明书摘要应当写明发明或者实用新型专利申请所公开内容的概要，即写明发明或者实用新型的名称和所属技术领域，并清楚地反映所要解决的技术问题、解决该问题的技术方案的要点以及主要用途。

说明书摘要可以包含最能说明发明的化学式；有附图的专利申请，还应当提供一幅最能说明该发明或者实用新型技术特征的附图。附图的大小及清晰度应当保证在该图缩小到 4 cm×6 cm 时,仍能清晰地分辨出图中的各个细节。摘要文字部分不得超过 300 个字。摘要中不得使用商业性宣传用语。

11.6 专利纠纷案例分析

专利纠纷案件多种多样、五花八门,其中较多的案件涉及权利请求的技术特征被直接侵权或间接侵权以及职务发明与非职务发明之争。专利侵权抗辩的依据主要包括:先用权问题、公知技术的认定、报价并未实际履行、诉讼时效的抗辩、合法取得与原告恶意取得并滥用专利权、专利无效或撤销请求等内容。

11.6.1 直接侵权案例

案例1 徐某于 1989 年被授予"磁疗型健身戒指"实用新型专利。徐某在权利要求中的独立权利要求为:一种磁疗健身戒指,其特征在于戒指上装有磁珠。

某工艺厂于 1991 年开始制造和销售"神州牌"稀金磁疗保健戒指,其特征在于是在稀金材料为基准的戒指上镶嵌磁片。用稀金材料制成的戒指本身是没有磁疗作用的,只有当这种戒指镶嵌上磁片(磁珠)后才能产生磁疗效果。

法院审判:工艺厂制造的稀金磁疗保健戒指,其用途和结构与"磁疗型健身戒指"专利的权利要求书的内容相同,属于侵权产品。该厂未经专利权人许可,以生产经营为目的的制造、销售行为构成专利侵权,应立即停止侵权行为,并向专利权人赔偿损失 10 万元。

案例2 赵景霞于 1993 年 3 月 11 日被国家知识产权局授予"黑加仑"字样的瓶贴装潢的外观设计专利,该专利经过其同意可用于廊坊市长虹黑加仑食品饮料厂生产的"黑加仑"饮料瓶贴。

北京龙山泉饮料厂在其生产的黑加仑饮料产品的外包装瓶上使用了与赵景霞外观设计专利主视图 1、2 显示的现状相同的两个瓶贴,但各个部分的色彩及标注的内容与原告外观设计专利不完全相同。

法院审判:被告生产的黑加仑饮料上的瓶贴与原告外观设计专利相比,形状相同、构成相似、主要色彩相同或相似,仅有局部色彩及文字存在不同,已构成外观设计专利侵权。

案例3 宁波市东方机芯总厂于1995年7月1日获得了中国专利局授予的"机芯奏鸣装置音板的成键方法及其设备"发明专利权,专利号为92102458.4,并于1995年8月9日公告。该发明专利的独立权利要求是:一种机械奏鸣装置音板成键加工设备,它包括在平板型金属盲板上切割出梳状缝隙的割刀和将被加工的金属盲板夹持的固定装置,其特征在于:① 所述的割刀是由多片圆形薄片状磨轮按半径自小到大的顺序平行同心的组成一塔状的割刀组;② 所述的盲板固定装置是一个开有梳缝的导向板,它是一块厚实而耐磨的块板,其作为导向槽的每条梳缝相互平行、均布、等宽;③ 所述的塔状割刀组,其相邻刀片之间的间距距离与所述导向板相邻梳缝之间的导向板厚度大体相等;④ 所述的塔状割刀组的磨轮按其半径排列的梯度等于音板的音键按其长短排列的梯度。

金铃公司生产的机械奏鸣装置与专利技术的主要相同点为:① 在成键盲板的加工原理、方法上,二者都是利用片状磨轮组或割刀组对盲板的相对运动进行磨削,加工出规定割深的音键,在整个磨割过程中,塔状磨轮组的每片磨轮始终位于所述导向板或防震限位板的相应梳缝内;② 二者所用成键加工设备都是由机床、磨轮组、工件定位夹紧装置、磨轮定位导向装置等部分组成;③ 二者在加工成键时所用工具都是塔状平行同心磨轮组;④ 二者所用磨轮组相邻磨轮之间的间距与导向板或防震限位板梳缝间的厚度大体相等;⑤ 机芯总厂专利所用导向板在加工过程中起磨轮导向、防震、定位作用。

主要不同点为:① 机芯总厂专利所用导向板与工件一起进给运动,金铃公司装置所用防震限位板装在横滑板上,不与工件一起进给运动;② 在工件安装方面,机芯总厂专利将工件安装在导向板上,金铃公司装置将工件安装在工件拖板上,而不是安装在防震限位板上;③ 机芯总厂专利的盲板成键加工设备中,磨轮导向与工件支承功能均由导向板来实现,金铃公司装置的盲板成键加工设备中的磨轮导向功能由防震限位板来实现,工件支承功能由工件拖板来实现。其限位装置不是在盲板下,而是位于磨轮一侧。

机芯总厂以金铃公司侵犯其专利权为由,向江苏省南京市中级人民法院提起诉讼,请求判令金铃公司立即停止侵权,赔偿经济损失100万元,并承担本案全部诉讼费用。

法院审判:最高人民法院经审理认为,被控侵权产品和方法以将专利中固定盲板和导向为一体的导向板这一技术特征,分解成分别进行固定盲板和导向的防震限位板和工件拖板两个技术特征,属于与专利权利要求中的必要技术特征,以基本相同的手段,实现基本相同的功能,达到基本相同的效果的等同物,落入了机芯总厂专利权的保护范围,构成侵犯专利权。

11.6.2 间接侵权案例

案例 4 刘学锋于 2000 年 4 月 28 日向国家知识产权局申请名称为"全耐火纤维复合防火隔热卷帘"实用新型专利。2001 年 3 月 1 日获得授权（ZL00234256.1 号）；2001 年 5 月 28 日，经国家知识产权局核准，专利权人变更为英特莱公司。

2001 年 9 月 6 日，国家知识产权局对该专利出具的《实用新型检索报告》初步结论为：全部权利要求符合专利法规定。2001 年 9 月 6 日，英特莱公司到北京市昌平区公证处取得北京新辰公司制造的防火卷帘产品样本。

经查：2001 年 1 月 26 日，新辰公司与峰达公司签订"无机软质防火卷帘产品合作协议"，约定峰达公司将其设计开发的无机软质防火卷帘配套产品委托新辰公司生产；峰达公司提供技术指导，新辰公司生产的产品应达到峰达公司的技术要求。双方约定于 2004 年 12 月终止所签协议。

英特莱公司认为被告产品侵害其专利权，诉至法院。2002 年 6 月 18 日，国家知识产权局专利复审委员会受理了新辰公司提出的该实用新型专利无效宣告的请求，于 2003 年 3 月 7 日作出维持有效的决定。

11.6.3 公知技术案例

案例 5 浙江长城公司申请获准"一种工业输送管道球阀"实用新型专利，其后，温州环球公司申请获准"摆动式球阀"实用新型专利。温州环球公司制造、销售的摆动式球阀与长城公司专利球阀相比，均提供了一种密封性能好、磨损小、开关灵活的球阀。长城公司认为温州环球公司侵犯其专利权，诉至法院，一审判决温州环球公司侵权。

环球公司称其产品是根据 1970 年公开的美国专利 3515371 号专利技术制造的，使用公知技术受法律保护，一审判决不当。

浙江高院认为长城公司虽已获得专利授权，但该专利与环球公司提供的美国专利技术特征相一致。环球公司使用公知技术不构成侵权。

11.6.4 职务发明与非职务发明案例

案例 6 1990 年 5 月 26 日，身为××大学行政事务处汽车队司机的李××向中国专利局申请了"车辆 外置后视镜"（90206894.6）实用新型专利，并于 1991 年 4 月 3 日获得专利权（以下称"90 专利"）。

1992 年 9 月，××大学水利系与李××签订《合作联合生产 DX 大视野机动车外置后视镜("90专利")协议书》(以下称"92协议"),该协议规定:××大学提供厂房、设备及产品试验资金11万元;李××提供镜片设计全部技术图样,组织实施生产,负责设备的定购、安装、调试、生产;联营生产属水利系与李××联合办的企业,企业实行年终税后利润分成,该大学为70%,李××为30%。

协议签订后,双方开始合作试制"90专利"产品,为合作便利,1993年10月李××调入水利系。为改进生产工艺、生产设备、产品模具等,该大学共投入资金近30万元。1993年12月8日试制出第一块合格样品。

1994年3月21日,李××向中国专利局申请了"车辆外置后视镜"(94207489.0)实用新型专利,××大学为其出具了非职务发明证明。该申请于1995年1月15日获得授权("94"专利)。

1996年12月3日,××大学向北京市专利管理局提出"94专利"为职务发明,专利权应归其持有的调处请求。

××大学称:双方依据"92协议"试制"90专利",由于"90专利"技术方案在具体实施过程中存在许多技术问题,试制小组在试制过程中进行了不断改进,直到1993年12月8日,才试制成功了第一块样品,1994年3月,被请求人将试制成功的样品镜面以非职务发明向中国专利局申请了实用新型专利("94专利");"94专利"技术方案在产生过程中,全部使用了水利系提供的资金与物质条件;李××作为水利系职工,享受水利系的最高奖酬金,受系领导的任命与指派参与研制、改进"90专利"技术方案应属其本职工作;因此,认为"94专利"属于职务发明,该专利权应归请求人持有。

李××辩称:1992年初,其在"90专利"的基础上成功设计了一种新的后视镜面型,为延长大视野后视镜的保护期限,于1994年申报的此专利("94专利");利用水利系提供物质条件是为实施"90专利";其将工作关系转到水利系是为了履行"92协议",不是为了开发新的专利;作为合同合作的一方,负责解决合同实施过程中存在的技术问题是履行合同义务,不是执行请求人的任务,请求维持"94专利"权归其所有。

二审法院认为:"92协议"设定了双方平等的民事主体关系,这种关系不因李××在执行"92协议"过程中由车队调入水利系而改变。××大学在"94专利"产品转化过程中投入的物质条件对"94专利"技术方案的完成并无实质性作用。"92协议"对"90专利"产品转化完成的改进技术权利归属未作约定,××大学对李××的发明人身份无异议。因此,于1999年6月2日作出终审判决,"94专利"的申请权、专利权均应归李××享有。

附录A 中华人民共和国专利法（2008修正）

（1984年3月12日第六届全国人民代表大会常务委员会第四次会议通过 根据1992年9月4日第七届全国人民代表大会常务委员会第二十七次会议《关于修改〈中华人民共和国专利法〉的决定》第一次修正 根据2000年8月25日第九届全国人民代表大会常务委员会第十七次会议《关于修改〈中华人民共和国专利法〉的决定》第二次修正 根据2008年12月27日第十一届全国人民代表大会常务委员会第六次会议《关于修改〈中华人民共和国专利法〉的决定》第三次修正）

目 录

第一章　总则
第二章　授予专利权的条件
第三章　专利的申请
第四章　专利申请的审查和批准

第五章　专利权的期限、终止和无效
第六章　专利实施的强制许可
第七章　专利权的保护
第八章　附则

第一章　总则

第一条　为了保护专利权人的合法权益，鼓励发明创造，推动发明创造的应用，提高创新能力，促进科学技术进步和经济社会发展，制定本法。

第二条　本法所称的发明创造是指发明、实用新型和外观设计。

发明，是指对产品、方法或者其改进所提出的新的技术方案。

实用新型，是指对产品的形状、构造或者其结合所提出的适于实用的新的技术方案。

外观设计,是指对产品的形状、图案或者其结合以及色彩与形状、图案的结合所作出的富有美感并适于工业应用的新设计。

第三条 国务院专利行政部门负责管理全国的专利工作;统一受理和审查专利申请,依法授予专利权。

省、自治区、直辖市人民政府管理专利工作的部门负责本行政区域内的专利管理工作。

第四条 申请专利的发明创造涉及国家安全或者重大利益需要保密的,按照国家有关规定办理。

第五条 对违反法律、社会公德或者妨害公共利益的发明创造,不授予专利权。

对违反法律、行政法规的规定获取或者利用遗传资源,并依赖该遗传资源完成的发明创造,不授予专利权。

第六条 执行本单位的任务或者主要是利用本单位的物质技术条件所完成的发明创造为职务发明创造。职务发明创造申请专利的权利属于该单位;申请被批准后,该单位为专利权人。

非职务发明创造,申请专利的权利属于发明人或者设计人;申请被批准后,该发明人或者设计人为专利权人。

利用本单位的物质技术条件所完成的发明创造,单位与发明人或者设计人订有合同,对申请专利的权利和专利权的归属作出约定的,从其约定。

第七条 对发明人或者设计人的非职务发明创造专利申请,任何单位或者个人不得压制。

第八条 两个以上单位或者个人合作完成的发明创造、一个单位或者个人接受其他单位或者个人委托所完成的发明创造,除另有协议的以外,申请专利的权利属于完成或者共同完成的单位或者个人;申请被批准后,申请的单位或者个人为专利权人。

第九条 同样的发明创造只能授予一项专利权。但是,同一申请人同日对同样的发明创造既申请实用新型专利又申请发明专利,先获得的实用新型专利权尚未终止,且申请人声明放弃该实用新型专利权的,可以授予发明专利权。

两个以上的申请人分别就同样的发明创造申请专利的,专利权授予最先申请的人。

第十条 专利申请权和专利权可以转让。

中国单位或者个人向外国人、外国企业或者外国其他组织转让专利申请权或者专利权的,应当依照有关法律、行政法规的规定办理手续。

转让专利申请权或者专利权的,当事人应当订立书面合同,并向国务院专利行政部门登记,由国务院专利行政部门予以公告。专利申请权或者专利权的转让自登记之日起生效。

第十一条　发明和实用新型专利权被授予后,除本法另有规定的以外,任何单位或者个人未经专利权人许可,都不得实施其专利,即不得为生产经营目的制造、使用、许诺销售、销售、进口其专利产品,或者使用其专利方法以及使用、许诺销售、销售、进口依照该专利方法直接获得的产品。

外观设计专利权被授予后,任何单位或者个人未经专利权人许可,都不得实施其专利,即不得为生产经营目的制造、许诺销售、销售、进口其外观设计专利产品。

第十二条　任何单位或者个人实施他人专利的,应当与专利权人订立实施许可合同,向专利权人支付专利使用费。被许可人无权允许合同规定以外的任何单位或者个人实施该专利。

第十三条　发明专利申请公布后,申请人可以要求实施其发明的单位或者个人支付适当的费用。

第十四条　国有企业事业单位的发明专利,对国家利益或者公共利益具有重大意义的,国务院有关主管部门和省、自治区、直辖市人民政府报经国务院批准,可以决定在批准的范围内推广应用,允许指定的单位实施,由实施单位按照国家规定向专利权人支付使用费。

第十五条　专利申请权或者专利权的共有人对权利的行使有约定的,从其约定。没有约定的,共有人可以单独实施或者以普通许可方式许可他人实施该专利;许可他人实施该专利的,收取的使用费应当在共有人之间分配。

除前款规定的情形外,行使共有的专利申请权或者专利权应当取得全体共有人的同意。

第十六条　被授予专利权的单位应当对职务发明创造的发明人或者设计人给予奖励;发明创造专利实施后,根据其推广应用的范围和取得的经济效益,对发明人或者设计人给予合理的报酬。

第十七条　发明人或者设计人有权在专利文件中写明自己是发明人或者设计人。

专利权人有权在其专利产品或者该产品的包装上标明专利标识。

第十八条　在中国没有经常居所或者营业所的外国人、外国企业或者外国其他组织在中国申请专利的,依照其所属国同中国签订的协议或者共同参加的国际条约,或者依照互惠原则,根据本法办理。

第十九条　在中国没有经常居所或者营业所的外国人、外国企业或者外国其他组织在中国申请专利和办理其他专利事务的,应当委托依法设立的专利代理机构办理。

中国单位或者个人在国内申请专利和办理其他专利事务的,可以委托依法设立的专利代理机构办理。

专利代理机构应当遵守法律、行政法规,按照被代理人的委托办理专利申请或者其他专利事务;对被代理人发明创造的内容,除专利申请已经公布或者公告的以外,负有保密责任。专利代理机构的具体管理办法由国务院规定。

第二十条　任何单位或者个人将在中国完成的发明或者实用新型向外国申请专利的,应当事先报经国务院专利行政部门进行保密审查。保密审查的程序、期限等按照国务院的规定执行。

中国单位或者个人可以根据中华人民共和国参加的有关国际条约提出专利国际申请。申请人提出专利国际申请的,应当遵守前款规定。

国务院专利行政部门依照中华人民共和国参加的有关国际条约、本法和国务院有关规定处理专利国际申请。

对违反本条第一款规定向外国申请专利的发明或者实用新型,在中国申请专利的,不授予专利权。

第二十一条　国务院专利行政部门及其专利复审委员会应当按照客观、公正、准确、及时的要求,依法处理有关专利的申请和请求。

国务院专利行政部门应当完整、准确、及时发布专利信息,定期出版专利公报。

在专利申请公布或者公告前,国务院专利行政部门的工作人员及有关人员对其内容负有保密责任。

第二章　授予专利权的条件

第二十二条　授予专利权的发明和实用新型,应当具备新颖性、创造性和实用性。

新颖性,是指该发明或者实用新型不属于现有技术;也没有任何单位或者个人就同样的发明或者实用新型在申请日以前向国务院专利行政部门提出过申请,并记载在申请日以后公布的专利申请文件或者公告的专利文件中。

创造性,是指与现有技术相比,该发明具有突出的实质性特点和显著的进步,该实用新型具有实质性特点和进步。

实用性,是指该发明或者实用新型能够制造或者使用,并且能够产生积极效果。

本法所称现有技术,是指申请日以前在国内外为公众所知的技术。

第二十三条　授予专利权的外观设计,应当不属于现有设计;也没有任何单位或者个人就同样的外观设计在申请日以前向国务院专利行政部门提出过申请,并记载在申请日以后公告的专利文件中。

授予专利权的外观设计与现有设计或者现有设计特征的组合相比,应当具有明显区别。

授予专利权的外观设计不得与他人在申请日以前已经取得的合法权利相冲突。

本法所称现有设计,是指申请日以前在国内外为公众所知的设计。

第二十四条 申请专利的发明创造在申请日以前六个月内,有下列情形之一的,不丧失新颖性:

(一)在中国政府主办或者承认的国际展览会上首次展出的;

(二)在规定的学术会议或者技术会议上首次发表的;

(三)他人未经申请人同意而泄露其内容的。

第二十五条 对下列各项,不授予专利权:

(一)科学发现;

(二)智力活动的规则和方法;

(三)疾病的诊断和治疗方法;

(四)动物和植物品种;

(五)用原子核变换方法获得的物质;

(六)对平面印刷品的图案、色彩或者二者的结合作出的主要起标识作用的设计。

对前款第(四)项所列产品的生产方法,可以依照本法规定授予专利权。

第三章 专利的申请

第二十六条 申请发明或者实用新型专利的,应当提交请求书、说明书及其摘要和权利要求书等文件。

请求书应当写明发明或者实用新型的名称,发明人的姓名,申请人姓名或者名称、地址,以及其他事项。

说明书应当对发明或者实用新型作出清楚、完整的说明,以所属技术领域的技术人员能够实现为准;必要的时候,应当有附图。摘要应当简要说明发明或者实用新型的技术要点。

权利要求书应当以说明书为依据,清楚、简要地限定要求专利保护的范围。

依赖遗传资源完成的发明创造,申请人应当在专利申请文件中说明该遗传资源的直接来源和原始来源;申请人无法说明原始来源的,应当陈述理由。

第二十七条 申请外观设计专利的,应当提交请求书、该外观设计的图片或者照片以及对该外观设计的简要说明等文件。

申请人提交的有关图片或者照片应当清楚地显示要求专利保护的产品的外观设计。

第二十八条 国务院专利行政部门收到专利申请文件之日为申请日。如果申请文件是邮寄的,以寄出的邮戳日为申请日。

第二十九条 申请人自发明或者实用新型在外国第一次提出专利申请之日起十二个月内,或者自外观设计在外国第一次提出专利申请之日起六个月内,又在中国就相同主题提出专利申请的,依照该外国同中国签订的协议或者共同参加的国际条约,或者依照相互承认优先权的原则,可以享有优先权。

申请人自发明或者实用新型在中国第一次提出专利申请之日起十二个月内,又向国务院专利行政部门就相同主题提出专利申请的,可以享有优先权。

第三十条 申请人要求优先权的,应当在申请的时候提出书面声明,并且在三个月内提交第一次提出的专利申请文件的副本;未提出书面声明或者逾期未提交专利申请文件副本的,视为未要求优先权。

第三十一条 一件发明或者实用新型专利申请应当限于一项发明或者实用新型。属于一个总的发明构思的两项以上的发明或者实用新型,可以作为一件申请提出。

一件外观设计专利申请应当限于一项外观设计。同一产品两项以上的相似外观设计,或者用于同一类别并且成套出售或者使用的产品的两项以上外观设计,可以作为一件申请提出。

第三十二条 申请人可以在被授予专利权之前随时撤回其专利申请。

第三十三条 申请人可以对其专利申请文件进行修改,但是,对发明和实用新型专利申请文件的修改不得超出原说明书和权利要求书记载的范围,对外观设计专利申请文件的修改不得超出原图片或者照片表示的范围。

第四章 专利申请的审查和批准

第三十四条 国务院专利行政部门收到发明专利申请后,经初步审查认为符合本法要求的,自申请日起满十八个月,即行公布。国务院专利行政部门可以根据申请人的请求早日公布其申请。

第三十五条 发明专利申请自申请日起三年内,国务院专利行政部门可以根据申请人随时提出的请求,对其申请进行实质审查;申请人无正当理由逾期不请求实质审查的,该申请即被视为撤回。

国务院专利行政部门认为必要的时候,可以自行对发明专利申请进行实质审查。

第三十六条 发明专利的申请人请求实质审查的时候,应当提交在申请日前与其发明有关的参考资料。

发明专利已经在外国提出过申请的,国务院专利行政部门可以要求申请人在指定期限内提交该国为审查其申请进行检索的资料或者审查结果的资料;无正当理由逾期不提交的,该申请即被视为撤回。

第三十七条　国务院专利行政部门对发明专利申请进行实质审查后,认为不符合本法规定的,应当通知申请人,要求其在指定的期限内陈述意见,或者对其申请进行修改;无正当理由逾期不答复的,该申请即被视为撤回。

第三十八条　发明专利申请经申请人陈述意见或者进行修改后,国务院专利行政部门仍然认为不符合本法规定的,应当予以驳回。

第三十九条　发明专利申请经实质审查没有发现驳回理由的,由国务院专利行政部门作出授予发明专利权的决定,发给发明专利证书,同时予以登记和公告。发明专利权自公告之日起生效。

第四十条　实用新型和外观设计专利申请经初步审查没有发现驳回理由的,由国务院专利行政部门作出授予实用新型专利权或者外观设计专利权的决定,发给相应的专利证书,同时予以登记和公告。实用新型专利权和外观设计专利权自公告之日起生效。

第四十一条　国务院专利行政部门设立专利复审委员会。专利申请人对国务院专利行政部门驳回申请的决定不服的,可以自收到通知之日起三个月内,向专利复审委员会请求复审。专利复审委员会复审后,作出决定,并通知专利申请人。

专利申请人对专利复审委员会的复审决定不服的,可以自收到通知之日起三个月内向人民法院起诉。

第五章　专利权的期限、终止和无效

第四十二条　发明专利权的期限为二十年,实用新型专利权和外观设计专利权的期限为十年,均自申请日起计算。

第四十三条　专利权人应当自被授予专利权的当年开始缴纳年费。

第四十四条　有下列情形之一的,专利权在期限届满前终止:

(一)没有按照规定缴纳年费的;

(二)专利权人以书面声明放弃其专利权的。

专利权在期限届满前终止的,由国务院专利行政部门登记和公告。

第四十五条　自国务院专利行政部门公告授予专利权之日起,任何单位或者个人认为该专利权的授予不符合本法有关规定的,可以请求专利复审委员会宣告该专利权无效。

第四十六条　专利复审委员会对宣告专利权无效的请求应当及时审查和作出决定,并通知请求人和专利权人。宣告专利权无效的决定,由国务院专利行政部门登记和公告。

对专利复审委员会宣告专利权无效或者维持专利权的决定不服的,可以自收到通知之日起三个月内向人民法院起诉。人民法院应当通知无效宣告请求程序的对方当事人作为第三人参加诉讼。

第四十七条 宣告无效的专利权视为自始即不存在。

宣告专利权无效的决定,对在宣告专利权无效前人民法院作出并已执行的专利侵权的判决、调解书,已经履行或者强制执行的专利侵权纠纷处理决定,以及已经履行的专利实施许可合同和专利权转让合同,不具有追溯力。但是因专利权人的恶意给他人造成的损失,应当给予赔偿。

依照前款规定不返还专利侵权赔偿金、专利使用费、专利权转让费,明显违反公平原则的,应当全部或者部分返还。

第六章 专利实施的强制许可

第四十八条 有下列情形之一的,国务院专利行政部门根据具备实施条件的单位或者个人的申请,可以给予实施发明专利或者实用新型专利的强制许可:

(一)专利权人自专利权被授予之日起满三年,且自提出专利申请之日起满四年,无正当理由未实施或者未充分实施其专利的;

(二)专利权人行使专利权的行为被依法认定为垄断行为,为消除或者减少该行为对竞争产生的不利影响的。

第四十九条 在国家出现紧急状态或者非常情况时,或者为了公共利益的目的,国务院专利行政部门可以给予实施发明专利或者实用新型专利的强制许可。

第五十条 为了公共健康目的,对取得专利权的药品,国务院专利行政部门可以给予制造并将其出口到符合中华人民共和国参加的有关国际条约规定的国家或者地区的强制许可。

第五十一条 一项取得专利权的发明或者实用新型比前已经取得专利权的发明或者实用新型具有显著经济意义的重大技术进步,其实施又有赖于前一发明或者实用新型的实施的,国务院专利行政部门根据后一专利权人的申请,可以给予实施前一发明或者实用新型的强制许可。

在依照前款规定给予实施强制许可的情形下,国务院专利行政部门根据前一专利权人的申请,也可以给予实施后一发明或者实用新型的强制许可。

第五十二条 强制许可涉及的发明创造为半导体技术的,其实施限于公共利益的目的和本法第四十八条第(二)项规定的情形。

第五十三条 除依照本法第四十八条第(二)项、第五十条规定给予的强制许可外,强制许可的实施应当主要为了供应国内市场。

第五十四条　依照本法第四十八条第（一）项、第五十一条规定申请强制许可的单位或者个人应当提供证据，证明其以合理的条件请求专利权人许可其实施专利，但未能在合理的时间内获得许可。

第五十五条　国务院专利行政部门作出的给予实施强制许可的决定，应当及时通知专利权人，并予以登记和公告。

给予实施强制许可的决定，应当根据强制许可的理由规定实施的范围和时间。强制许可的理由消除并不再发生时，国务院专利行政部门应当根据专利权人的请求，经审查后作出终止实施强制许可的决定。

第五十六条　取得实施强制许可的单位或者个人不享有独占的实施权，并且无权允许他人实施。

第五十七条　取得实施强制许可的单位或者个人应当付给专利权人合理的使用费，或者依照中华人民共和国参加的有关国际条约的规定处理使用费问题。付给使用费的，其数额由双方协商；双方不能达成协议的，由国务院专利行政部门裁决。

第五十八条　专利权人对国务院专利行政部门关于实施强制许可的决定不服的，专利权人和取得实施强制许可的单位或者个人对国务院专利行政部门关于实施强制许可的使用费的裁决不服的，可以自收到通知之日起三个月内向人民法院起诉。

第七章　专利权的保护

第五十九条　发明或者实用新型专利权的保护范围以其权利要求的内容为准，说明书及附图可以用于解释权利要求的内容。

外观设计专利权的保护范围以表示在图片或者照片中的该产品的外观设计为准，简要说明可以用于解释图片或者照片所表示的该产品的外观设计。

第六十条　未经专利权人许可，实施其专利，即侵犯其专利权，引起纠纷的，由当事人协商解决；不愿协商或者协商不成的，专利权人或者利害关系人可以向人民法院起诉，也可以请求管理专利工作的部门处理。管理专利工作的部门处理时，认定侵权行为成立的，可以责令侵权人立即停止侵权行为，当事人不服的，可以自收到处理通知之日起十五日内依照《中华人民共和国行政诉讼法》向人民法院起诉；侵权人期满不起诉又不停止侵权行为的，管理专利工作的部门可以申请人民法院强制执行。进行处理的管理专利工作的部门应当事人的请求，可以就侵犯专利权的赔偿数额进行调解；调解不成的，当事人可以依照《中华人民共和国民事诉讼法》向人民法院起诉。

第六十一条　专利侵权纠纷涉及新产品制造方法的发明专利的，制造同样产品的单位或者个人应当提供其产品制造方法不同于专利方法的证明。

专利侵权纠纷涉及实用新型专利或者外观设计专利的,人民法院或者管理专利工作的部门可以要求专利权人或者利害关系人出具由国务院专利行政部门对相关实用新型或者外观设计进行检索、分析和评价后作出的专利权评价报告,作为审理、处理专利侵权纠纷的证据。

第六十二条 在专利侵权纠纷中,被控侵权人有证据证明其实施的技术或者设计属于现有技术或者现有设计的,不构成侵犯专利权。

第六十三条 假冒专利的,除依法承担民事责任外,由管理专利工作的部门责令改正并予公告,没收违法所得,可以并处违法所得四倍以下的罚款;没有违法所得的,可以处二十万元以下的罚款;构成犯罪的,依法追究刑事责任。

第六十四条 管理专利工作的部门根据已经取得的证据,对涉嫌假冒专利行为进行查处时,可以询问有关当事人,调查与涉嫌违法行为有关的情况;对当事人涉嫌违法行为的场所实施现场检查;查阅、复制与涉嫌违法行为有关的合同、发票、账簿以及其他有关资料;检查与涉嫌违法行为有关的产品,对有证据证明是假冒专利的产品,可以查封或者扣押。

管理专利工作的部门依法行使前款规定的职权时,当事人应当予以协助、配合,不得拒绝、阻挠。

第六十五条 侵犯专利权的赔偿数额按照权利人因被侵权所受到的实际损失确定;实际损失难以确定的,可以按照侵权人因侵权所获得的利益确定。权利人的损失或者侵权人获得的利益难以确定的,参照该专利许可使用费的倍数合理确定。赔偿数额还应当包括权利人为制止侵权行为所支付的合理开支。

权利人的损失、侵权人获得的利益和专利许可使用费均难以确定的,人民法院可以根据专利权的类型、侵权行为的性质和情节等因素,确定给予一万元以上一百万元以下的赔偿。

第六十六条 专利权人或者利害关系人有证据证明他人正在实施或者即将实施侵犯专利权的行为,如不及时制止将会使其合法权益受到难以弥补的损害的,可以在起诉前向人民法院申请采取责令停止有关行为的措施。

申请人提出申请时,应当提供担保;不提供担保的,驳回申请。

人民法院应当自接受申请之时起四十八小时内作出裁定;有特殊情况需要延长的,可以延长四十八小时。裁定责令停止有关行为的,应当立即执行。当事人对裁定不服的,可以申请复议一次;复议期间不停止裁定的执行。

申请人自人民法院采取责令停止有关行为的措施之日起十五日内不起诉的,人民法院应当解除该措施。

申请有错误的,申请人应当赔偿被申请人因停止有关行为所遭受的损失。

第六十七条 为了制止专利侵权行为,在证据可能灭失或者以后难以取得的情况下,专利权人或者利害关系人可以在起诉前向人民法院申请保全证据。

人民法院采取保全措施,可以责令申请人提供担保;申请人不提供担保的,驳回申请。

人民法院应当自接受申请之时起四十八小时内作出裁定;裁定采取保全措施的,应当立即执行。

申请人自人民法院采取保全措施之日起十五日内不起诉的,人民法院应当解除该措施。

第六十八条 侵犯专利权的诉讼时效为两年,自专利权人或者利害关系人得知或者应当得知侵权行为之日起计算。

发明专利申请公布后至专利权授予前使用该发明未支付适当使用费的,专利权人要求支付使用费的诉讼时效为两年,自专利权人得知或者应当得知他人使用其发明之日起计算,但是,专利权人于专利权授予之日前即已得知或者应当得知的,自专利权授予之日起计算。

第六十九条 有下列情形之一的,不视为侵犯专利权:

(一)专利产品或者依照专利方法直接获得的产品,由专利权人或者经其许可的单位、个人售出后,使用、许诺销售、销售、进口该产品的;

(二)在专利申请日前已经制造相同产品、使用相同方法或者已经作好制造、使用的必要准备,并且仅在原有范围内继续制造、使用的;

(三)临时通过中国领陆、领水、领空的外国运输工具,依照其所属国同中国签订的协议或者共同参加的国际条约,或者依照互惠原则,为运输工具自身需要而在其装置和设备中使用有关专利的;

(四)专为科学研究和实验而使用有关专利的;

(五)为提供行政审批所需要的信息,制造、使用、进口专利药品或者专利医疗器械的,以及专门为其制造、进口专利药品或者专利医疗器械的。

第七十条 为生产经营目的使用、许诺销售或者销售不知道是未经专利权人许可而制造并售出的专利侵权产品,能证明该产品合法来源的,不承担赔偿责任。

第七十一条 违反本法第二十条规定向外国申请专利,泄露国家秘密的,由所在单位或者上级主管机关给予行政处分;构成犯罪的,依法追究刑事责任。

第七十二条 侵夺发明人或者设计人的非职务发明创造专利申请权和本法规定的其他权益的,由所在单位或者上级主管机关给予行政处分。

第七十三条 管理专利工作的部门不得参与向社会推荐专利产品等经营活动。

管理专利工作的部门违反前款规定的,由其上级机关或者监察机关责令改正,消除影响,有违法收入的予以没收;情节严重的,对直接负责的主管人员和其他直接责任人员依法给予行政处分。

第七十四条　从事专利管理工作的国家机关工作人员以及其他有关国家机关工作人员玩忽职守、滥用职权、徇私舞弊,构成犯罪的,依法追究刑事责任;尚不构成犯罪的,依法给予行政处分。

第八章　附则

第七十五条　向国务院专利行政部门申请专利和办理其他手续,应当按照规定缴纳费用。

第七十六条　本法自1985年4月1日起施行。

附录B 中华人民共和国专利法实施细则(2010修订)

(2001年6月15日中华人民共和国国务院令第306号公布 根据2002年12月28日《国务院关于修改〈中华人民共和国专利法实施细则〉的决定》第一次修订 根据2010年1月9日《国务院关于修改〈中华人民共和国专利法实施细则〉的决定》第二次修订)

第一章 总则

第一条 根据《中华人民共和国专利法》(以下简称专利法),制定本细则。

第二条 专利法和本细则规定的各种手续,应当以书面形式或者国务院专利行政部门规定的其他形式办理。

第三条 依照专利法和本细则规定提交的各种文件应当使用中文;国家有统一规定的科技术语的,应当采用规范词;外国人名、地名和科技术语没有统一中文译文的,应当注明原文。

依照专利法和本细则规定提交的各种证件和证明文件是外文的,国务院专利行政部门认为必要时,可以要求当事人在指定期限内附送中文译文;期满未附送的,视为未提交该证件和证明文件。

第四条 向国务院专利行政部门邮寄的各种文件,以寄出的邮戳日为递交日;邮戳日不清晰的,除当事人能够提出证明外,以国务院专利行政部门收到日为递交日。

国务院专利行政部门的各种文件,可以通过邮寄、直接送交或者其他方式送达当事人。当事人委托专利代理机构的,文件送交专利代理机构;未委托专利代理机构的,文件送交请求书中指明的联系人。

国务院专利行政部门邮寄的各种文件,自文件发出之日起满15日,推定为当事人收到文件之日。

根据国务院专利行政部门规定应当直接送交的文件,以交付日为送达日。

文件送交地址不清,无法邮寄的,可以通过公告的方式送达当事人。自公告之日起满1个月,该文件视为已经送达。

第五条　专利法和本细则规定的各种期限的第一日不计算在期限内。期限以年或者月计算的,以其最后一月的相应日为期限届满日;该月无相应日的,以该月最后一日为期限届满日;期限届满日是法定休假日的,以休假日后的第一个工作日为期限届满日。

第六条　当事人因不可抗拒的事由而延误专利法或者本细则规定的期限或者国务院专利行政部门指定的期限,导致其权利丧失的,自障碍消除之日起2个月内,最迟自期限届满之日起2年内,可以向国务院专利行政部门请求恢复权利。

除前款规定的情形外,当事人因其他正当理由延误专利法或者本细则规定的期限或者国务院专利行政部门指定的期限,导致其权利丧失的,可以自收到国务院专利行政部门的通知之日起2个月内向国务院专利行政部门请求恢复权利。

当事人依照本条第一款或者第二款的规定请求恢复权利的,应当提交恢复权利请求书,说明理由,必要时附具有关证明文件,并办理权利丧失前应当办理的相应手续;依照本条第二款的规定请求恢复权利的,还应当缴纳恢复权利请求费。

当事人请求延长国务院专利行政部门指定的期限的,应当在期限届满前,向国务院专利行政部门说明理由并办理有关手续。

本条第一款和第二款的规定不适用专利法第二十四条、第二十九条、第四十二条、第六十八条规定的期限。

第七条　专利申请涉及国防利益需要保密的,由国防专利机构受理并进行审查;国务院专利行政部门受理的专利申请涉及国防利益需要保密的,应当及时移交国防专利机构进行审查。经国防专利机构审查没有发现驳回理由的,由国务院专利行政部门作出授予国防专利权的决定。

国务院专利行政部门认为其受理的发明或者实用新型专利申请涉及国防利益以外的国家安全或者重大利益需要保密的,应当及时作出按照保密专利申请处理的决定,并通知申请人。保密专利申请的审查、复审以及保密专利权无效宣告的特殊程序,由国务院专利行政部门规定。

第八条　专利法第二十条所称在中国完成的发明或者实用新型,是指技术方案的实质性内容在中国境内完成的发明或者实用新型。

任何单位或者个人将在中国完成的发明或者实用新型向外国申请专利的,应当按照下列方式之一请求国务院专利行政部门进行保密审查:

(一)直接向外国申请专利或者向有关国外机构提交专利国际申请的,应当事先向国务院专利行政部门提出请求,并详细说明其技术方案;

(二)向国务院专利行政部门申请专利后拟向外国申请专利或者向有关国外机构提交专利国际申请的,应当在向外国申请专利或者向有关国外机构提交专利国际申请前向国务院专利行政部门提出请求。

向国务院专利行政部门提交专利国际申请的,视为同时提出了保密审查请求。

第九条　国务院专利行政部门收到依照本细则第八条规定递交的请求后,经过审查认为该发明或者实用新型可能涉及国家安全或者重大利益需要保密的,应当及时向申请人发出保密审查通知;申请人未在其请求递交日起4个月内收到保密审查通知的,可以就该发明或者实用新型向外国申请专利或者向有关国外机构提交专利国际申请。

国务院专利行政部门依照前款规定通知进行保密审查的,应当及时作出是否需要保密的决定,并通知申请人。申请人未在其请求递交日起6个月内收到需要保密的决定的,可以就该发明或者实用新型向外国申请专利或者向有关国外机构提交专利国际申请。

第十条　专利法第五条所称违反法律的发明创造,不包括仅其实施为法律所禁止的发明创造。

第十一条　除专利法第二十八条和第四十二条规定的情形外,专利法所称申请日,有优先权的,指优先权日。

本细则所称申请日,除另有规定的外,是指专利法第二十八条规定的申请日。

第十二条　专利法第六条所称执行本单位的任务所完成的职务发明创造,是指:

(一)在本职工作中作出的发明创造;

(二)履行本单位交付的本职工作之外的任务所作出的发明创造;

(三)退休、调离原单位后或者劳动、人事关系终止后1年内作出的,与其在原单位承担的本职工作或者原单位分配的任务有关的发明创造。

专利法第六条所称本单位,包括临时工作单位;专利法第六条所称本单位的物质技术条件,是指本单位的资金、设备、零部件、原材料或者不对外公开的技术资料等。

第十三条　专利法所称发明人或者设计人,是指对发明创造的实质性特点作出创造性贡献的人。在完成发明创造过程中,只负责组织工作的人、为物质技术条件的利用提供方便的人或者从事其他辅助工作的人,不是发明人或者设计人。

第十四条　除依照专利法第十条规定转让专利权外,专利权因其他事由发生转移的,当事人应当凭有关证明文件或者法律文书向国务院专利行政部门办理专利权转移手续。

专利权人与他人订立的专利实施许可合同,应当自合同生效之日起3个月内向国务院专利行政部门备案。

以专利权出质的,由出质人和质权人共同向国务院专利行政部门办理出质登记。

第二章 专利的申请

第十五条 以书面形式申请专利的,应当向国务院专利行政部门提交申请文件一式两份。

以国务院专利行政部门规定的其他形式申请专利的,应当符合规定的要求。

申请人委托专利代理机构向国务院专利行政部门申请专利和办理其他专利事务的,应当同时提交委托书,写明委托权限。

申请人有2人以上且未委托专利代理机构的,除请求书中另有声明的外,以请求书中指明的第一申请人为代表人。

第十六条 发明、实用新型或者外观设计专利申请的请求书应当写明下列事项:

(一)发明、实用新型或者外观设计的名称;

(二)申请人是中国单位或者个人的,其名称或者姓名、地址、邮政编码、组织机构代码或者居民身份证件号码;申请人是外国人、外国企业或者外国其他组织的,其姓名或者名称、国籍或者注册的国家或者地区;

(三)发明人或者设计人的姓名;

(四)申请人委托专利代理机构的,受托机构的名称、机构代码以及该机构指定的专利代理人的姓名、执业证号码、联系电话;

(五)要求优先权的,申请人第一次提出专利申请(以下简称在先申请)的申请日、申请号以及原受理机构的名称;

(六)申请人或者专利代理机构的签字或者盖章;

(七)申请文件清单;

(八)附加文件清单;

(九)其他需要写明的有关事项。

第十七条 发明或者实用新型专利申请的说明书应当写明发明或者实用新型的名称,该名称应当与请求书中的名称一致。说明书应当包括下列内容:

(一)技术领域:写明要求保护的技术方案所属的技术领域;

(二)背景技术:写明对发明或者实用新型的理解、检索、审查有用的背景技术;有可能的,并引证反映这些背景技术的文件;

（三）发明内容：写明发明或者实用新型所要解决的技术问题以及解决其技术问题采用的技术方案，并对照现有技术写明发明或者实用新型的有益效果；

（四）附图说明：说明书有附图的，对各幅附图作简略说明；

（五）具体实施方式：详细写明申请人认为实现发明或者实用新型的优选方式；必要时，举例说明；有附图的，对照附图。

发明或者实用新型专利申请人应当按照前款规定的方式和顺序撰写说明书，并在说明书每一部分前面写明标题，除非其发明或者实用新型的性质用其他方式或者顺序撰写能节约说明书的篇幅并使他人能够准确理解其发明或者实用新型。

发明或者实用新型说明书应当用词规范、语句清楚，并不得使用"如权利要求……所述的……"一类的引用语，也不得使用商业性宣传用语。

发明专利申请包含一个或者多个核苷酸或者氨基酸序列的，说明书应当包括符合国务院专利行政部门规定的序列表。申请人应当将该序列表作为说明书的一个单独部分提交，并按照国务院专利行政部门的规定提交该序列表的计算机可读形式的副本。

实用新型专利申请说明书应当有表示要求保护的产品的形状、构造或者其结合的附图。

第十八条　发明或者实用新型的几幅附图应当按照"图1，图2，……"顺序编号排列。

发明或者实用新型说明书文字部分中未提及的附图标记不得在附图中出现，附图中未出现的附图标记不得在说明书文字部分中提及。申请文件中表示同一组成部分的附图标记应当一致。

附图中除必需的词语外，不应当含有其他注释。

第十九条　权利要求书应当记载发明或者实用新型的技术特征。

权利要求书有几项权利要求的，应当用阿拉伯数字顺序编号。

权利要求书中使用的科技术语应当与说明书中使用的科技术语一致，可以有化学式或者数学式，但是不得有插图。除绝对必要的外，不得使用"如说明书……部分所述"或者"如图……所示"的用语。

权利要求中的技术特征可以引用说明书附图中相应的标记，该标记应当放在相应的技术特征后并置于括号内，便于理解权利要求。附图标记不得解释为对权利要求的限制。

第二十条　权利要求书应当有独立权利要求，也可以有从属权利要求。

独立权利要求应当从整体上反映发明或者实用新型的技术方案，记载解决技术问题的必要技术特征。

从属权利要求应当用附加的技术特征,对引用的权利要求作进一步限定。

第二十一条　发明或者实用新型的独立权利要求应当包括前序部分和特征部分,按照下列规定撰写:

(一)前序部分:写明要求保护的发明或者实用新型技术方案的主题名称和发明或者实用新型主题与最接近的现有技术共有的必要技术特征;

(二)特征部分:使用"其特征是……"或者类似的用语,写明发明或者实用新型区别于最接近的现有技术的技术特征。这些特征和前序部分写明的特征合在一起,限定发明或者实用新型要求保护的范围。

发明或者实用新型的性质不适于用前款方式表达的,独立权利要求可以用其他方式撰写。

一项发明或者实用新型应当只有一个独立权利要求,并写在同一发明或者实用新型的从属权利要求之前。

第二十二条　发明或者实用新型的从属权利要求应当包括引用部分和限定部分,按照下列规定撰写:

(一)引用部分:写明引用的权利要求的编号及其主题名称;

(二)限定部分:写明发明或者实用新型附加的技术特征。

从属权利要求只能引用在前的权利要求。引用两项以上权利要求的多项从属权利要求,只能以择一方式引用在前的权利要求,并不得作为另一项多项从属权利要求的基础。

第二十三条　说明书摘要应当写明发明或者实用新型专利申请所公开内容的概要,即写明发明或者实用新型的名称和所属技术领域,并清楚地反映所要解决的技术问题、解决该问题的技术方案的要点以及主要用途。

说明书摘要可以包含最能说明发明的化学式;有附图的专利申请,还应当提供一幅最能说明该发明或者实用新型技术特征的附图。附图的大小及清晰度应当保证在该图缩小到 4 厘米 × 6 厘米时,仍能清晰地分辨出图中的各个细节。摘要文字部分不得超过 300 个字。摘要中不得使用商业性宣传用语。

第二十四条　申请专利的发明涉及新的生物材料,该生物材料公众不能得到,并且对该生物材料的说明不足以使所属领域的技术人员实施其发明的,除应当符合专利法和本细则的有关规定外,申请人还应当办理下列手续:

(一)在申请日前或者最迟在申请日(有优先权的,指优先权日),将该生物材料的样品提交国务院专利行政部门认可的保藏单位保藏,并在申请时或者最迟自申请日起 4 个月内提交保藏单位出具的保藏证明和存活证明;期满未提交证明的,该样品视为未提交保藏;

(二)在申请文件中,提供有关该生物材料特征的资料;

（三）涉及生物材料样品保藏的专利申请应当在请求书和说明书中写明该生物材料的分类命名（注明拉丁文名称）、保藏该生物材料样品的单位名称、地址、保藏日期和保藏编号；申请时未写明的，应当自申请日起4个月内补正；期满未补正的，视为未提交保藏。

第二十五条　发明专利申请人依照本细则第二十四条的规定保藏生物材料样品的，在发明专利申请公布后，任何单位或者个人需要将该专利申请所涉及的生物材料作为实验目的使用的，应当向国务院专利行政部门提出请求，并写明下列事项：

（一）请求人的姓名或者名称和地址；

（二）不向其他任何人提供该生物材料的保证；

（三）在授予专利权前，只作为实验目的使用的保证。

第二十六条　专利法所称遗传资源，是指取自人体、动物、植物或者微生物等含有遗传功能单位并具有实际或者潜在价值的材料；专利法所称依赖遗传资源完成的发明创造，是指利用了遗传资源的遗传功能完成的发明创造。

就依赖遗传资源完成的发明创造申请专利的，申请人应当在请求书中予以说明，并填写国务院专利行政部门制定的表格。

第二十七条　申请人请求保护色彩的，应当提交彩色图片或者照片。

申请人应当就每件外观设计产品所需要保护的内容提交有关图片或者照片。

第二十八条　外观设计的简要说明应当写明外观设计产品的名称、用途，外观设计的设计要点，并指定一幅最能表明设计要点的图片或者照片。省略视图或者请求保护色彩的，应当在简要说明中写明。

对同一产品的多项相似外观设计提出一件外观设计专利申请的，应当在简要说明中指定其中一项作为基本设计。

简要说明不得使用商业性宣传用语，也不能用来说明产品的性能。

第二十九条　国务院专利行政部门认为必要时，可以要求外观设计专利申请人提交使用外观设计的产品样品或者模型。样品或者模型的体积不得超过30厘米×30厘米×30厘米，重量不得超过15公斤。易腐、易损或者危险品不得作为样品或者模型提交。

第三十条　专利法第二十四条第（一）项所称中国政府承认的国际展览会，是指国际展览会公约规定的在国际展览局注册或者由其认可的国际展览会。

专利法第二十四条第（二）项所称学术会议或者技术会议，是指国务院有关主管部门或者全国性学术团体组织召开的学术会议或者技术会议。

申请专利的发明创造有专利法第二十四条第（一）项或者第（二）项所列情形

的,申请人应当在提出专利申请时声明,并自申请日起 2 个月内提交有关国际展览会或者学术会议、技术会议的组织单位出具的有关发明创造已经展出或者发表,以及展出或者发表日期的证明文件。

申请专利的发明创造有专利法第二十四条第(三)项所列情形的,国务院专利行政部门认为必要时,可以要求申请人在指定期限内提交证明文件。

申请人未依照本条第三款的规定提出声明和提交证明文件的,或者未依照本条第四款的规定在指定期限内提交证明文件的,其申请不适用专利法第二十四条的规定。

第三十一条　申请人依照专利法第三十条的规定要求外国优先权的,申请人提交的在先申请文件副本应当经原受理机构证明。依照国务院专利行政部门与该受理机构签订的协议,国务院专利行政部门通过电子交换等途径获得在先申请文件副本的,视为申请人提交了经该受理机构证明的在先申请文件副本。要求本国优先权,申请人在请求书中写明在先申请的申请日和申请号的,视为提交了在先申请文件副本。

要求优先权,但请求书中漏写或者错写在先申请的申请日、申请号和原受理机构名称中的一项或者两项内容的,国务院专利行政部门应当通知申请人在指定期限内补正;期满未补正的,视为未要求优先权。

要求优先权的申请人的姓名或者名称与在先申请文件副本中记载的申请人姓名或者名称不一致的,应当提交优先权转让证明材料,未提交该证明材料的,视为未要求优先权。

外观设计专利申请的申请人要求外国优先权,其在先申请未包括对外观设计的简要说明,申请人按照本细则第二十八条规定提交的简要说明未超出在先申请文件的图片或者照片表示的范围的,不影响其享有优先权。

第三十二条　申请人在一件专利申请中,可以要求一项或者多项优先权;要求多项优先权的,该申请的优先权期限从最早的优先权日起计算。

申请人要求本国优先权,在先申请是发明专利申请的,可以就相同主题提出发明或者实用新型专利申请;在先申请是实用新型专利申请的,可以就相同主题提出实用新型或者发明专利申请。但是,提出后一申请时,在先申请的主题有下列情形之一的,不得作为要求本国优先权的基础:

(一)已经要求外国优先权或者本国优先权的;

(二)已经被授予专利权的;

(三)属于按照规定提出的分案申请的。

申请人要求本国优先权的,其在先申请自后一申请提出之日起即视为撤回。

第三十三条　在中国没有经常居所或者营业所的申请人,申请专利或者要

求外国优先权的,国务院专利行政部门认为必要时,可以要求其提供下列文件:

(一) 申请人是个人的,其国籍证明;

(二) 申请人是企业或者其他组织的,其注册的国家或者地区的证明文件;

(三) 申请人的所属国,承认中国单位和个人可以按照该国国民的同等条件,在该国享有专利权、优先权和其他与专利有关的权利的证明文件。

第三十四条 依照专利法第三十一条第一款规定,可以作为一件专利申请提出的属于一个总的发明构思的两项以上的发明或者实用新型,应当在技术上相互关联,包含一个或者多个相同或者相应的特定技术特征,其中特定技术特征是指每一项发明或者实用新型作为整体,对现有技术作出贡献的技术特征。

第三十五条 依照专利法第三十一条第二款规定,将同一产品的多项相似外观设计作为一件申请提出的,对该产品的其他设计应当与简要说明中指定的基本设计相似。一件外观设计专利申请中的相似外观设计不得超过10项。

专利法第三十一条第二款所称同一类别并且成套出售或者使用的产品的两项以上外观设计,是指各产品属于分类表中同一大类,习惯上同时出售或者同时使用,而且各产品的外观设计具有相同的设计构思。

将两项以上外观设计作为一件申请提出的,应当将各项外观设计的顺序编号标注在每件外观设计产品各幅图片或者照片的名称之前。

第三十六条 申请人撤回专利申请的,应当向国务院专利行政部门提出声明,写明发明创造的名称、申请号和申请日。

撤回专利申请的声明在国务院专利行政部门作好公布专利申请文件的印刷准备工作后提出的,申请文件仍予公布;但是,撤回专利申请的声明应当在以后出版的专利公报上予以公告。

第三章 专利申请的审查和批准

第三十七条 在初步审查、实质审查、复审和无效宣告程序中,实施审查和审理的人员有下列情形之一的,应当自行回避,当事人或者其他利害关系人可以要求其回避:

(一) 是当事人或者其代理人的近亲属的;

(二) 与专利申请或者专利权有利害关系的;

(三) 与当事人或者其代理人有其他关系,可能影响公正审查和审理的;

(四) 专利复审委员会成员曾参与原申请的审查的。

第三十八条 国务院专利行政部门收到发明或者实用新型专利申请的请求书、说明书(实用新型必须包括附图)和权利要求书,或者外观设计专利申请的请求书、外观设计的图片或者照片和简要说明后,应当明确申请日、给予申请号,并通知申请人。

第三十九条 专利申请文件有下列情形之一的,国务院专利行政部门不予受理,并通知申请人:

(一)发明或者实用新型专利申请缺少请求书、说明书(实用新型无附图)或者权利要求书的,或者外观设计专利申请缺少请求书、图片或者照片、简要说明的;

(二)未使用中文的;

(三)不符合本细则第一百二十一条第一款规定的;

(四)请求书中缺少申请人姓名或者名称,或者缺少地址的;

(五)明显不符合专利法第十八条或者第十九条第一款的规定的;

(六)专利申请类别(发明、实用新型或者外观设计)不明确或者难以确定的。

第四十条 说明书中写有对附图的说明但无附图或者缺少部分附图的,申请人应当在国务院专利行政部门指定的期限内补交附图或者声明取消对附图的说明。申请人补交附图的,以向国务院专利行政部门提交或者邮寄附图之日为申请日;取消对附图的说明的,保留原申请日。

第四十一条 两个以上的申请人同日(指申请日;有优先权的,指优先权日)分别就同样的发明创造申请专利的,应当在收到国务院专利行政部门的通知后自行协商确定申请人。

同一申请人在同日(指申请日)对同样的发明创造既申请实用新型专利又申请发明专利的,应当在申请时分别说明对同样的发明创造已申请了另一专利;未作说明的,依照专利法第九条第一款关于同样的发明创造只能授予一项专利权的规定处理。

国务院专利行政部门公告授予实用新型专利权,应当公告申请人已依照本条第二款的规定同时申请了发明专利的说明。

发明专利申请经审查没有发现驳回理由,国务院专利行政部门应当通知申请人在规定期限内声明放弃实用新型专利权。申请人声明放弃的,国务院专利行政部门应当作出授予发明专利权的决定,并在公告授予发明专利权时一并公告申请人放弃实用新型专利权声明。申请人不同意放弃的,国务院专利行政部门应当驳回该发明专利申请;申请人期满未答复的,视为撤回该发明专利申请。

实用新型专利权自公告授予发明专利权之日起终止。

第四十二条 一件专利申请包括两项以上发明、实用新型或者外观设计的,申请人可以在本细则第五十四条第一款规定的期限届满前,向国务院专利行政部门提出分案申请;但是,专利申请已经被驳回、撤回或者视为撤回的,不能提出分案申请。

国务院专利行政部门认为一件专利申请不符合专利法第三十一条和本细则第三十四条或者第三十五条的规定的,应当通知申请人在指定期限内对其申请进行修改;申请人期满未答复的,该申请视为撤回。

分案的申请不得改变原申请的类别。

第四十三条　依照本细则第四十二条规定提出的分案申请,可以保留原申请日,享有优先权的,可以保留优先权日,但是不得超出原申请记载的范围。

分案申请应当依照专利法及本细则的规定办理有关手续。

分案申请的请求书中应当写明原申请的申请号和申请日。提交分案申请时,申请人应当提交原申请文件副本;原申请享有优先权的,并应当提交原申请的优先权文件副本。

第四十四条　专利法第三十四条和第四十条所称初步审查,是指审查专利申请是否具备专利法第二十六条或者第二十七条规定的文件和其他必要的文件,这些文件是否符合规定的格式,并审查下列各项:

(一) 发明专利申请是否明显属于专利法第五条、第二十五条规定的情形,是否不符合专利法第十八条、第十九条第一款、第二十条第一款或者本细则第十六条、第二十六条第二款的规定,是否明显不符合专利法第二条第二款、第二十六条第五款、第三十一条第一款、第三十三条或者本细则第十七条至第二十一条的规定;

(二) 实用新型专利申请是否明显属于专利法第五条、第二十五条规定的情形,是否不符合专利法第十八条、第十九条第一款、第二十条第一款或者本细则第十六条至第十九条、第二十一条至第二十三条的规定,是否明显不符合专利法第二条第三款、第二十二条第二款、第四款、第二十六条第三款、第四款、第三十一条第一款、第三十三条或者本细则第二十条、第四十三条第一款的规定,是否依照专利法第九条规定不能取得专利权;

(三) 外观设计专利申请是否明显属于专利法第五条、第二十五条第一款第(六)项规定的情形,是否不符合专利法第十八条、第十九条第一款或者本细则第十六条、第二十七条、第二十八条的规定,是否明显不符合专利法第二条第四款、第二十三条第一款、第二十七条第二款、第三十一条第二款、第三十三条或者本细则第四十三条第一款的规定,是否依照专利法第九条规定不能取得专利权;

(四) 申请文件是否符合本细则第二条、第三条第一款的规定。

国务院专利行政部门应当将审查意见通知申请人,要求其在指定期限内陈述意见或者补正;申请人期满未答复的,其申请视为撤回。申请人陈述意见或者补正后,国务院专利行政部门仍然认为不符合前款所列各项规定的,应当予以驳回。

第四十五条　除专利申请文件外,申请人向国务院专利行政部门提交的与专利申请有关的其他文件有下列情形之一的,视为未提交:

(一)未使用规定的格式或者填写不符合规定的;

(二)未按照规定提交证明材料的。

国务院专利行政部门应当将视为未提交的审查意见通知申请人。

第四十六条　申请人请求早日公布其发明专利申请的,应当向国务院专利行政部门声明。国务院专利行政部门对该申请进行初步审查后,除予以驳回的外,应当立即将申请予以公布。

第四十七条　申请人写明使用外观设计的产品及其所属类别的,应当使用国务院专利行政部门公布的外观设计产品分类表。未写明使用外观设计的产品所属类别或者所写的类别不确切的,国务院专利行政部门可以予以补充或者修改。

第四十八条　自发明专利申请公布之日起至公告授予专利权之日止,任何人均可以对不符合专利法规定的专利申请向国务院专利行政部门提出意见,并说明理由。

第四十九条　发明专利申请人因有正当理由无法提交专利法第三十六条规定的检索资料或者审查结果资料的,应当向国务院专利行政部门声明,并在得到有关资料后补交。

第五十条　国务院专利行政部门依照专利法第三十五条第二款的规定对专利申请自行进行审查时,应当通知申请人。

第五十一条　发明专利申请人在提出实质审查请求时以及在收到国务院专利行政部门发出的发明专利申请进入实质审查阶段通知书之日起的3个月内,可以对发明专利申请主动提出修改。

实用新型或者外观设计专利申请人自申请日起2个月内,可以对实用新型或者外观设计专利申请主动提出修改。

申请人在收到国务院专利行政部门发出的审查意见通知书后对专利申请文件进行修改的,应当针对通知书指出的缺陷进行修改。

国务院专利行政部门可以自行修改专利申请文件中文字和符号的明显错误。国务院专利行政部门自行修改的,应当通知申请人。

第五十二条　发明或者实用新型专利申请的说明书或者权利要求书的修改部分,除个别文字修改或者增删外,应当按照规定格式提交替换页。外观设计专利申请的图片或者照片的修改,应当按照规定提交替换页。

第五十三条　依照专利法第三十八条的规定,发明专利申请经实质审查应当予以驳回的情形是指:

（一）申请属于专利法第五条、第二十五条规定的情形，或者依照专利法第九条规定不能取得专利权的；

（二）申请不符合专利法第二条第二款、第二十条第一款、第二十二条、第二十六条第三款、第四款、第五款、第三十一条第一款或者本细则第二十条第二款规定的；

（三）申请的修改不符合专利法第三十三条规定，或者分案的申请不符合本细则第四十三条第一款的规定的。

第五十四条　国务院专利行政部门发出授予专利权的通知后，申请人应当自收到通知之日起2个月内办理登记手续。申请人按期办理登记手续的，国务院专利行政部门应当授予专利权，颁发专利证书，并予以公告。

期满未办理登记手续的，视为放弃取得专利权的权利。

第五十五条　保密专利申请经审查没有发现驳回理由的，国务院专利行政部门应当作出授予保密专利权的决定，颁发保密专利证书，登记保密专利权的有关事项。

第五十六条　授予实用新型或者外观设计专利权的决定公告后，专利法第六十条规定的专利权人或者利害关系人可以请求国务院专利行政部门作出专利权评价报告。

请求作出专利权评价报告的，应当提交专利权评价报告请求书，写明专利号。每项请求应当限于一项专利权。

专利权评价报告请求书不符合规定的，国务院专利行政部门应当通知请求人在指定期限内补正；请求人期满未补正的，视为未提出请求。

第五十七条　国务院专利行政部门应当自收到专利权评价报告请求书后2个月内作出专利权评价报告。对同一项实用新型或者外观设计专利权，有多个请求人请求作出专利权评价报告的，国务院专利行政部门仅作出一份专利权评价报告。任何单位或者个人可以查阅或者复制该专利权评价报告。

第五十八条　国务院专利行政部门对专利公告、专利单行本中出现的错误，一经发现，应当及时更正，并对所作更正予以公告。

第四章　专利申请的复审与专利权的无效宣告

第五十九条　专利复审委员会由国务院专利行政部门指定的技术专家和法律专家组成，主任委员由国务院专利行政部门负责人兼任。

第六十条　依照专利法第四十一条的规定向专利复审委员会请求复审的，应当提交复审请求书，说明理由，必要时还应当附具有关证据。

复审请求不符合专利法第十九条第一款或者第四十一条第一款规定的，专利复审委员会不予受理，书面通知复审请求人并说明理由。

复审请求书不符合规定格式的,复审请求人应当在专利复审委员会指定的期限内补正;期满未补正的,该复审请求视为未提出。

第六十一条 请求人在提出复审请求或者在对专利复审委员会的复审通知书作出答复时,可以修改专利申请文件;但是,修改应当仅限于消除驳回决定或者复审通知书指出的缺陷。

修改的专利申请文件应当提交一式两份。

第六十二条 专利复审委员会应当将受理的复审请求书转交国务院专利行政部门原审查部门进行审查。原审查部门根据复审请求人的请求,同意撤销原决定的,专利复审委员会应当据此作出复审决定,并通知复审请求人。

第六十三条 专利复审委员会进行复审后,认为复审请求不符合专利法和本细则有关规定的,应当通知复审请求人,要求其在指定期限内陈述意见。期满未答复的,该复审请求视为撤回;经陈述意见或者进行修改后,专利复审委员会认为仍不符合专利法和本细则有关规定的,应当作出维持原驳回决定的复审决定。

专利复审委员会进行复审后,认为原驳回决定不符合专利法和本细则有关规定的,或者认为经过修改的专利申请文件消除了原驳回决定指出的缺陷的,应当撤销原驳回决定,由原审查部门继续进行审查程序。

第六十四条 复审请求人在专利复审委员会作出决定前,可以撤回其复审请求。

复审请求人在专利复审委员会作出决定前撤回其复审请求的,复审程序终止。

第六十五条 依照专利法第四十五条的规定,请求宣告专利权无效或者部分无效的,应当向专利复审委员会提交专利权无效宣告请求书和必要的证据一式两份。无效宣告请求书应当结合提交的所有证据,具体说明无效宣告请求的理由,并指明每项理由所依据的证据。

前款所称无效宣告请求的理由,是指被授予专利的发明创造不符合专利法第二条、第二十条第一款、第二十二条、第二十三条、第二十六条第三款、第四款、第二十七条第二款、第三十三条或者本细则第二十条第二款、第四十三条第一款的规定,或者属于专利法第五条、第二十五条的规定,或者依照专利法第九条规定不能取得专利权。

第六十六条 专利权无效宣告请求不符合专利法第十九条第一款或者本细则第六十五条规定的,专利复审委员会不予受理。

在专利复审委员会就无效宣告请求作出决定之后,又以同样的理由和证据请求无效宣告的,专利复审委员会不予受理。

以不符合专利法第二十三条第三款的规定为理由请求宣告外观设计专利权无效,但是未提交证明权利冲突的证据的,专利复审委员会不予受理。

专利权无效宣告请求书不符合规定格式的,无效宣告请求人应当在专利复审委员会指定的期限内补正;期满未补正的,该无效宣告请求视为未提出。

第六十七条 在专利复审委员会受理无效宣告请求后,请求人可以在提出无效宣告请求之日起1个月内增加理由或者补充证据。逾期增加理由或者补充证据的,专利复审委员会可以不予考虑。

第六十八条 专利复审委员会应当将专利权无效宣告请求书和有关文件的副本送交专利权人,要求其在指定的期限内陈述意见。

专利权人和无效宣告请求人应当在指定期限内答复专利复审委员会发出的转送文件通知书或者无效宣告请求审查通知书;期满未答复的,不影响专利复审委员会审理。

第六十九条 在无效宣告请求的审查过程中,发明或者实用新型专利的专利权人可以修改其权利要求书,但是不得扩大原专利的保护范围。

发明或者实用新型专利的专利权人不得修改专利说明书和附图,外观设计专利的专利权人不得修改图片、照片和简要说明。

第七十条 专利复审委员会根据当事人的请求或者案情需要,可以决定对无效宣告请求进行口头审理。

专利复审委员会决定对无效宣告请求进行口头审理的,应当向当事人发出口头审理通知书,告知举行口头审理的日期和地点。当事人应当在通知书指定的期限内作出答复。

无效宣告请求人对专利复审委员会发出的口头审理通知书在指定的期限内未作答复,并且不参加口头审理的,其无效宣告请求视为撤回;专利权人不参加口头审理的,可以缺席审理。

第七十一条 在无效宣告请求审查程序中,专利复审委员会指定的期限不得延长。

第七十二条 专利复审委员会对无效宣告的请求作出决定前,无效宣告请求人可以撤回其请求。

专利复审委员会作出决定之前,无效宣告请求人撤回其请求或者其无效宣告请求被视为撤回的,无效宣告请求审查程序终止。但是,专利复审委员会认为根据已进行的审查工作能够作出宣告专利权无效或者部分无效的决定的,不终止审查程序。

第五章 专利实施的强制许可

第七十三条 专利法第四十八条第(一)项所称未充分实施其专利,是指专利权人及其被许可人实施其专利的方式或者规模不能满足国内对专利产品或者专利方法的需求。

专利法第五十条所称取得专利权的药品,是指解决公共健康问题所需的医药领域中的任何专利产品或者依照专利方法直接获得的产品,包括取得专利权的制造该产品所需的活性成分以及使用该产品所需的诊断用品。

第七十四条 请求给予强制许可的,应当向国务院专利行政部门提交强制许可请求书,说明理由并附具有关证明文件。

国务院专利行政部门应当将强制许可请求书的副本送交专利权人,专利权人应当在国务院专利行政部门指定的期限内陈述意见;期满未答复的,不影响国务院专利行政部门作出决定。

国务院专利行政部门在作出驳回强制许可请求的决定或者给予强制许可的决定前,应当通知请求人和专利权人拟作出的决定及其理由。

国务院专利行政部门依照专利法第五十条的规定作出给予强制许可的决定,应当同时符合中国缔结或者参加的有关国际条约关于为了解决公共健康问题而给予强制许可的规定,但中国作出保留的除外。

第七十五条 依照专利法第五十七条的规定,请求国务院专利行政部门裁决使用费数额的,当事人应当提出裁决请求书,并附具双方不能达成协议的证明文件。国务院专利行政部门应当自收到请求书之日起3个月内作出裁决,并通知当事人。

第六章 对职务发明创造的发明人或者设计人的奖励和报酬

第七十六条 被授予专利权的单位可以与发明人、设计人约定或者在其依法制定的规章制度中规定专利法第十六条规定的奖励、报酬的方式和数额。

企业、事业单位给予发明人或者设计人的奖励、报酬,按照国家有关财务、会计制度的规定进行处理。

第七十七条 被授予专利权的单位未与发明人、设计人约定也未在其依法制定的规章制度中规定专利法第十六条规定的奖励的方式和数额的,应当自专利权公告之日起3个月内发给发明人或者设计人奖金。一项发明专利的奖金最低不少于3000元;一项实用新型专利或者外观设计专利的奖金最低不少于1000元。

由于发明人或者设计人的建议被其所属单位采纳而完成的发明创造,被授予专利权的单位应当从优发给奖金。

第七十八条 被授予专利权的单位未与发明人、设计人约定也未在其依法制定的规章制度中规定专利法第十六条规定的报酬的方式和数额的,在专利权有效期限内,实施发明创造专利后,每年应当从实施该项发明或者实用新型专利的营业利润中提取不低于2%或者从实施该项外观设计专利的营业利润中提取不低于0.2%,作为报酬给予发明人或者设计人,或者参照上述比例,给予发明人或者设计人一次性报酬;被授予专利权的单位许可其他单位或者个人实施其专利的,应当从收取的使用费中提取不低于10%,作为报酬给予发明人或者设计人。

第七章 专利权的保护

第七十九条 专利法和本细则所称管理专利工作的部门,是指由省、自治区、直辖市人民政府以及专利管理工作量大又有实际处理能力的设区的市人民政府设立的管理专利工作的部门。

第八十条 国务院专利行政部门应当对管理专利工作的部门处理专利侵权纠纷、查处假冒专利行为、调解专利纠纷进行业务指导。

第八十一条 当事人请求处理专利侵权纠纷或者调解专利纠纷的,由被请求人所在地或者侵权行为地的管理专利工作的部门管辖。

两个以上管理专利工作的部门都有管辖权的专利纠纷,当事人可以向其中一个管理专利工作的部门提出请求;当事人向两个以上有管辖权的管理专利工作的部门提出请求的,由最先受理的管理专利工作的部门管辖。

管理专利工作的部门对管辖权发生争议的,由其共同的上级人民政府管理专利工作的部门指定管辖;无共同上级人民政府管理专利工作的部门的,由国务院专利行政部门指定管辖。

第八十二条 在处理专利侵权纠纷过程中,被请求人提出无效宣告请求并被专利复审委员会受理的,可以请求管理专利工作的部门中止处理。

管理专利工作的部门认为被请求人提出的中止理由明显不能成立的,可以不中止处理。

第八十三条 专利权人依照专利法第十七条的规定,在其专利产品或者该产品的包装上标明专利标识的,应当按照国务院专利行政部门规定的方式予以标明。

专利标识不符合前款规定的,由管理专利工作的部门责令改正。

第八十四条 下列行为属于专利法第六十三条规定的假冒专利的行为:

(一)在未被授予专利权的产品或者其包装上标注专利标识,专利权被宣告无效后或者终止后继续在产品或者其包装上标注专利标识,或者未经许可在产品或者产品包装上标注他人的专利号;

(二)销售第(一)项所述产品;

(三)在产品说明书等材料中将未被授予专利权的技术或者设计称为专利技术或者专利设计,将专利申请称为专利,或者未经许可使用他人的专利号,使

公众将所涉及的技术或者设计误认为是专利技术或者专利设计;

（四）伪造或者变造专利证书、专利文件或者专利申请文件;

（五）其他使公众混淆,将未被授予专利权的技术或者设计误认为是专利技术或者专利设计的行为。

专利权终止前依法在专利产品、依照专利方法直接获得的产品或者其包装上标注专利标识,在专利权终止后许诺销售、销售该产品的,不属于假冒专利行为。

销售不知道是假冒专利的产品,并且能够证明该产品合法来源的,由管理专利工作的部门责令停止销售,但免除罚款的处罚。

第八十五条　除专利法第六十条规定的外,管理专利工作的部门应当事人请求,可以对下列专利纠纷进行调解:

（一）专利申请权和专利权归属纠纷;

（二）发明人、设计人资格纠纷;

（三）职务发明创造的发明人、设计人的奖励和报酬纠纷;

（四）在发明专利申请公布后专利权授予前使用发明而未支付适当费用的纠纷;

（五）其他专利纠纷。

对于前款第（四）项所列的纠纷,当事人请求管理专利工作的部门调解的,应当在专利权被授予之后提出。

第八十六条　当事人因专利申请权或者专利权的归属发生纠纷,已请求管理专利工作的部门调解或者向人民法院起诉的,可以请求国务院专利行政部门中止有关程序。

依照前款规定请求中止有关程序的,应当向国务院专利行政部门提交请求书,并附具管理专利工作的部门或者人民法院的写明申请号或者专利号的有关受理文件副本。

管理专利工作的部门作出的调解书或者人民法院作出的判决生效后,当事人应当向国务院专利行政部门办理恢复有关程序的手续。自请求中止之日起1年内,有关专利申请权或者专利权归属的纠纷未能结案,需要继续中止有关程序的,请求人应当在该期限内请求延长中止。期满未请求延长的,国务院专利行政部门自行恢复有关程序。

第八十七条　人民法院在审理民事案件中裁定对专利申请权或者专利权采取保全措施的,国务院专利行政部门应当在收到写明申请号或者专利号的裁定书和协助执行通知书之日中止被保全的专利申请权或者专利权的有关程序。保全期限届满,人民法院没有裁定继续采取保全措施的,国务院专利行政部门自行恢复有关程序。

第八十八条 国务院专利行政部门根据本细则第八十六条和第八十七条规定中止有关程序,是指暂停专利申请的初步审查、实质审查、复审程序,授予专利权程序和专利权无效宣告程序;暂停办理放弃、变更、转移专利权或者专利申请权手续,专利权质押手续以及专利权期限届满前的终止手续等。

第八章 专利登记和专利公报

第八十九条 国务院专利行政部门设置专利登记簿,登记下列与专利申请和专利权有关的事项:

(一)专利权的授予;

(二)专利申请权、专利权的转移;

(三)专利权的质押、保全及其解除;

(四)专利实施许可合同的备案;

(五)专利权的无效宣告;

(六)专利权的终止;

(七)专利权的恢复;

(八)专利实施的强制许可;

(九)专利权人的姓名或者名称、国籍和地址的变更。

第九十条 国务院专利行政部门定期出版专利公报,公布或者公告下列内容:

(一)发明专利申请的著录事项和说明书摘要;

(二)发明专利申请的实质审查请求和国务院专利行政部门对发明专利申请自行进行实质审查的决定;

(三)发明专利申请公布后的驳回、撤回、视为撤回、视为放弃、恢复和转移;

(四)专利权的授予以及专利权的著录事项;

(五)发明或者实用新型专利的说明书摘要,外观设计专利的一幅图片或者照片;

(六)国防专利、保密专利的解密;

(七)专利权的无效宣告;

(八)专利权的终止、恢复;

(九)专利权的转移;

(十)专利实施许可合同的备案;

(十一)专利权的质押、保全及其解除;

(十二)专利实施的强制许可的给予;

(十三)专利权人的姓名或者名称、地址的变更;

（十四）文件的公告送达；

（十五）国务院专利行政部门作出的更正；

（十六）其他有关事项。

第九十一条　国务院专利行政部门应当提供专利公报、发明专利申请单行本以及发明专利、实用新型专利、外观设计专利单行本，供公众免费查阅。

第九十二条　国务院专利行政部门负责按照互惠原则与其他国家、地区的专利机关或者区域性专利组织交换专利文献。

第九章　费用

第九十三条　向国务院专利行政部门申请专利和办理其他手续时，应当缴纳下列费用：

（一）申请费、申请附加费、公布印刷费、优先权要求费；

（二）发明专利申请实质审查费、复审费；

（三）专利登记费、公告印刷费、年费；

（四）恢复权利请求费、延长期限请求费；

（五）著录事项变更费、专利权评价报告请求费、无效宣告请求费。

前款所列各种费用的缴纳标准，由国务院价格管理部门、财政部门会同国务院专利行政部门规定。

第九十四条　专利法和本细则规定的各种费用，可以直接向国务院专利行政部门缴纳，也可以通过邮局或者银行汇付，或者以国务院专利行政部门规定的其他方式缴纳。

通过邮局或者银行汇付的，应当在送交国务院专利行政部门的汇单上写明正确的申请号或者专利号以及缴纳的费用名称。不符合本款规定的，视为未办理缴费手续。

直接向国务院专利行政部门缴纳费用的，以缴纳当日为缴费日；以邮局汇付方式缴纳费用的，以邮局汇出的邮戳日为缴费日；以银行汇付方式缴纳费用的，以银行实际汇出日为缴费日。

多缴、重缴、错缴专利费用的，当事人可以自缴费日起3年内，向国务院专利行政部门提出退款请求，国务院专利行政部门应当予以退还。

第九十五条　申请人应当自申请日起2个月内或者在收到受理通知书之日起15日内缴纳申请费、公布印刷费和必要的申请附加费；期满未缴纳或者未缴足的，其申请视为撤回。

申请人要求优先权的，应当在缴纳申请费的同时缴纳优先权要求费；期满未缴纳或者未缴足的，视为未要求优先权。

第九十六条　当事人请求实质审查或者复审的，应当在专利法及本细则规定的相关期限内缴纳费用；期满未缴纳或者未缴足的，视为未提出请求。

第九十七条 申请人办理登记手续时，应当缴纳专利登记费、公告印刷费和授予专利权当年的年费；期满未缴纳或者未缴足的，视为未办理登记手续。

第九十八条 授予专利权当年以后的年费应当在上一年度期满前缴纳。专利权人未缴纳或者未缴足的，国务院专利行政部门应当通知专利权人自应当缴纳年费期满之日起6个月内补缴，同时缴纳滞纳金；滞纳金的金额按照每超过规定的缴费时间1个月，加收当年全额年费的5％计算；期满未缴纳的，专利权自应当缴纳年费期满之日起终止。

第九十九条 恢复权利请求费应当在本细则规定的相关期限内缴纳；期满未缴纳或者未缴足的，视为未提出请求。

延长期限请求费应当在相应期限届满之日前缴纳；期满未缴纳或者未缴足的，视为未提出请求。

著录事项变更费、专利权评价报告请求费、无效宣告请求费应当自提出请求之日起1个月内缴纳；期满未缴纳或者未缴足的，视为未提出请求。

第一百条 申请人或者专利权人缴纳本细则规定的各种费用有困难的，可以按照规定向国务院专利行政部门提出减缴或者缓缴的请求。减缴或者缓缴的办法由国务院财政部门会同国务院价格管理部门、国务院专利行政部门规定。

第十章 关于国际申请的特别规定

第一百零一条 国务院专利行政部门根据专利法第二十条规定，受理按照专利合作条约提出的专利国际申请。

按照专利合作条约提出并指定中国的专利国际申请（以下简称国际申请）进入国务院专利行政部门处理阶段（以下称进入中国国家阶段）的条件和程序适用本章的规定；本章没有规定的，适用专利法及本细则其他各章的有关规定。

第一百零二条 按照专利合作条约已确定国际申请日并指定中国的国际申请，视为向国务院专利行政部门提出的专利申请，该国际申请日视为专利法第二十八条所称的申请日。

第一百零三条 国际申请的申请人应当在专利合作条约第二条所称的优先权日（本章简称优先权日）起30个月内，向国务院专利行政部门办理进入中国国家阶段的手续；申请人未在该期限内办理该手续的，在缴纳宽限费后，可以在自优先权日起32个月内办理进入中国国家阶段的手续。

第一百零四条 申请人依照本细则第一百零三条的规定办理进入中国国家阶段的手续的，应当符合下列要求：

（一）以中文提交进入中国国家阶段的书面声明，写明国际申请号和要求获得的专利权类型；

(二)缴纳本细则第九十三条第一款规定的申请费、公布印刷费,必要时缴纳本细则第一百零三条规定的宽限费;

(三)国际申请以外文提出的,提交原始国际申请的说明书和权利要求书的中文译文;

(四)在进入中国国家阶段的书面声明中写明发明创造的名称,申请人姓名或者名称、地址和发明人的姓名,上述内容应当与世界知识产权组织国际局(以下简称国际局)的记录一致;国际申请中未写明发明人的,在上述声明中写明发明人的姓名;

(五)国际申请以外文提出的,提交摘要的中文译文,有附图和摘要附图的,提交附图副本和摘要附图副本,附图中有文字的,将其替换为对应的中文文字;国际申请以中文提出的,提交国际公布文件中的摘要和摘要附图副本;

(六)在国际阶段向国际局已办理申请人变更手续的,提供变更后的申请人享有申请权的证明材料;

(七)必要时缴纳本细则第九十三条第一款规定的申请附加费。

符合本条第一款第(一)项至第(三)项要求的,国务院专利行政部门应当给予申请号,明确国际申请进入中国国家阶段的日期(以下简称进入日),并通知申请人其国际申请已进入中国国家阶段。

国际申请已进入中国国家阶段,但不符合本条第一款第(四)项至第(七)项要求的,国务院专利行政部门应当通知申请人在指定期限内补正;期满未补正的,其申请视为撤回。

第一百零五条 国际申请有下列情形之一的,其在中国的效力终止:

(一)在国际阶段,国际申请被撤回或者被视为撤回,或者国际申请对中国的指定被撤回的;

(二)申请人未在优先权日起32个月内按照本细则第一百零三条规定办理进入中国国家阶段手续的;

(三)申请人办理进入中国国家阶段的手续,但自优先权日起32个月期限届满仍不符合本细则第一百零四条第(一)项至第(三)项要求的。

依照前款第(一)项的规定,国际申请在中国的效力终止的,不适用本细则第六条的规定;依照前款第(二)项、第(三)项的规定,国际申请在中国的效力终止的,不适用本细则第六条第二款的规定。

第一百零六条 国际申请在国际阶段作过修改,申请人要求以经修改的申请文件为基础进行审查的,应当自进入日起2个月内提交修改部分的中文译文。在该期间内未提交中文译文的,对申请人在国际阶段提出的修改,国务院专利行政部门不予考虑。

第一百零七条　国际申请涉及的发明创造有专利法第二十四条第（一）项或者第（二）项所列情形之一，在提出国际申请时作过声明的，申请人应当在进入中国国家阶段的书面声明中予以说明，并自进入日起2个月内提交本细则第三十条第三款规定的有关证明文件；未予说明或者期满未提交证明文件的，其申请不适用专利法第二十四条的规定。

第一百零八条　申请人按照专利合作条约的规定，对生物材料样品的保藏已作出说明的，视为已经满足了本细则第二十四条第（三）项的要求。申请人应当在进入中国国家阶段声明中指明记载生物材料样品保藏事项的文件以及在该文件中的具体记载位置。

申请人在原始提交的国际申请的说明书中已记载生物材料样品保藏事项，但是没有在进入中国国家阶段声明中指明的，应当自进入日起4个月内补正。期满未补正的，该生物材料视为未提交保藏。

申请人自进入日起4个月内向国务院专利行政部门提交生物材料样品保藏证明和存活证明的，视为在本细则第二十四条第（一）项规定的期限内提交。

第一百零九条　国际申请涉及的发明创造依赖遗传资源完成的，申请人应当在国际申请进入中国国家阶段的书面声明中予以说明，并填写国务院专利行政部门制定的表格。

第一百一十条　申请人在国际阶段已要求一项或者多项优先权，在进入中国国家阶段时该优先权要求继续有效的，视为已经依照专利法第三十条的规定提出了书面声明。

申请人应当自进入日起2个月内缴纳优先权要求费；期满未缴纳或者未缴足的，视为未要求该优先权。

申请人在国际阶段已依照专利合作条约的规定，提交过在先申请文件副本的，办理进入中国国家阶段手续时不需要向国务院专利行政部门提交在先申请文件副本。申请人在国际阶段未提交在先申请文件副本的，国务院专利行政部门认为必要时，可以通知申请人在指定期限内补交；申请人期满未补交的，其优先权要求视为未提出。

第一百一十一条　在优先权日起30个月期满前要求国务院专利行政部门提前处理和审查国际申请的，申请人除应当办理进入中国国家阶段手续外，还应当依照专利合作条约第二十三条第二款规定提出请求。国际局尚未向国务院专利行政部门传送国际申请的，申请人应当提交经确认的国际申请副本。

第一百一十二条　要求获得实用新型专利权的国际申请，申请人可以自进入日起2个月内对专利申请文件主动提出修改。

要求获得发明专利权的国际申请，适用本细则第五十一条第一款的规定。

第一百一十三条　申请人发现提交的说明书、权利要求书或者附图中的文字的中文译文存在错误的,可以在下列规定期限内依照原始国际申请文本提出改正:

(一)在国务院专利行政部门作好公布发明专利申请或者公告实用新型专利权的准备工作之前;

(二)在收到国务院专利行政部门发出的发明专利申请进入实质审查阶段通知书之日起3个月内。

申请人改正译文错误的,应当提出书面请求并缴纳规定的译文改正费。

申请人按照国务院专利行政部门的通知书的要求改正译文的,应当在指定期限内办理本条第二款规定的手续;期满未办理规定手续的,该申请视为撤回。

第一百一十四条　对要求获得发明专利权的国际申请,国务院专利行政部门经初步审查认为符合专利法和本细则有关规定的,应当在专利公报上予以公布;国际申请以中文以外的文字提出的,应当公布申请文件的中文译文。

要求获得发明专利权的国际申请,由国际局以中文进行国际公布的,自国际公布日起适用专利法第十三条的规定;由国际局以中文以外的文字进行国际公布的,自国务院专利行政部门公布之日起适用专利法第十三条的规定。

对国际申请,专利法第二十一条和第二十二条中所称的公布是指本条第一款所规定的公布。

第一百一十五条　国际申请包含两项以上发明或者实用新型的,申请人可以自进入日起,依照本细则第四十二条第一款的规定提出分案申请。

在国际阶段,国际检索单位或者国际初步审查单位认为国际申请不符合专利合作条约规定的单一性要求时,申请人未按照规定缴纳附加费,导致国际申请某些部分未经国际检索或者未经国际初步审查,在进入中国国家阶段时,申请人要求将所述部分作为审查基础,国务院专利行政部门认为国际检索单位或者国际初步审查单位对发明单一性的判断正确的,应当通知申请人在指定期限内缴纳单一性恢复费。期满未缴纳或者未足额缴纳的,国际申请中未经检索或者未经国际初步审查的部分视为撤回。

第一百一十六条　国际申请在国际阶段被有关国际单位拒绝给予国际申请日或者宣布视为撤回的,申请人在收到通知之日起2个月内,可以请求国际局将国际申请档案中任何文件的副本转交国务院专利行政部门,并在该期限内向国务院专利行政部门办理本细则第一百零三条规定的手续,国务院专利行政部门应当在接到国际局传送的文件后,对国际单位作出的决定是否正确进行复查。

第一百一十七条　基于国际申请授予的专利权,由于译文错误,致使依照专利法第五十九条规定确定的保护范围超出国际申请的原文所表达的范围的,以依据原文限制后的保护范围为准;致使保护范围小于国际申请的原文所表达的范围的,以授权时的保护范围为准。

第十一章 附则

第一百一十八条 经国务院专利行政部门同意,任何人均可以查阅或者复制已经公布或者公告的专利申请的案卷和专利登记簿,并可以请求国务院专利行政部门出具专利登记簿副本。

已视为撤回、驳回和主动撤回的专利申请的案卷,自该专利申请失效之日起满2年后不予保存。

已放弃、宣告全部无效和终止的专利权的案卷,自该专利权失效之日起满3年后不予保存。

第一百一十九条 向国务院专利行政部门提交申请文件或者办理各种手续,应当由申请人、专利权人、其他利害关系人或者其代表人签字或者盖章;委托专利代理机构的,由专利代理机构盖章。

请求变更发明人姓名、专利申请人和专利权人的姓名或者名称、国籍和地址、专利代理机构的名称、地址和代理人姓名的,应当向国务院专利行政部门办理著录事项变更手续,并附具变更理由的证明材料。

第一百二十条 向国务院专利行政部门邮寄有关申请或者专利权的文件,应当使用挂号信函,不得使用包裹。

除首次提交专利申请文件外,向国务院专利行政部门提交各种文件、办理各种手续的,应当标明申请号或者专利号、发明创造名称和申请人或者专利权人姓名或者名称。

一件信函中应当只包含同一申请的文件。

第一百二十一条 各类申请文件应当打字或者印刷,字迹呈黑色,整齐清晰,并不得涂改。附图应当用制图工具和黑色墨水绘制,线条应当均匀清晰,并不得涂改。

请求书、说明书、权利要求书、附图和摘要应当分别用阿拉伯数字顺序编号。

申请文件的文字部分应当横向书写。纸张限于单面使用。

第一百二十二条 国务院专利行政部门根据专利法和本细则制定专利审查指南。

第一百二十三条 本细则自2001年7月1日起施行。1992年12月12日国务院批准修订、1992年12月21日中国专利局发布的《中华人民共和国专利法实施细则》同时废止。

参考文献

[1] 张春林. 机械创新设计[M]. 北京:机械工业出版社,1999.
[2] 张春林. 机械创新设计[M]. 北京:机械工业出版社,2007.
[3] 杨家军,王树才. 机械创新设计技术[M]. 北京:科学技术出版社,2008.
[4] 徐桂云,樊晓虹. 机电创新设计[M]. 徐州:中国矿业大学出版社,2009.
[5] 王世刚,王树才. 机械设计实践与创新[M]. 北京:国防工业出版社,2009.
[6] 尹成湖. 创新的理论认识及实践[M]. 北京:化学工业出版社,2005.
[7] 张美麟. 机械创新设计[M]. 北京:化学工业出版社,2010.
[8] 吕仲文. 机械创新设计[M]. 北京:机械工业出版社,2004.
[9] 罗绍新. 机械创新设计[M]. 北京:机械工业出版社,2002.
[10] 檀润华. 创新设计[M]. 北京:机械工业出版社,2002.
[11] 黄纯颖. 机械创新设计[M]. 北京:高等教育出版社,2000.
[12] 罗伯特.奥尔森. 创造性思维的艺术[M]. 北京:世界图书出版公司,1989.
[13] 李玉广. 科学创新的艺术[M]. 北京:科学出版社,2000.
[14] 杨清亮. 发明是这样诞生的[M]. 北京:机械工业出版社,2006.
[15] 刘仙洲. 中国机械工程发明史[M]. 北京:科学出版社,1962.
[16] 中山秀太郎. 世界机械工程发明史[M]. 石丘良,译. 北京:科学出版社,1986.
[17] 朱龙根. 机械系统设计[M]. 北京:机械工业出版社,2006.
[18] 侯珍秀. 机械系统设计[M]. 哈尔滨:哈尔滨工业大学出版社,2001.
[19] 寺野寿郎. 机械系统设计[M]. 姜文炳,译. 北京:机械工业出版社,1983.
[20] 李瑞琴. 机构系统创新设计[M]. 北京:国防工业出版社,2008.
[21] 贾延林. 模块化设计[M]. 北京:机械工业出版社,1993.
[22] 王亮升,申峰华. TRIZ 创新理论与应用原理[M]. 北京:科学出版社,2010.
[23] 刘训涛,曹贺,陈国晶. TRIZ 理论及应用[M]. 北京:北京大学出版社,2011.
[24] 林良民. 仿生机械学[M]. 上海:上海交通大学出版社,1989.
[25] 刘之生. 反求工程技术[M]. 北京:机械工业出版社,1992.
[26] 陆震. 高等机械原理[M]. 北京:北京航空航天大学出版社,2001.
[27] 余跃庆. 现代机械动力学[M]. 北京:北京工业大学出版社,2001.
[28] 罗伯特 L.莫特. 机械设计中的机械零件[M]. 北京:机械工业出版社,2004.
[29] 荷马 L.埃克哈德. 机器与机构设计[M]. 北京:机械工业出版社,2002.
[30] 申永胜. 机械原理[M]. 北京:清华大学出版社.1999.

[31] 孙恒. 机械原理[M]. 北京:高等教育出版社,2006.

[32] 彭文生,李志明,黄华梁. 机械设计[M]. 北京:高等教育出版社,2008.

[33] 濮良贵. 机械设计[M]. 北京:高等教育出版社,2008.

[34] 黄平. 现代设计理论与方法[M]. 北京:清华大学出版社,2010.

[35] 张鄂. 现代设计理论与方法[M]. 北京:科学出版社,2007.

[36] 王国强,常绿. 现代设计技术[M]. 北京:化学工业出版社,2006.

[37] 孙靖民. 现代机械设计方法[M]. 哈尔滨:哈尔滨工业大学出版社,2003.

[38] 中国机械设计大典编委会. 中国机械设计大典[M]. 南昌:江西科学技术学出版社,2002.

[39] 张策. 机械原理与机械设计[M]. 北京:机械工业出版社,2004.

[40] 贾明,毕树生,宗光华,等. 仿生扑翼机构的设计与运动学分析[J]. 北京航空航天大学学报,2006,9(32)::46-52.

[41] 刘淑霞,王炎,徐殿国,等. 爬壁机器人技术的应用[J]. 机器人,1999,21(2):148-155.

[42] 孟宪超,王祖温,包钢. 一种多吸盘爬壁机器人原型的研制[J]. 机械设计,2003,20(8):30-31.

[43] 张培锋,王洪光,房立金. 一种新型爬壁机器人机构及运动学研究[J]. 机器人,2007,29(1):13-14.

[44] 王姝歆,颜景平,张志胜. 仿昆飞行机器人的研究[J]. 机械设计,2003,20(6):1-3.

[45] 成巍,苏玉民,秦再白,等. 一种仿生水下机器人的研究进展[J]. 船舶工程,2004,26(1):5-8.

[46] 侯宇,方宗德,刘岚,等. 仿生微扑翼机构的设计与机电耦合特性研究[J]. 中国机械工程,2005,16(7):65-68.

[47] 张春林,白士红. 打纬共轭凸轮机构的设计[J]. 北京理工大学学报,2004,1:33-36.

[50] 张春林,荣辉,黄祖德. 少齿差行星传动的同形异性机构的研究[J]. 北京理工大学学报. 1997,17(1):45-59.

[51] 张春林,姚九成. 平动齿轮机构的基本型及演化[J]. 机械设计与研究. 1998,63(3):29-30.

[52] PARAKAL G ,ZHU R, KAPOR S G ,et al. Modeling of turning process cutting forces for grooved tools [J]. International Journal of Machine Tools & Manufacture,2002, 42 (2):179-191.

[53] JUAN C G, MANUEL P, MANUEL A, et,al. A sixth-legged climbing robot for high payload[C]. Proc. IEEEE ICCA, Trist, Italy, Sep 1998:446-450.

[54] TSO S K, Fung Y H, et al. Design and implementation of a glass-wall climbing robot for high rise building [C]. Proceeding of World Automatic Congress, Hawaii, USA, June 2000:123-128.